普通高等教育"十三五"规划教材

微机原理与应用

主　编　张　伏
副主编　王甲甲　付三玲
　　　　赵彦如
参　编　邬立岩　郑莉敏
　　　　王亚飞　赵凯旋

中国水利水电出版社
www.waterpub.com.cn
·北京·

内 容 提 要

本书主要介绍以 8086/8088CPU 为核心的 16 位微机系统及其应用技术，主要介绍微型计算机基础、8086/8088 微处理器、8086/8088 寻址方式和指令系统、汇编语言程序设计、介绍存储器系统、中断系统、可编程接口芯片、模/数（A/D）和数/模（D/A）转换等内容。本书编写目的是使学生从理论和实践上掌握微机的基本组成、工作原理以及汇编语言程序设计方法，建立微机系统的整体概念，使学生具有微机系统软硬件开发的初步能力。

本书可作为农业电气化、农业机械化及其自动化、电气化及其自动化、机械电子工程等非计算机专业的本科教学和卓越（农林）人才专业本科教学，同时也可以作为计算机科学与技术、自动化、电子、通信等本科专业的教材或教学参考书。

图书在版编目（CIP）数据

微机原理与应用 / 张伏主编. -- 北京：中国水利
水电出版社，2017.9
普通高等教育"十三五"规划教材
ISBN 978-7-5170-5888-5

Ⅰ．①微… Ⅱ．①张… Ⅲ．①微型计算机－高等学校－教材 Ⅳ．①TP36

中国版本图书馆CIP数据核字(2017)第231714号

书　　名	普通高等教育"十三五"规划教材 **微机原理与应用** WEIJI YUANLI YU YINGYONG	
作　　者	主　编　张　伏 副主编　王甲甲　付三玲　赵彦如 参　编　邬立岩　郑莉敏　王亚飞　赵凯旋	
出版发行	中国水利水电出版社 （北京市海淀区玉渊潭南路1号D座　100038） 网址：www.waterpub.com.cn E-mail：sales@waterpub.com.cn 电话：(010) 68367658（营销中心）	
经　　售	北京科水图书销售中心（零售） 电话：(010) 88383994、63202643、68545874 全国各地新华书店和相关出版物销售网点	
排　　版	中国水利水电出版社微机排版中心	
印　　刷	北京密东印刷有限公司	
规　　格	184mm×260mm　16开本　13.25印张　314千字	
版　　次	2017年9月第1版　2017年9月第1次印刷	
印　　数	0001—4000册	
定　　价	**30.00元**	

凡购买我社图书，如有缺页、倒页、脱页的，本社营销中心负责调换

前　言

本教材主要介绍以 8086/8088 CPU 为核心的 16 位微机系统及其应用技术，其 8086/8088 CPU 作为主流微型计算机的基础，能够系统、全面地反映微型计算机系统的工作原理，采用 8086/8088 CPU 介绍微型计算机技术具有典型性。

本教材第 1 章介绍微型计算机基础，第 2 章介绍 8086/8088 微处理器，第 3 章介绍 8086/8088 寻址方式和指令系统，第 4 章介绍汇编语言程序设计，第 5 章介绍存储器系统，第 6 章介绍中断系统，第 7 章介绍可编程接口芯片，第 8 章介绍模/数（A/D）和数/模（D/A）转换。

本教材编写目的是使学生从理论和实践上掌握微机的基本组成、工作原理以及汇编语言程序设计方法，建立微机系统的整体概念，使学生具有微机系统软硬件开发的初步能力。本教材注重理论分析与技术相结合，既有原理描述，又有实际应用分析；全书结构组织合理，内容衔接自然，文字通俗流畅，易于理解和学习。本教材可作为农业机械化及其自动化、农业电气化、机械电子工程等非计算机专业的本科教学和卓越农林人才专业本科教学，同时也可以作为计算机科学与技术、自动化、电子、通信等本科专业的教材或教学参考书。

本教材由河南科技大学张伏任主编，河南科技大学王甲甲、付三玲和河南理工大学赵彦如任副主编，沈阳农业大学邬立岩、河南科技大学郑莉敏、王亚飞、赵凯旋等参编。第 1 章和第 6 章由王甲甲负责编写，第 2 章由邬立岩负责编写，第 3 章和第 4 章由赵彦如负责编写，第 4 章和第 5 章由张伏编写，第 7 章和第 8 章由付三玲负责编写，郑莉敏、王亚飞、赵凯旋负责全书校对工作，张伏负责全书的组织和统稿。感谢河南科技大学教材出版基金和教育教学改革项目的资助。

本教材力求做到深入浅出，文辞精炼，内容完整和系统性强。由于编者水平有限，书中不当之处在所难免，恳请读者批评指正。

编者

2017 年 6 月

目 录

第1章 微型计算机基础

1.1 微型计算机发展概况

1.1.1 微型计算机发展历史

20 世纪人类最伟大的发明之一是电子计算机，其由各种电子器件组成，能自动、高速、精确地进行逻辑控制和信息处理的现代化设备。20 世纪 40 年代，第一台电子计算机问世，计算机以构成某硬件的逻辑部件为标志，经历了电子管、晶体管、中小规模集成电路、大规模及超大规模集成电路计算机 4 个阶段。随着大规模集成电路的发展，计算机朝着两个方向发展，即巨型机、大型机、超小型机和微型机。以微处理器为核心，配上大容量的半导体存储器及功能强大的可编程接口芯片，连上外部设备（包括键盘、显示器、打印机和光驱等）及电源所组成的计算机，称为微型计算机，简称微型机或微机，或称为 PC（Personal Computer）或 MC（MicroComputer）。微机加上系统软件，构成微型计算机系统 MCS（MicroComputer System，微机系统）。微机诞生和发展是伴随着大规模集成电路的发展而发展的。微机在系统结构和工作原理上，与其他计算机（巨型、大型、中小型计算机）并无本质差别，其不同为微机采用了集成度相当高的器件和部件，其核心是微处理器。微处理器（或称微处理机）是指一片或几片大规模集成电路组成的、具有运算器和控制器功能的中央处理器（Central Processing Unit，CPU）。

微机随微处理器的发展而发展，其发展通常以字长和功能为主要指标，至今可划分为 6 个时期。

1. 第 1 时期（1971—1973 年）：4 位或 8 位低档微处理器和微机

1971 年，Intel 公司宣布 4004CPU 诞生，其是一种 4 位微处理器，其运算速度为 50kI/s（千指令/秒），指令周期为 $20\mu s$，时钟频率为 1MHz，集成度约为 2000 管/片，寻址能力为 4KB，有 45 条指令。另一种 4 位微处理器是 4040。同年，出现了 4004 的低档 8 位扩展型产品 8008，其寻址能力为 16KB，有 48 条指令。

这一时期的代表机型是 MCS‐4 和 MCSS。

2. 第 2 时期（1973—1977 年）：8 位中高档微处理器和微机

1973 年，Intel 公司发布 8 位中档微处理器 8080，运算速度约 500kI/s。指令周期为 $2\mu s$，寻址空间为 64KB。同期，Motorola 公司推出的 MC6800 功能与 8080 相当。Zilog 公司的 Z80 和 Intel 公司 1977 年发布的最后一款 8 位微处理器 8085 属于 8 位高档微处理器。8085 的运算速度为 770kI/s，指令周期为 $1.3\mu s$。

在这一时期，出现了以 8080A/8085A、Z80 和 MC6502 为 CPU 组装成的微机。其中，基于 8080 CPU 的第一台个人计算机 Altair 8800 在 1974 年问世。而以 MC6502 为

CPU 的 Apple - Ⅱ 具有很大的影响。上述个人计算机普遍采用了汇编语言、高级语言（如 Basic、Fortran、PL/I 等），其中 Altair 8800 机的 BASIC 解释程序就是由 Bill Gates 开发的。后期配上了操作系统（如 CP/M、Apple - Ⅱ、DOS 等），从而使微机开始配上磁盘和各种外部设备。

3. 第 3 时期（1978—1984 年）：16 位微处理器和微机

1978 年以后，出现了 16 位微处理器，代表产品如 Intel 公司的 8086（集成度为 29000 管/片）、8088、80286，Motorola 公司的 MC68000（集成度为 68000 管/片）和 Zilog 公司的 Z8000（集成度为 17500 管/片）等。8086/8088 扩大了存储容量并增加了指令功能（如乘法和除法指令）。指令总量从 8085 的 246 条增加到 8086/8088 的 2 万多条，被称作 CISC（Complex Instruction Set Computer）处理器。8086/8088 还增加了内部寄存器，使用 8086/8088 指令集更容易编写高效、复杂的软件。

用 16 位微处理器组装的微机（如 IBM PC、PC/XT、PC/AT、AST286、COMPAQ286）在功能上已超过了低档小型机 PDP - 11/45。

4. 第 4 时期（1985—1992 年）：32 位微处理器和微机

1986 年，Intel 公司推出 80386 CPU，Motorola 同期相继发布 MC68020～68050 四款 32 位微处理器。1989 年，Intel 公司又推出 80486 微处理器，其主要性能为 80386 的 2～4 倍。

这一时期的主要微机产品有 IBM - PS Ⅱ/80、AST386、COMPAQ386 等。

5. 第 5 时期（1993—1999 年）：超级 32 位 Pentium 微处理器和微机

1993 年 3 月，Intel 公司推出 Pentium 微处理器芯片（俗称 586）。其内部集成了 310 万个晶体管，采用了全新的体系结构，性能大大高于 Intel 系列其他微处理器。Pentium 系列 CPU 的主频从 60MHz 到 100MHz 不等，它支持多用户、多任务，具有硬件保护功能，支持构成多处理器系统。

1996 年，Intel 公司推出了高能奔腾（Pentium Pro）微处理器，它集成了 550 万个晶体管，内部时钟频率为 133MHz，采用了独立总线和动态执行技术，处理速度大幅提高。

1996 年底，Intel 公司又推出了多能奔腾（Pentium MMX）微处理器，MMX（Multi Media eXtensions）技术是 Intel 公司最新发明的一项多媒体增强指令集技术，它为 CPU 增加了 57 条 MMX 指令，此外，还将 CPU 芯片内的高速缓冲存储器 Cache 由原来的 16KB 增加到 32KB，使处理器在多媒体中的应用能力大大提高。

1997 年 5 月，Intel 公司推出了 Pentium Ⅱ 微处理器，集成了约 750 万个晶体管，8 个 64 位的 MMX 寄存器，时钟频率达 450MHz，二级高速缓冲存储器 Cache 达到 512KB，它的浮点运算性能、MMX 性能都有了很大的提高。

1999 年 2 月，Intel 公司推出了 Pentium Ⅲ 微处理器，集成了 950 万个晶体管，时钟频率为 500MHz。随后，又推出了新一代高性能 32 位 Pentium 4 微处理器，采用 Net-Burst 的新式处理器结构，可更好地处理互联网用户的各种需求，在数据加密、视频压缩和对等网络等方面的性能均有较大幅度的提高。

早在 1993 年年底，世界上主要微机生产厂商都有自己的 586 微机系列，其更新产品主要定位于多媒体、网络文件服务器上。当前，高档微机以其较高性价比，向社会各领域乃至家庭日常生活不断渗透，使人类迈步奔向信息时代。

6. 第 6 时期（2000 年以后）：新一代 64 位微处理器 Merced 和微机

在不断完善 Pentium 系列处理器的同时，Intel 公司与 HP 公司联手开发了更先进的 64 位微处理器——Merced。Merced 采用全新结构设计，称为 IA - 64 （IntelArchitecture - 64），IA - 64 不是原 Intel 32 位 X86 结构的 64 位扩展，也不是 HP 公司的 64 位 PA - RISC 结构的改造。IA - 64 是一种采用长指令字（LIW）、指令预测、分支消除、推理装入和其他一些先进技术，并从程序代码提取更多并行性的全新结构。

1.1.2 微型计算机的发展现状

（1）低位微型计算机。生产性能更好的如 8 位、16 位的单片微型计算机，主要是面向要求低成本的家电、传统工业改造及普及教育等，其特点是专用化、多功能化、较好的可靠性。

（2）高位微型计算机。发展 32 位、64 位微型计算机，面向更加复杂的数据处理，OA 和 DA 科学计算等，其特点是大量采用最新技术成果，在 IC 技术、体系结构等方面，向高性能、多功能的方向发展。

目前微处理器技术的发展有以下趋势。

1. 多级流水线结构

在一般微处理器中，在一个总线周期（或一个机器周期）未执行完以前，地址总线上的地址是不能更新。在流水线结构情况下，如 80286 以上的总线周期中，当前一个指令周期正执行命令时，下一条指令的地址已被送到地址线，这样从宏观上来看，两条指令执行在时间上是重叠的。这种流水线结构可大大提高微处理器的处理速度。

2. 芯片存储管理技术

芯片存储管理技术是把存储器管理部件与微处理器集成在一个芯片上。目前把数据高速缓存、指令高速缓存与 MMU（存储器管理单元）结合在一起的趋势已十分明显，这样可减少 CPU 执行时间，减轻总线负担。例如，摩托罗拉的 MC 68030 将 256 个字节的指令高速缓存及 256 个字节的数据高速缓存与 MMU 做在一起构成 Cache/Memory Unit。

3. 虚拟存储管理技术

该技术已成为当前存储器管理中的一个重要技术，它允许用户将外存看成是主存储器的扩充，即模拟一个比实际主存储器大得多的存储系统，且其操作过程完全透明。

4. 并行处理的哈佛（HarVard）结构

为克服 CPU 数据总线宽度的限制，尤其是在单处理器情况下，进一步提高微处理器的处理速度，采用高度并行处理技术——哈佛（HarVard）结构已成为引人注目的趋势。其基本特性是采用多个内部数据/地址总线；将数据和指令缓存的存取分开；使 MMU 和转换后接缓冲存储器（TLB）与 CPU 实现并行操作。该结构是一种非冯•诺依曼结构。

5. RISC 结构

RISC 结构是简化指令集的微处理器结构，其是在微处理器芯片中将那些不常用的由硬件实现的复杂指令改由软件来实现，而硬件只支持常用的简单指令。此法可大大减少硬件的复杂程度，并显著地减少了处理器芯片的逻辑门个数，从而提高了处理器的总性能。

此结构更适合于当前微处理器芯片新半导体材料的开发和应用。

6. 整片集成技术（Wafer - scale Integration）

目前高档微处理器已基本转向 CMOS VLS 工艺，集成度已突破千万晶体管大关，其发展趋势是新一代的微处理器芯片已将更多的功能部件集成在一起，并做在一个芯片上。目前在一个 CPU 的芯片上已实现了芯片上的存储管理、高速缓存、浮点协处理器部件、通信 I/O 接口、时钟定时器等。同时，单芯片多处理器并行处理技术也已成功研制。

另外，从微型计算机系统角度来看，采用多机系统结构、增强图形处理能力、提高网络通信性能等方面是当前微型计算机系统发展的趋势。

7. 接口技术

微型计算机 CPU 与外部设备及存储器的连接和数据交换都需通过接口设备来实现，前者被称为 I/O 接口，后者被称为存储器接口。存储器通常在 CPU 的同步控制下工作，接口电路比较简单；而 I/O 设备品种繁多，其相应的接口电路也各不相同。

综上所述，目前微型机常用的接口主要有：并行接口（并口）、串行接口（串口）、ISA 总线接口、PIC 总线接口、PCI - X 总线接口、USB 总线接口、IEEE 1394 接口、IDE 接口、SCSI 接口、PCMCIA 接口、CF（Compact Flash）型无线上网卡接口、Blue-tooth（蓝牙）接口、快速红外传输端口（FIR）、声音输出/输入接口（耳机、麦克风、话筒）、视频输出接口、AGP 加速图形端口、DCI 显示控制接口、GDI 图形设备接口/API 应用编程接口、M - API 通信应用编辑接口以及 MCI 媒体控制接口等。

对于网络应用的微型机有有线网卡（Modem、10M 和 10/100M 有线局域网网卡）和无线网卡（基于 802.11 系列协议的无线局域网卡、CMDA 1X 和 GPRS 类无线广域网卡）等。

8. 触控板技术

微型机内置的常见鼠标设备有 4 种：指点杆、触摸屏、触摸板和轨迹球。其中触控板（触摸板）使用最为广泛。除了 IBM 和 Toshiba 笔记本电脑采用 IBM 发明的指点杆（Track Point）外，大多是采用触摸板鼠标，特别是中国的笔记本电脑生产商生产的笔记本电脑几乎全部用触摸板。对于第三代的触摸板，已经把功能扩展为手写板。触摸板的优点是反应灵敏、移动快，其缺点是反应过于灵敏，造成定位精度较低，且环境适应性较差，不适合在潮湿、多尘的环境中工作。

9. 软件开发技术

软件是计算机信息处理、制造、通信、防御以及研究和开发等多种用途的基础，是整个系统的灵魂。系统硬件尤其是微处理器日新月异的更新速度牵动了全新运算体系的发展，硬件对相应软件的要求越来越严格，使得微型机软件的开发朝着高效率、低成本、可靠性高、简单化、模块化的方向发展。网络技术和应用的快速发展，也使得软件技术呈现出网络化、服务化与全球化的发展态势。

10. 微型化技术

随着移动计算市场需求的快速增长，计算机微型化的发展趋势日益凸现，所涉及的技术有电子元器件的微型化和模块化、微型长效电池、微电子技术带动的超大规模集成电路和（超）精细加工技术等。

微电子技术的特点是精细或超精细的微加工技术，微型计算机是这门技术的结晶。微电子技术迅速发展，将促进微型机系统的微型化、多功能化、高性能化乃至智能化等技术的不断发展。

微型化、多功能、高频化、高可靠性、防静电和抗电磁干扰的各类片式电子元器件（SMC、SMD）顺应了微型计算机产品便携式、网络化和多媒体化以及更轻、更薄、更短、更小的发展需求，在微型机上得到广泛应用。

模块化设计可以将微型机的各种功能化器件集成到一个小模块中，使得微型机具有安装方便、升级容易、体积小、结构紧凑、运行维护简单和成本低的特点。而微型模块化设计更是符合微型机小巧、便携、功能强、集成度高、智能化的发展趋势。

1.2 微型计算机基本结构

1.2.1 微型计算机结构特点

1946 年美籍匈牙利数学家冯·诺依曼（John Von Neumann）等人在一篇《关于电子计算仪器逻辑设计的初步探讨》的论文中，首次提出了计算机组成和工作方式的基本思想，其主要思想如下：

（1）计算机应由运算器、控制器、存储器、输入设备和输出设备 5 大部分组成。

（2）存储器不但能存放数据，且能存放程序。数据和指令均以二进制数形式存放，计算机具有区分指令和数据的能力。

（3）编好的程序事先存入存储器中，在指令计数器控制下，自动高速运行或执行程序。

以上几点可归纳为"程序存储，程序控制"的构思。

数十年来，虽然计算机已取得惊人进展，相继出现了各种结构形式的计算机，但究其本质，仍属冯·诺依曼结构体系。

微型计算机通常由微处理器（即 CPU）、存储器（ROM，RAM）、I/O 接口电路及系统总线（包括地址总线 AB、数据总线 DB、控制总线 CB）组成，如图 1.1 所示。

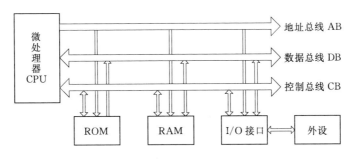

图 1.1 微型计算机的基本结构

1.2.2 微处理器

微处理器就是把运算器和控制器这两部分功能部件集成在一个芯片上的超大规模集成电路，即 CPU。微处理器是微型计算机的核心部件，它的功能是按指令要求进行算术运算和逻辑运算，暂存数据以及控制和指挥其他部件协调工作。

1.2.3 内存储器

存储器用来存放当前正在使用的或经常使用的程序和数据。存储器按读、写方式分为随机存储器 RAM（Random Access Memory）和只读存储器 ROM（Read Only Memory）。

RAM 称为读/写存储器，工作过程中 CPU 可根据需要随时对其内容进行读或写操作。ROM 的内容只能读出不能写入，断电后其所存信息仍保留不变，是非易失性存储器。

1.2.4 输入/输出设备和接口

输入/输出接口电路是微型计算机连接外部输入、输出设备及各种控制对象并与外界进行信息交换的逻辑控制电路。

由于外设的结构、工作速度、信号形式和数据格式等各不相同，因此它们不能直接挂接到系统总线上，必须用输入/输出接口电路来做中间转换，才能实现与 CPU 间的信息交换。

1.2.5 总线

总线是计算机系统中各部件之间传送信息的公共通道。它由若干条通信线和驱动器组成，驱动器由起隔离作用的各种三态门器件组成。

微型计算机在结构形式上总是采用总线结构，即构成微机的各功能部件（微处理器、存储器、I/O 接口电路等）之间通过总线相连接，这是微型计算机系统结构上的独特之处。采用总线结构之后，使系统中各功能部件间的相互关系转变为各部件面向总线的单一关系，一个部件（功能板/卡）只要符合总线标准，就可以连接到采用这种总线标准的系统中，从而使系统功能扩充或更新容易、结构简单、可靠性大大提高。

1.3 微型计算机系统

1.3.1 系统组成

众所周知，微机由硬件和软件两大部分组成。硬件是指那些为组成计算机而有机联系的电子、电磁、机械或光学的元件、部件或装置的总和，它是有形的物理实体。软件是相对于硬件而言的。从狭义角度看，软件包括计算机运行所需的各种程序；而从广义角度讲，软件还包括手册、说明书和有关资料。

硬件和软件系统本身还可细分为更多的子系统，如图 1.2 所示。

1.3.2 主要性能指标

一台微机性能的优劣，主要是由它的系统结构、硬件组成、系统总线、外部设备以及软件配置等因素来决定的，具体表现在以下几个主要技术指标上。

1. 字长

微机的字长是指微处理器内部一次可并行处理二进制代码的位数。它与微处理器内部寄存器以及 CPU 内部数据总线宽度是一致的，字长越长，所表示的数据精度就越高。在完成同样精度的运算时，字长较长的微处理器比字长较短的微处理器运算速度快。大多数微处理器内部的数据总线与微处理器的外部数据引脚宽度是相同的，但也有少数例外，如 Intel 8088 微处理器内部数据总线为 16 位，而芯片外部数据引脚只有 8 位，

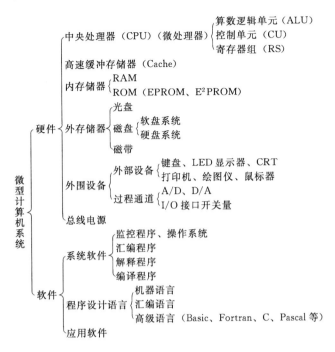

图 1.2　微型计算机系统的组成

Intel 80386 SX 微处理器内部为 32 位数据总线，而外部数据引脚为 16 位。对这类芯片仍然以它们的内部数据总线宽度为字长，但把它们称作"准 XX 位"芯片。例如，8088 被称为"准 16 位"微处理器芯片，80386SX 被称作"准 32 位"微处理器芯片。当前流行的 Pentium 4 处理器具有 32 位内部数据总线和 64 位外部数据总线，因此，仍是 32 位微处理器。

2. 主存容量

主存容量是主存储器所能存储的二进制信息的总量，它反映了微机处理信息时，容纳数据量的能力。主存容量越大，微机工作时主存储器、外存储器间的数据交换次数就越少，处理速度也就越快。

主存容量常以字节（Byte）为单位，并定义 KB、MB、GB、TB 等派生单位，有 1KB=1024B、1MB＝1024KB、1GB＝1024MB、1TB＝1024GB。

80X86 微型机能配置的最大内存容量受 CPU 所支持的物理地址空间范围的限制，一般配置为几百 KB 到几百 MB。

3. 指令执行时间

指令执行时间是指计算机执行一条指令所需的平均时间，其长短反映了计算机执行一条指令运行速度的快慢。它一方面取决于微处理器工作的时钟频率；另一方面又取决于计算机指令系统的设计、CPU 的体系结构等。微处理器工作时钟频率指标可表示为多少兆（或吉）赫兹，即 M（G）Hz；微处理器指令执行速度指标则表示为每秒运行多少百万条指令（Millons of Instructions Per Second，MIPS）。

4. 系统总线

系统总线是连接微机系统各功能部件的公共数据通道。系统总线所支持的数据传送位数和时钟频率直接关系到整机的性能。数据传送位数越宽，总线工作时钟频率越高，则系统总线的信息吞吐率就越高，整机的性能就越强。目前，微机系统采用了多种系统总线标准，如 ISA、EISA、VESA、PCI、PCI‑Express 等。

5. 外部设备配置

在微机系统中，外部设备占据了重要地位。计算机信息的输入、输出、存储都必须由外设来完成，微机系统一般都配置了显示器、打印机、键盘等外设。微机系统所配置的外设，其速度快慢、容量大小、分辨率高低等技术指标都影响着微机系统的整体性能。

6. 系统软件配置

系统软件也是计算机系统不可或缺的组成部分。微机硬件系统仅是一个裸机，它本身并不能运行。若要运行，必须有基本的系统软件支持，如 DOS、Windows 等操作系统。系统软件配置是否齐全，软件功能的强弱，是否支持多任务、多用户操作等都是微机硬件系统性能能否得到充分发挥的重要因素。

1.3.3　组成结构

典型的微型计算机包括硬件和软件。硬件子系统是由系统总线将 CPU、存储器和输入/输出接口连接起来，使各部分之间可以进行信息传送、协调工作的一个子系统，总体结构图如图 1.3 所示。

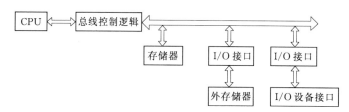

图 1.3　系统硬件结构图

图中各组成模块及其功能分析如下：

CPU 由运算器和控制器组成。运算器是完成算术运算和逻辑运算的部件。控制器负责全机的控制工作，它负责从存储器中逐条取出指令，经译码分析后，向其他各部件发出相应的命令，以保证正确完成程序所要求的功能。

内部存储器（简称内存）是计算机的记忆部件。它是用来存储程序、原始数据、中间结果和最终结果的。有了它，计算机才能有记忆功能，才能把要计算和处理的数据以及程序存入计算机内，使计算机脱离人的直接干预，自动地工作。

输入和输出设备因处于主机之外，所以又称外部设备（简称外设或 I/O 设备）。它是微机和用户或者其他通信设备交流信息的桥梁。输入设备用于提供计算所需的数据和计算机执行的程序，如键盘、鼠标等。输出设备用于输出计算机的处理结果，如显示器、打印机等。大容量存储器（又称外存），包括硬盘、软盘、磁带、光盘等，既可用于向主机发送各种信息，又可接收、保存主机传来的信息，是一种输入、输出兼容设备。上面指出的几种外设，已是当前微机系统中必不可少的组成部分。外部设备还有许多，如绘图仪、扫描仪、数码相机、调制解调器（Modem）等，可根据需要选配。

各种外部设备之间、主机与外设之间的性能差异很大，因而，外设一般要通过接口和各种适配器经系统总线，才能与主机相连接。

系统总线是微机总线的组成之一，它包括数据总线（Data Bus）、地址总线（Address Bus）和控制总线（Control Bus）3 类。数据总线传送数据信息；地址总线指出信息的来源和去向；控制总线则控制总线的动作。系统总线的工作由总线控制逻辑，负责指挥。

微机只有硬件还不能工作，还必须要有软件。软件是计算机处理的程序、数据、文件的集合。其中，程序的集合构成了计算机中的软件系统。

1. 程序和程序设计语言

程序是计算机实现某一预期目的而编排的一系列步骤，它是由指令或某种语言编写而成的。程序的开发需要借助工具——程序设计语言，它是系统软件的重要组成部分。

早期人们只能使用计算机所固有的指令系统（机器语言）来编写程序。CPU 能直接识别和运行机器语言中的指令代码，因而用机器语言编写程序的突出优点是具有最快运行速度。但机器码不容易记忆，使用不便，目前已很少使用。

汇编语言是一种符号语言，它用助记符代替二进制的机器语言指令，助记符是用英文单词或其缩写构成的字符串，容易理解，编程效率高。汇编语言克服了机器语言的缺点，同时保留了机器语言的优点。用汇编语言编写程序，可以充分发挥机器硬件的功能，并提高程序的编写质量。当前在输入/输出接口程序设计、实时控制系统和需要特殊保密作用的软件开发中，仍处于不可替代的地位。

汇编语言是面向机器的语言，它与计算机 CPU 的类型和指令系统有关，因此汇编语言的使用受到一定的限制。目前，许多系统软件和应用软件都采用高级语言编写。高级语言是面向问题和过程的语句，它与具体机器无关，并接近人的自然语言，因而，高级语言更容易学习、理解和掌握。高级语言有许多种，常见的有 Basic、Pascal、Cobol、C 语言等。

2. 编译和解释程序

用汇编语言和高级语言编写的程序称作源程序，必须由计算机把它翻译成 CPU 能识别的机器语言之后，才能由 CPU 运行。机器语言如同 CPU 的母语，而汇编语言和高级语言则是它的各种外语，要理解外语发出的各种命令，就必须先进行翻译，翻译工作可由计算机自动完成。能把用户汇编语言源程序翻译成机器语言程序的程序，称为汇编程序。常用的汇编程序有 ASM、MASM 和 TASM 等。

将高级语言源程序翻译成机器语言，有两种翻译方式：一种是由机器边翻译边执行的方式，称为解释方式，实现解释功能的翻译程序，称为解释程序，如 Basic 大都采用这种方式；另一种称为编译方式，这是一种先将源程序全部翻译成机器语言，然后再执行的方式，如 Pascal、C 等采用这种方式。实现这种功能的程序称为编译程序，TASM 和 MASM 即是汇编语言的编译程序。每一种高级语言都有相应的解释或编译程序，机器的类型不同，其编译或解释程序也不同。编译程序和解释程序是系统软件的重要分支。

3. 操作系统

操作系统是系统软件中最重要的软件。计算机是由硬件和软件组成的一个复杂系统，可供使用的硬件和软件均称为计算机的资源。要让计算机系统有条不紊地工作，就需要对这些资源进行管理。用于管理计算机软、硬件资源，监控计算机及程序的运行过程的软件系统，称为操作系统（Operation System）。操作系统对计算机是至关重要的，没有它计算机甚至不能启动。目前广泛使用的微机操作系统有 DOS（Disk Operation System）、Windows、Linux、UNIX 等。DOS 是单用户的操作系统；Windows 是具有图形界面、操作方便的系统；UNIX 是具有多用户、多任务功能的操作系统；Linux 是目前日趋流行的操作系统。

系统软件还包括连接程序、装入程序、诊断程序等。连接程序能把要执行的程序与库文件以及其他已编译的程序模块连在一起，成为机器可以执行的程序；装入程序能把程序从磁盘中取出并装入内存，以便执行；调试程序能够让用户监督和控制程序的执行过程；诊断程序能在机器启动过程中，对机器硬件配置和完好性进行监测和诊断。

4. 应用软件

应用软件（即应用程序）是为了完成某一特定任务而编制的程序，其中有一些是通用的软件，如数据库系统（Database System，DBS）、办公自动化软件 Office、图形图像处理软件 PhotoShop 等。

微机系统是硬件和软件有机结合的整体。没有软件的计算机称为裸机，裸机如同一架没有思想的躯壳，不能做任何工作。操作系统给裸机以灵魂，使它成为真正可用的工具。一个应用程序在计算机中运行时，受操作系统的管理和监控，在必要的系统软件协助之下，完成用户交给它的任务。可见，裸机是微机系统的物质基础，操作系统为它提供了一个运行环境。系统软件中，各种语言处理程序为应用软件的开发和运行提供方便。用户并不直接和裸机打交道，而是使用各种外部设备，如键盘和显示器等，通过应用软件与计算机进行信息交流。

1.4　微型计算机数据类型

计算机内部的信息分为两大类：控制信息和数据信息。控制信息是一系列的控制命令，用于指挥计算机如何操作；数据信息是计算机操作的对象，一般又可分为数值数据和非数值数据。数值数据用于表示数量的大小，它有确定的数值；非数值数据没有确定的数值，它主要包括字符、汉字、逻辑数据等。

对计算机而言，不论是控制命令还是数据信息，都要用"0"和"1"两个基本符号（即基 2 码）来编码表示，这是因为以下原因：

（1）基 2 码在物理上最容易实现。例如，用高、低两个电位表示"1"和"0"两种状态，或用脉冲的有无、脉冲的正负极性等来进行表示，可靠性都比较高。

（2）基 2 码用来表示二进制数，其编码、加减运算规则简单。

（3）基 2 码的两个符号"1"和"0"正好与逻辑数据"真"与"假"相对应，为计算机实现逻辑运算带来了方便。

因此，不论是什么信息，在输入计算机内部时，都必须用基 2 码编码表示，以方便存储、传送和处理。

1.4.1　数制及其转换

1.4.1.1　数与数制

在日常生活中，人们习惯于采用十进制数。在计算机内部一般采用二进制数，有时也采用八进制数和十六进制数。对于任何一个数，可以用不同的进位制来表示。

1. 十进制数

十进制数有 10 个数字符号，或者说 10 个数码，即 0、1、2、3、4、5、6、7、8、9。任何一个数都可以用这 10 个数码按一定规律并列在一起来表示，由低位向高位的进位规律是"逢十进一"，这就是十进制的特点。

一种进位制所具有的数码个数称为该进位制的基数，该进位制数中，不同位置上数码的单位数值称为该进位制的位权或权。十进制的基数为 10，十进制数中第 i 位上数字的权为 10^i。基数和权是进位制的两个要素，利用基数和权，可以将任何一个数表示成多项式的形式。例如，十进制的 123.45 可以表示成：

$$(1234.56)_{10} = 1 \times 10^3 + 2 \times 10^2 + 3 \times 10^1 + 4 \times 10^0 + 5 \times 10^{-1} + 6 \times 10^{-2}$$

一般地，任何一个十进制数 N 可以表示为

$$(N)_{10} = \sum_{i=-m}^{n-1} K_i \times 10^i$$

式中：n 为整数部分的位数；m 为小数部分的位数；10 为基数；10^i 为第 i 位的权；K_i 为第 i 位数码。

2. 二进制数

在计算机内部，常用二进制来表示数，并进行运算。其算术运算的规则如下：

（1）加法规则：$0+0=0$，$0+1=1$，$1+0=1$，$1+1=10$。

（2）乘法规则：$0 \times 0=0$，$0 \times 1=0$，$1 \times 0=0$，$1 \times 1=1$。

任何一个二进制数 N 可以表示为

$$(N)_2 = \sum_{i=-m}^{n-1} K_i \times 2^i$$

利用上式，可以将任何一个二进制数转换为十进制数。例如：

$$(1110.101) = (1 \times 2^3 + 1 \times 2^2 + 1 \times 2^1 + 0 \times 2^0 + 1 \times 2^{-1} + 0 \times 2^{-2} + 1 \times 2^{-3})_{10} = (14.625)_{10}$$

3. 八进制数和十六进制数

二进制数的缺点是当位数很多时，不便于书写和记忆，容易出错。因此，在计算机的资料中，通常采用二进制的缩写形式：八进制和十六进制。八进制的基数为 8，采用的 8 个数码为 0、1、2、3、4、5、6、7，进位规则为"逢八进一"。任何一个八进制数 N 可以表示为

$$(N)_8 = \sum_{i=-m}^{n-1} K_i \times 8^i$$

利用上式，可以将任何一个八进制数转换为十进制数。例如：

$$(123.4)_8 = (1 \times 8^2 + 2 \times 8^1 + 3 \times 8^0 + 4 \times 8^{-1})_{10} = (83.5)_{10}$$

十六进制的基数为 16，采用的 16 个数码为 0、1、2、3、4、5、6、7、8、9、A、B、C、D、E、F，其中字母 A、B、C、D、E、F 分别代表 10、11、12、13、14、15，进位规则为"逢十六进一"。任何一个十六进制数 N 可以表示为

$$(N)_{16} = \sum_{i=-m}^{n-1} K_i \times 16^i$$

利用上式，可以将任何一个十六进制数转换为十进制数。例如：

$(5DE.48)_{16} = (5 \times 16^2 + 13 \times 16^1 + 14 \times 16^0 + 4 \times 16^{-1} + 8 \times 16^{-2})_{10} = (1502.28125)_{10}$

1.4.1.2 数制转换

1. 其他进制数转换为十进制数

将二进制、八进制、十六进制数转换为十进制数的方法如前所述，这里不再重复。

2. 二进制数与八进制数之间的相互转换

由于 1 位八进制数的 8 个数码正好相应于 3 位二进制数的 8 种不同组合，所以八进制与二进制之间有简单的对应关系：

八进制　0　　1　　2　　3　　4　　5　　6　　7

二进制　000　001　010　011　100　101　110　111

利用这种对应关系，可以很方便地在八进制与二进制之间进行数的转换。

由二进制转换为八进制的方法是：以小数点为界，将二进制数的整数部分从低位开始，小数部分从高位开始，每 3 位分成一组，头尾不足 3 位的补 0，然后将每组的 3 位二进制数转换为 1 位八进制数。

3. 二进制数与十六进制数之间的相互转换

由于 1 位十六进制数的 16 个数码正好相应于 4 位二进制数的 16 种不同组合，所以十六进制与二进制之间有简单的对应关系：

十六进制　0　　1　　2　　3　　4　　5　　6　　7　　8　　9　　A　　B　　C　　D　　E　　F

二进制　0000 0001 0010 0011 0100 0101 0110 0111 1000 1001 1010 1011 1100 1101 1110 1111

利用这种对应关系，可以很方便地在十六进制与二进制之间进行数的转换。

4. 十进制数转换为其他进制数

将十进制整数转换为其他进制数，一般采用基数除法，也称为除基取余法。设将十进制整数转换为 N 进制整数，其方法是将十进制整数连续除以 N 进制的基数 N，求得各次的余数，然后将各余数换成 N 进制中的数码，最后按照并列表示法将先得到的余数列在低位、后得到的余数列在高位，即得 N 进制的整数。

将十进制小数转换为其他进制数一般采用基数乘法，也称为乘基取整法。设将十进制小数转换为 N 进制小数，其方法是将十进制小数连续乘以 N 进制的基数 N，求得各次乘积的整数部分，然后将各整数换成 N 进制中的数码，最后按照并列表示法将先得到的整数列在高位、后得到的整数列在低位，即得 N 进制的小数。

1.4.2 原码、反码和补码

1. 原码

规定正数的符号位为 0，负数的符号位为 1，其他位按照一般的方法来表示数的绝对值。用这样的表示方法得到的就是数的原码。原码表示的整数范围是 $-(2^{n-1}-1) \sim +(2^{n-1}-1)$，其中 n 为机器字长。通常，8 位二进制原码表示的整数范围是 $-127 \sim +127$，16 位二进制原码表示的整数范围是 $-32767 \sim +32767$。

2. 反码

对于一个带符号的数来说，正数的反码与其原码相同，负数的反码为其原码除符号位以外的各位按位取反。

负数的反码与负数的原码有很大的区别，反码通常用作求补码过程中的中间形式。反码表示的整数范围与原码相同。

3. 补码

正数的补码与其原码相同，负数的补码为其反码在最低位加1。

补码表示的整数范围是 $-2^{n-1} \sim +(2^{n-1}-1)$，其中 n 为机器字长。8 位二进制补码表示的整数范围是 $-128 \sim +127$，16 位二进制补码表示的整数范围是 $-32768 \sim +32767$。

1.4.3 数字与字符的编码

计算机除了用于数值计算外，还要进行大量的文字信息处理，也就是要对表达各种文字信息的符号进行加工。例如，计算机和外设的键盘、（字符）显示器、打印机之间的通信都采用字符方式输入/输出。目前，计算机中最常用的两种编码是美国信息交换标准代码（ASCII 码）和二－十进制编码（BCD 码）。

1. 美国信息交换标准代码（ASCII 码）

ASCII（American Standard Code for Information - Interchange）码是美国信息交换标准代码的简称，主要给西文字符进行编码。它采用 7 位二进制代码来对字符进行编码，包括 32 个标点符号，10 个阿拉伯数字，52 个英文大、小写字母，34 个控制符号，共 128 个。例如阿拉伯数字 0～9 的 ASCII 码分别为 30H～39H（H 表示十六进制），英文大写字母 A～Z 的 ASCII 码是从 41H 开始依次往下编码的。并非所有的 ASCII 码字符都是可显示或打印的，有些 ASCII 码作为控制字符用来完成一个规定的动作（如回车、换行、响铃等）。

在计算机内部，每个 ASCII 码字符占用 1 个字节（8 位二进制数）来存储，通常最高位为"0"，低 7 位为字符的二进制编码。在许多实际应用中，最高位 b_7 又常常用来作为 ASCII 码的奇/偶校验位。奇校验时，该位的取值应使得 8 位 ASCII 码中 1 的个数为奇数；偶校验时，该位的取值应使得 8 位 ASCII 码中 1 的个数为偶数。例如："8"的奇校验 ASCII 码为 00111000B，偶校验 ASCII 码为 10111000B；"B"的奇校验 ASCII 码为 11000010B，偶校验 ASCII 码为 01000010B。

奇偶校验的主要目的是用于在数据传输中，检测接收方的数据是否正确。收发双方先预约为何种校验，接收方收到数据后检验 1 的个数，判断是否与预约的校验相符，倘若不符，则说明传输出错，可请求重新发送。

2. 二－十进制编码（BCD 码）

人们已经习惯了十进制数，而且计算机的原始数据多数也是十进制的，但十进制数不能直接在计算机中进行处理，必须用二进制为它编码，这样就产生了二进制编码的十进制数，简称 BCD（Binary Coded Decimal）码。

BCD 码是用 4 位二进制数表示 1 位十进制数，但这 4 位二进制数中可表示的 16 个数码中有 6 个数码是多余的，应该抛弃。可以使用不同的方法来处理这些数码，因而产生了各种不同的 BCD 码，但最通用的是 8421 BCD 码，它是将十六进制数的 A～F 放弃不用，见表 1.1。

例如：89 的 BCD 码为 1000 1001；105 的 BCD 码为 0001 0000 0101；2004 的 BCD 码为 0010 0000 0000 0100。

表 1.1		BCD 码	
十进制数	8421 BCD 码	十进制数	8421 BCD 码
0	0000	9	1001
1	0001	10	0001 0000
2	0010	11	0001 0001
3	0011	12	0001 0010
4	0100	13	0001 0011
5	0101	14	0001 0100
6	0110	15	0001 0101
7	0111	16	0001 0110
8	1000	17	0001 0111

可见，BCD 码是很容易编制的，而且用它来表示十进制数也比较直观，但是一定要区别于二进制数，两者表征的数值完全不同，例如：

$$(0010\ 0000\ 0000\ 0101.1001)BCD = 2005.9$$
$$(0010\ 0000\ 0000\ 0101.1001)_2 = 8197.5625$$

以上用 4 位二进制数表示 1 位十进制数的编码称为紧（压）缩型 BCD 码（Packed BCD），此时用 8 位二进制数就能表示两位十进制数。将一个字节分成高半字节与低半字节，各表示 1 位十进制数，CPU 通过对一个专门针对半字节的辅助进位的调整就可对 BCD 数直接进行运算。

如果用 8 位二进制数来表示 1 位十进制数，则称为非紧（压）缩型 BCD 码（Un-packed BCD），此时它的高 4 位全为 0。

例如，86 的紧缩型 BCD 码是 1000 0110B，它的非压缩型 BCD 码是 0000 1000 00000110B。

BCD 码的不足之处是抛弃了二进制中 6/16 的信息位不使用，非压缩的 BCD 码浪费更大，在相同的二进制位数条件下，BCD 能表示的数值范围变窄。换言之，如果信息量相同的话，那么使用 BCD 数据占用的内存空间比使用纯二进制数据要大得多。

BCD 码的运算规则：BCD 码是十进制数，而运算器对数据做加减运算时，都是按二进制运算规则进行处理的。这样，当将 BCD 码传送给运算器进行运算时，其结果需要修正。修正的规则是：当两个 BCD 码相加，如果和等于或小于 1001（即十六进制数 9），不需要修正；如果相加之和在 1010～1111（即十六进制数 0AH～0FH）之间，则需加 6 进行修正；如果相加时，本位产生了进位，也需加 6 进行修正。这样做的原因是，机器按二进制相加，所以 4 位二进制数相加时，是按"逢十六进一"的原则进行运算的，而实质上是 2 个十进制数相加，应该按"逢十进一"的原则相加，16 与 10 相差 6，所以当和超过 9 或有进位时，都要加 6 进行修正。

3. 汉字编码

西文是拼音文字。用有限的几个字母（如英文用 26 个字母，俄文用 32 个字母）可以拼写出全部西文信息。因此，西文仅需对有限个数的字母进行编码，就可以将全部西文信息输入计算机。而汉字信息则不一样，汉字是象形文字，1 个汉字就是 1 个方块图形。计算机要对汉字信息进行处理，就必须对数目繁多的汉字进行编码，建立一个有几千个汉字的编码表。西文编码是几十个字符的小字符集，汉字编码是成千上万个汉字的大字符集。因此，汉字的编码远比西文字母的编码要复杂得多。

汉字编码有内码和外码之分。外码（又称汉字的输入编码）是指汉字的输入方式，目前我国公布的汉字编码有上百种。其编码的方法可以按照汉字的字形、字音和音形结合分为 3 类。常用的输入方式有区位码、国标码、首尾码、拼音码、双拼双音码、五笔字型码、自然码、ABC 码、郑码等。内码是计算机系统内部进行汉字信息存储、交换、检索等操作的编码。汉字内码采用 2 字节表示，没有重码，并要求与国标码有简单的对应关系。应该指出，汉字的输入编码和内码是两个不同的概念，不可混为一谈。

国标码（又称交换码）是《国家标准信息交换用汉字编码基本字符集》的简称，这是我国国家标准总局于 1981 年为适应计算机对汉字信息交换和处理而颁布的国家标准，编号为 GB 2312—1980。该标准按 94×94 的二维代码表形式，收集了 6763 个汉字和 682 个一般字符、序号、数字，22 个拉丁字母、希腊字母、汉语拼音符号等，共 7445 个图形字符。该标准最多可包含 8836 个图形字符，适应于一般汉字处理、汉字通信等系统之间的信息交换。应该指出，汉字的输入编码和内码是两个不同的概念，不可混为一谈。现对区位码、国标码和内码作简要说明。

区位码：用每个汉字在二维代码表中行、列位置（行号称为区号，列号称为位号）来表示的代码，称为该汉字的区位码。区位码是汉字的输入编码。

国标码：国标码＝区位码＋32，区号和位号各增加 32 以后所得到的双 7 位二进制编码。国标码用于不同汉字系统之间汉字的传输和交换，可用作汉字的输入编码。

机内码：英文 DOS 的机内码是 ASCII 码，国标码是双 7 位二进制编码，用作内码将会与 ASCII 码相混淆，为此利用 ASCII 码最高位为"0"这一特点，把 2 字节国标码的每个字节的最高位置"1"，以示区别。这样，形成了汉字的另外一种编码方法，即汉字的机内码。简单地说，机内码＝国标码＋128 或机内码＝区位码＋160。

1.5 微型计算机的应用

当前，微型计算机已广泛应用于工业、农业、国防、科研、教育、交通、通信、商业乃至家庭日常生活等各个领域。从航天技术到海洋开发、从天气预报到地震勘测、从医疗诊断到生物工程、从电子购物到儿童玩具、从远程教育到情报检索、从产品设计到生产过程控制等，到处都有微机的踪迹。微机的应用归纳起来，主要有以下几个方面。

1. 办公自动化

办公自动化（Office Automation，OA）是计算机、通信与自动化技术相结合的产物，也是当前最为广泛的一类应用。主要包括：电子数据处理系统（Electronic Data Process，EDP），如公文的编辑打印、报表的填写与统计、文档检索、活动安排及其他数据处理等；管理信息系统（Management Information System，MIS）是一个以计算机为基础，对企事业单位或政府机关实行全面管理的信息处理系统，如人事管理、财务管理、计划管理、统计管理等，支持本单位的信息管理工作；决策支持系统（Decision Supporting System，DSS）包括数据库、知识库、模型库和方法库，它通过对大量历史数据和当前数据的统计、分析，预测在不同对策下可能产生的结果。

2. 数据库应用

数据库是在计算机存储设备中，按照某种关联方式存放的一批数据。借助数据库管理系统（Data Base Management System，DBMS），可对其中的数据实施控制、管理和使用，如科技情报检索系统、银行储户管理系统、飞机票订票系统等。根据数据存放的差异，可以将数据库分为集中式和分布式两类，集中式数据库将数据集中在一台计算机上，分布式数据库则将数据分散在多台计算机内，数据库在计算机现代应用中占有非常重要的地位。

3. 计算机网络应用

计算机网络就是利用通信设备和线路等，把不同的计算机系统互连起来，并在网络软件支持下，实现资源共享和信息传递的系统。根据计算机之间距离的远近、覆盖范围的多少，分为局域网（Local Area Network，LAN）、广域网（Wide Area Network，WAN）、城域网（City Area Network，CAN）和因特网（Internet）。网络应用使人类进入了信息化社会，可以在网上浏览与检索信息、下载软件，充分享受网络资源；随时收发电子邮件（E-mail）、传真（FAX）、传送文件（FTP）、发布公告（BBS）、参加网络会议（Netmeeting），参加各种网上论坛；在网上开展电子商务和电子数据交换等。

4. 生产过程自动化

这种方式包括：计算机辅助设计（Computer Aided Design，CAD）——具有快速改变产品设计参数，优化设计方案，动态显示产品投影图、立体图，输出图纸等功能，降低了产品的设计成本，缩短了产品的设计周期；计算机辅助制造（Computer Aided Manufacturing，CAM）——根据加工过程编写数控加工程序，由程序控制数控机床来完成工件的自动加工，并能在加工过程中自动换刀及给出数据，一次自动完成多种复杂的工序；计算机集成制造系统（Computer Integrated Manufacturing System，CIMS）是集设计、制造、管理3大功能于一体的现代化工厂生产系统，代表一种新型的生产模式，具有生产效率高、生产周期短等特点。生产过程自动化是计算机在现代生产领域，特别是在制造业中的典型应用，不仅提高了自动化水平，而且使传统的生产技术发生了革命性的变化。

5. 智能模拟

智能模拟又称人工智能（Artifical Intelligence，AI），是用计算机软硬件系统模拟人类的某些智能行为的理论和技术，如感知、思维、推理、学习、理解等。它是在计算机科学、控制论、仿生学和心理学等基础上发展起来的边缘科学，是当前国内外争先研究的热门技术。它包括专家系统，问题求解，定理证明，机器翻译，自然语言理解，对声、图、文的模式识别等。

人工智能的另一个重要应用是机器人。目前，国际上已有许多机器人用于各种恶劣环境的生产和试验领域。机器人的视觉、听觉、触觉以及行走系统等，是目前亟待解决的问题。随着人工智能研究的发展，机器人的智能水平会不断提高，它的应用前景是十分广阔的。

微机自 1971 年问世以来，对科学技术和人类的生活产生了巨大的影响，已逐渐成为人们工作和生活中不可缺少的工具。微机的应用之所以发展得如此迅速，一个重要的原因是其性能价格比在各类计算机中占有领先地位。微机以物美价廉、可靠性高、维护方便、小巧灵活而深受人们的欢迎。

习 题

1. 简述冯·诺依曼计算机的基本特点。

2. 如何划分计算机发展的几个阶段？当前广泛使用的计算机主要采用哪一代的技术？

3. 微机硬件结构由哪些部分组成？各部分的主要功能是什么？

4. 衡量微机系统性能主要有哪些技术指标？

5. 如何确定一个微处理器是 8 位、16 位还是 32 位？

6. 系统总线由＿＿＿＿＿＿、＿＿＿＿＿＿、＿＿＿＿＿＿ 3 类传输线组成。

7. 微型计算机由＿＿＿＿＿＿、＿＿＿＿＿＿、＿＿＿＿＿＿和系统总线组成。

8. 计算机的硬件结构通常由 5 大部分组成。即运算器、＿＿＿＿＿、＿＿＿＿＿、输入设备和输出设备组成。

9. 8 位二进制整数，其补码所能表示的范围为＿＿＿＿＿＿＿＿＿＿＿， -1 的补码为＿＿＿＿＿＿H。

10. 一带符号数的 8 位补码为 11110111B，它所表示的真值为＿＿＿＿＿D。

11. 将二进制数 101101.101 转换为十进制数为＿＿＿＿＿＿。

12. 将压缩 BCD 码 01111001 转换成二进制数为＿＿＿＿＿＿。

13. 一个完整的微机系统应包括＿＿＿＿＿＿和＿＿＿＿＿＿两大功能部分。

14. X、Y 的字长均为 12 位，已知 $[X]_反$ ＝A3CH，原码为＿＿＿＿＿＿ H， $[Y]_反$ ＝03CH，则 X－Y 的补码为＿＿＿＿＿＿H。

15. 微处理器由＿＿＿＿＿＿、＿＿＿＿＿＿和少量寄存器组成。

16. 带符号数在机器中以＿＿＿＿＿＿码表示，十进制数 -78 表示为＿＿＿＿＿＿。

17. 将压缩 BCD 码 01111001 转换成十进制数为＿＿＿＿＿＿。

18. 8 位二进制补码 10110110 代表的十进制负数是＿＿＿＿＿＿。

19. 已知 X 的补码是 11101011B，Y 的补码是 01001010B，则 X－Y 的补码是＿＿＿＿＿＿。

20. ASCII 码由＿＿＿＿＿＿位二进制数码构成，可为＿＿＿＿＿＿个字符编码。

第 2 章　8086/8088 微处理器

2.1　微 处 理 器 结 构

微处理器（Microprocessor）简称 MPU，是采用大规模或超大规模集成电路技术制成的半导体芯片，集成了计算机的主要部件：控制器、运算器和寄存器组。整个微机硬件系统的核心就是微处理器，故又称为中央处理器（Central Processing Unit），即 CPU。若字长为 8 位，即一次能处理 8 位数据，称为 8 位 CPU，如 Z80 CPU；字长为 16 位的，即一次能处理 16 位数据，称为 16 位 CPU，如 8086/8088、80286 等。

2.1.1　功能结构

图 2.1 是一个典型的 8 位微处理器的内部结构，由算术逻辑运算单元、寄存器组和指令处理单元等几个部分组成。

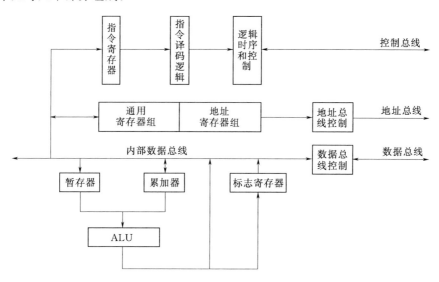

图 2.1　8 位微处理器内部结构图

1. 算术逻辑运算单元（Arithmetic Logic Unit，ALU）

算术逻辑运算单元实际上就是计算机的运算器，负责 CPU 进行的各种运算，其包括算术运算和逻辑运算，如加、减、增量（加 1）、减量（减 1）、比较、求反、求补等运算，逻辑与、逻辑或、逻辑非、逻辑异或，以及移位、循环移位等运算和操作。

ALU 的基本组成是一个加法器。在 ALU 所进行的运算中，多数操作需要两个操作数，比如"加"和"逻辑与"运算。但是，也有些运算只要一个操作数，比如"增量"和

"逻辑非"运算。对 8 位 CPU 来说,由累加器提供其中的一个操作数,另一个操作数通过暂存器来提供。运算后,运算结果被回送到累加器,运算中状态的变化和运算结果的数字特征则被记录在标志寄存器中。根据运算后各个标志位的情况可以决定程序的下一步走向。

2. 寄存器组(Register Set)

寄存器是 CPU 内部的高速存储单元,不同的 CPU 配有不同数量、不同长度的一组寄存器。有些寄存器不面向用户,称为"透明"寄存器,对它们的工作,用户不需要了解;有些寄存器则面向用户,供编程序用,这些寄存器在程序中频繁使用,被称为可编程寄存器。由于访问寄存器比访问存储器快捷和方便,所以各种寄存器常用来存放临时的数据或地址,具有数据准备、数据调度和数据缓冲等作用。从指令角度看,一般在含有两个操作数的指令中,必有一个为寄存器操作数,这样可以缩短指令长度和指令的执行时间。

从应用角度看,可将寄存器分成 3 类:

(1) 通用寄存器:在 CPU 中数量最多。它既可存放数据,又可存放地址,使用频度非常高,是调度数据的主要手段。其中,累加器的寻址手段最多,功能最强,使用最频繁。

(2) 地址寄存器:主要用来存放地址,用于存储器的寻址操作,因而也称为地址指针或专用寄存器,如堆栈指针、指令指针等。地址寄存器的功能比较单一,在访问内存时,可以通过它形成各种寻址方式。

(3) 标志寄存器:用来保护程序的运行状态,也称为程序状态字寄存器(PSW)。在标志寄存器中,有些标志位反映运算过程中发生的情况,如运算中有无进位或借位,有符号数运算有无溢出等;有些标志位反映运算结果的数字特征,如结果的最高位是否为 1、结果是否为 0 等。

3. 指令处理单元

指令处理单元是计算机的控制器,负责对指令进行译码和处理。它一般包括:

(1) 指令寄存器:用来暂时存放从存储器中取出来的指令。

(2) 指令译码逻辑:负责对指令进行译码,通过译码产生完成指令功能的各种操作命令。

(3) 时序和控制逻辑:根据指令要求,按一定的时序发出、接收各种信号,控制、协调整个系统完成所要求的操作。这些信号包括:一系列定时控制信号、CPU 的状态和应答信号、外界的请求信号和联络信号等。

2.1.2　寄存器结构

在 8086/8088 微处理器中设置一些寄存器,这些寄存器可用来暂存参加运算的操作数和运算过程中的中间结果。其内部共有 14 个 16 位寄存器,按功能可分为:通用寄存器(8 个)、段寄存器(4 个)、控制寄存器(2 个)3 大类。

1. 通用寄存器

通用寄存器包括数据寄存器、地址指针寄存器和变址寄存器。

(1) 数据寄存器 AX、BX、CX、DX。数据寄存器一般用于存放参与运算的数据或运算结果。每一个数据寄存器都是 16 位寄存器,但又可将高、低 8 位分别作为两个独立的

8 位寄存器使用。它们的高 8 位记作 AH、BH、CH、DH，低 8 位记作 AL、BL、CL、DL，这给编程带来了很大的方便。上述 4 个寄存器一般作为通用寄存器使用，但又有各自的习惯用法。

1）AX 称为累加器，在乘除法运算、串运算和 I/O 指令中都作为专用寄存器。

2）BX 称为基址寄存器，在计算机寻址时，常用来存放基址。

3）CX 称为计数寄存器，在循环和串操作指令中用作计数器。

4）DX 称为数据寄存器，在寄存器间接寻址的 I/O 指令中存放 I/O 端口地址，在做双字长乘除法运算时，DX 与 AX 合起来存放一个双字长数据（32 位），其中 DX 存放高 16 位。

（2）地址指针寄存器 SP、BP。SP 为堆栈指针寄存器，BP 称为基址指针寄存器。作为一种通用寄存器，它们可以存放数据，但实际上，它们更重要的用途是存放内存单元的偏移地址。

（3）变址寄存器 SI、DI。SI 称为源变址寄存器，DI 称为目的变址寄存器，常用于存储器寻址。

2. 段寄存器 CS、SS、DS、ES

CS 称为代码段寄存器，SS 称为堆栈段寄存器，DS 称为数据段寄存器，ES 称为附加数据段寄存器。段寄存器用于存放段基地址值（16 位无符号数）。

3. 控制寄存器 IP、FLAG

IP 称为指令指针寄存器，用于存放偏移地址。CPU 从代码段中偏移地址为 IP 的内存元中取出指令代码的 1 字节后，IP 自动加 1，指向指令代码的下一个字节。用户程序不能直接访问 IP。

FLAG 称为标志寄存器，它是 16 位的寄存器，但只用其中 9 位，这 9 位包括 6 个状态标志位和 3 个控制标志位，如图 2.2 所示。

15	14	13	12	11	10	9	8	7	6	5	4	3	2	1	0
				OF	DF	IF	TF	SF	ZF		AF		PF		CF

图 2.2 8086/8088 CPU 的标志寄存器

状态标志是用来反映 EU 执行算术和逻辑运算以后的结果特征，这些标志常作为条件转移类指令的测试条件，控制程序的运行方向。这 6 个状态标志位分别是：

（1）CF（Carry Flag）进位标志：当 CF＝1，表示指令执行结果在最高位上产生一个进位（加法）或借位（减法）；CF＝0，则无进位或借位产生。CF 标志主要用于加、减运算，移位和循环指令也能把存储器或寄存器中的最高位（左移）或最低位（右移）移入 CF 位中。

（2）PF（Parity Flag）奇偶标志：当 PF＝1，表示指令执行结果中有偶数个 1；PF＝0，则表示结果中有奇数个 1。PF 标志用于检查在数据传送过程中，是否有错误发生。

（3）AF（Auxiliary Carry Flag）辅助进位标志：当 AF＝1，表示结果的低 4 位产生了一个进位或借位；AF＝0，则无进位或借位。AF 标志主要用于实现 BCD 码算术运算结果的调整。

（4）ZF（Zero Flag）零标志：当 ZF＝1，表示运算结果为 0；ZF＝0，则运算结果不为 0。

（5）SF（Sign Flag）符号标志：当 SF＝1，表示运算结果为负数，即最高位为 1；SF＝0，则表示结果为正数，即最高位为 0。

（6）OF（Overflow Flag）溢出标志：当 OF＝1，表示带符号数在进行算术运算时产生了算术溢出，即运算结果超出带符号数所能表示的范围；OF＝0，则无溢出。

控制标志：控制标志用来控制 CPU 的工作方式或工作状态，它一般由程序设置或由程序清除。控制标志共有 3 位，分别如下：

（1）TF（Trap Flag）陷阱标志：TF 标志是为了调试程序方便而设置的。若 TF＝1，则 8086 CPU 处于单步工作方式。8086 CPU 执行完一条指令就自动产生一个内部中断，转去执行一个中断服务程序；当 TF＝0 时，8086 CPU 正常执行程序。

（2）IF（Interrupt Enable Flag）中断允许标志：它是控制可屏蔽中断的标志。若 IF＝1，表示允许 CPU 接受外部从 INTR 引脚上发来的可屏蔽中断请求信号；若 IF＝0，则禁止 CPU 接受可屏蔽中断请求信号。

（3）DF（Direction Flag）方向标志：DF 用于控制字符串操作指令的步进方向。当 DF＝1 时，字符串操作指令按递减的顺序从高地址到低地址的方向对字符串进行处理；若 DF＝0，字符串操作指令按递增的顺序从低地址到高地址的方向对字符串进行处理。

对于状态标志，CPU 在进行算术逻辑运算时，根据操作结果自动将状态标志位置位（等于 1）或复位（等于 0）；对于控制标志，事先用指令设置，在程序执行时，检测这些标志，用以控制程序的转向。

2.2 引脚功能和工作模式

8086 是 Intel 公司 1978 年的产品，它内部是 16 位数据线，外部也有 16 条数据引脚，为完全 16 位 CPU。由于当时所有的外设都是 8 位的，为了解决 16 条数据引脚的 CPU 与 8 条数据引脚的外设连接时的不便，Intel 公司随后又推出了内部是 16 位的数据线，但外部是 8 位（有 8 条数据引脚）的 8088。8086 与 8088 在软件上完全相同，硬件上稍有区别。

8086/8088 CPU 具有 40 条引脚，采用双列直插式的封装形式。为了减少芯片上的引脚数目，8086/8088CPU 都采用了分时复用的地址/数据总线。正是由于这种分时复用的方法，才使得 8086/8088 CPU 可用 40 条引脚实现 20 位地址、16 位数据（8 位数据）及许多控制信号和状态信号的传输。由于 8088 只传输 8 位数据，所以 8088 只有 8 个地址引脚兼作数据引脚，而 8086 有 16 个地址/数据复用引脚。这些引脚构成了 8086/8088 CPU 的外总线，它包括地址总线、数据总线和控制总线。8086/8088 CPU 通过这些总线和存储器、I/O 接口等部件组成不同规模的系统并相互交换信息。

2.2.1 8086/8088 工作模式

8086 CPU 是 Intel 公司的第三代微处理器，时钟频率有 3 种：5MHz 的 8086，8MHz 的 8086－1，10MHz 的 8086－2。8086 CPU 的引脚如图 2.3 所示。

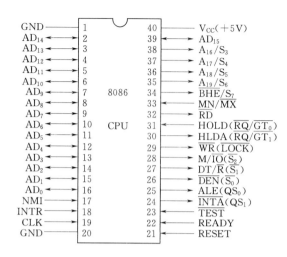

图 2.3　8086 CPU 的引脚

8086 有两种工作模式：最小模式和最大模式。

最小模式是指系统中只有一个微处理器（8086）。在这种系统中，8086 直接产生所有的总线控制信号，系统所需的外加总线控制逻辑部件最少。

最大模式是指系统中含有两个或多个微处理器，其中一个为主处理器 8086，其他的处理器称为协处理器，是协助主处理器工作的。在最大模式下工作时，控制信号是通过 8288 总线控制器提供的。因此，在不同方式下工作时，8086 的部分引脚（第 24～31 引脚）会具有不同的功能。

2.2.2　8086 CPU 引脚功能

1. 8086 两种工作模式下共同引脚说明

8086 两种工作模式下共同引脚说明如下：

（1）$AD_0 \sim AD_{15}$：分时复用的地址/数据引脚，具有双向、三态功能。在总线周期的第一个时钟周期 T_1 用来输出要访问的存储单元或 I/O 端口的低 16 位地址 $A_0 \sim A_{15}$。而在总线周期的其他时钟周期（$T_2 \sim T_3$），对于写周期来说是传送数据，对于读周期来说，则是处于悬浮状态（读周期的 T_4 状态用来传送数据）。

（2）$A_{16}/S_3 \sim A_{19}/S_6$：分时复用的地址/状态线，具有输出、三态功能。在总线周期的第一个时钟周期 T_1 用来输出被访问存储器的 20 位物理地址的最高 4 位（$A_{16} \sim A_{19}$），与 $AD_0 \sim AD_{15}$ 一起构成访问存储器的 20 位物理地址。当 CPU 访问 I/O 端口时，$A_{16} \sim A_{19}$ 保持为 "0"。而在其他时钟周期，则用来输出状态信息。其中，S_6 为 0，用来指示 8086 当前正与总线相连；S_5 用来指示中断允许标志位 IF 的当前值：$S_5=1$ 表示 $IF=1$；$S_5=0$ 表示 $IF=0$。S_4、S_3 组合起来指示 CPU 当前正在使用哪个段寄存器，S_4、S_3 的代码组合与对应的状态见表 2.1。

表 2.1　　　　　　　　　　　　　　　S_4、S_3 状态编码表

S_4	S_3	当前使用的段寄存器
L	L	当前正在使用 ES
L	H	当前正在使用 SS
H	L	当前正在使用 CS 或不使用任何段寄存器（I/O、INT）
H	H	当前正在使用 DS

（3）$\overline{BHE}/S_7$（Bus High Enable/Status）：高 8 位数据总线允许/状态复用引脚，三态输出，低电平有效。$\overline{BHE}=0$ 表示数据总线高 8 位 $AD_8 \sim AD_{15}$ 有效，即 8086 使用了 16 根数据线。若 $\overline{BHE}=1$，表示数据总线高 8 位 $AD_8 \sim AD_{15}$ 无效，即 8086 使用了 8 根数据线

（$AD_0 \sim AD_7$）。读/写存储器或 I/O 端口以及中断响应时，$\overline{BHE}$ 用作选体信号，与最低位地址线 A_0 配合，表示当前总线使用情况，见表 2.2。

表 2.2 　　　　　　　　　　　$\overline{BHE}$ 和 A_0 编码对数据访问的影响

$\overline{BHE}$	A_0	当前使用的段寄存器
L	L	16 位数据总线上进行字传送
L	H	高 8 位数据总线上进行字节传送（访问奇地址存储单元）
H	L	低 8 位数据总线上进行字节传送（访问偶地址存储单元）
H	H	无效

S_7 用来输出状态信息，在 8086 芯片设计中未被赋予实际意义。

（4）$\overline{RD}$（Read）：读信号，三态、输出。当 $\overline{RD}$ 为低电平有效时，表示当前 CPU 正在对存储器或 I/O 端口进行读操作。具体是读存储器还是 I/O 端口，则要看 M/$\overline{IO}$ 信号的状态，若其为高电平，表示读存储器；若其为低电平，表示读 I/O 端口。

（5）READY：准备就绪信号，输入，高电平有效。READY＝1 时，表示 CPU 访问的存储器或 I/O 端口已准备好传送数据，马上可以进行读/写操作。CPU 在总线周期的 T_3 状态检测 READY 信号，若发现其无效，CPU 自动插入一个或多个等待状态 T_w，直到 READY 信号变为高电平为止。

（6）$\overline{TEST}$：测试信号，输入，低电平有效。当 CPU 执行 WAIT 指令时，每隔 5 个时钟周期对 $\overline{TEST}$ 进行一次测试，若测试到 $\overline{TEST}$ 无效，则 CPU 处于空闲等待状态，直到 $\overline{TEST}$ 变为有效的低电平，CPU 才结束等待状态继续执行后续指令。$\overline{TEST}$ 引脚用于多处理器系统中，实现 8086 与协处理器间的同步。

（7）INTR（Interrupt Request）：可屏蔽中断请求信号，输入，电平触发，高电平有效。CPU 在每个指令周期的最后一个 T 状态采样该信号。

（8）NMI（No-Maskable Interrupt）：不可屏蔽中断请求信号，输入，上升沿触发。

（9）RESET：复位信号，输入，高电平有效。RESET 信号至少要保持 4 个时钟周期。CPU 检测到 RESET 为高电平信号后，停止进行操作，并将标志寄存器、段寄存器、指令指针 IP 和指令队列等复位到初始状态。CPU 复位后，从 FFFF0H 单元开始读取指令。

（10）CLK（Clock）：主时钟信号，输入。CLK 输入时钟为微处理器提供基本的定时脉冲，该脉冲最好具有 33% 的占空比。CPU 可使用的时钟频率随芯片型号不同而异，8086 为 5MHz，8086-1 为 10MHz，8086-2 为 8MHz，8088 为 4.77MHz。

（11）MN/$\overline{MX}$（Minimum/Maximum）：工作方式选择信号，输入。MN/$\overline{MX}$＝1，CPU 工作在最小模式下；MN/$\overline{MX}$＝0，CPU 工作在最大模式下。

（12）电源线 V_{cc} 和地线 GND：8086 只需单一的（＋5±0.1）V 电源，由 V_{cc} 端输入，GND 是接地端。

2. 最小模式下引脚

第 24~31 脚在最小模式下含义如下：

（1）M/$\overline{IO}$（Memory/Input and Ouput）：存储器或 I/O 端口选择信号，三态输出。

$M/\overline{IO}=1$，表示当前 CPU 正在访问存储器；$M/\overline{IO}=0$，表示当前 CPU 正在访问 I/O 端口。在 DMA 方式时，$M/\overline{IO}$ 被悬空为高阻状态。

（2）$\overline{WR}$（Write）：写信号，三态、输出。当 $\overline{WR}=0$ 低电平有效时，表示当前 CPU 正在对存储器或 I/O 端口进行写操作。跟 $\overline{RD}$ 信号一样，由 $M/\overline{IO}$ 信号区分对存储器或 I/O 端口的访问。

（3）$\overline{INTA}$（Interrupt Acknowledge）：中断响应信号，输出，低电平有效。这个信号是 CPU 对外设发来的 INTR 信号的响应信号。

（4）ALE（Address Latch Enable）：地址锁存允许信号，输出，高电平有效。8086 的 $AD_0 \sim AD_{15}$ 是地址/数据复用总线，此信号用于驱动地址锁存部件在地址信号消失前锁存地址。

（5）$DT/\overline{R}$（Data Transmit/Receive）：数据发送/接收控制信号，三态输出。此信号用于控制数据收发器的传送方向。

（6）$\overline{DEN}$（Data Enable）：数据允许信号，三态输出，低电平有效。在最小模式系统中，用作数据收发器的选通控制信号。在 DMA 方式时，$\overline{DEN}$ 为悬空状态。

（7）HOLD（Hold Request）：总线保持请求信号，输入，高电平有效。当另一个主控设备（通常是 DMA 控制器）需要取得总线控制权时，就向 CPU 的 HOLD 引脚发出一个高电平的请求信号，以向 CPU 请求取得总线控制权。

（8）HLDA（Hold Acknowledge）：总线请求响应信号，输出，高电平有效。这个信号是 CPU 对 HOLD 信号的响应信号。HLDA 输出高电平有效时，表示 CPU 已响应其他部件的总线请求，通知提出请求的设备可以使用总线。

3. 最大模式引脚

第 24～31 脚在最大模式下的含义如下：

（1）$\overline{S_2}$、$\overline{S_1}$、$\overline{S_0}$（Bus Cycle Status）：总线周期状态信号，三态输出。在最大模式系统中，它用来作为总线控制器 8288 的输入，经译码后产生 8288 的 7 个控制信号。此外，最大模式时锁存地址所需的 ALE，控制数据收器用的 $\overline{DEN}$ 和 $DT/\overline{R}$ 信号也由 8288 提供。

$\overline{S_2}$、$\overline{S_1}$、$\overline{S_0}$ 编码的功能与 8288 控制信号见表 2.3。

表 2.3　　　　　　　　　$\overline{S_2}$、$\overline{S_1}$、$\overline{S_0}$ 编码的功能与 8288 控制信号表

状态			CPU 总线周期	8288 控制信号
$\overline{S_2}$	$\overline{S_1}$	$\overline{S_0}$		
L	L	L	中断响应	$\overline{INTA}$
L	L	H	读 I/O 端口	$\overline{IORC}$
L	H	L	写 I/O 端口	$\overline{IOWC}$，$\overline{AIOWC}$
L	H	H	暂停	无
H	L	L	访问代码	$\overline{MRDC}$
H	L	H	读存储器	$\overline{MRDC}$
H	H	L	写存储器	$\overline{MWTC}$，$\overline{AMWC}$
H	H	H	无效	无

（2）$\overline{RQ}/\overline{GT_0}$ 和 $\overline{RQ}/\overline{GT_1}$：总线保持请求信号输入/总线请求允许信号输出，双向、低电平有效。其含义与最小模式下 HOLD 和 HLDA 两信号类同。但 HOLD 和 HLDA 占用两个引脚，而 $\overline{RQ}/\overline{GT}$ 只占用一个引脚。同时提供 $\overline{RQ}/\overline{GT_0}$ 和 $\overline{RQ}/\overline{GT_1}$ 表示可同时连接两个协处理器，$\overline{RQ}/\overline{GT_0}$ 优先级高于 $\overline{RQ}/\overline{GT_1}$。当某个外部处理机要占用总线时，就从 $\overline{RQ}/\overline{GT}$ 引脚向 8086 输出一个负脉冲，提出使用总线的申请。如果 8086 正好完成一个总线周期，就会让出总线控制权，并从同一条引脚向该处理机送出一个负脉冲，以示对方可以使用总线。该处理机用完总线后，再以一个负脉冲向 8086 报告，两个信号分时在同一引线上传输。

（3）$\overline{LOCK}$：总线封锁信号，三态输出，低电平有效。$\overline{LOCK}$ 有效时，表示 CPU 不允许其他总线控制器占用总线。$\overline{LOCK}$ 信号是由软件设置的，是为了保证 8086 在一条指令的执行中，总线使用权不会被其他主设备所打断。如果在某一条指令的前面加一个 LOCK 指令前缀，这条指令执行时，就会使 CPU 产生一个 LOCK 信号，直到这条指令结束为止。在 CPU 进入中断响应周期期间，$\overline{LOCK}$ 会自动变为有效的低电平，以防止一个完整的中断响应过程被打断。在 DMA 期间，$\overline{LOCK}$ 呈高阻态。

（4）QS_1、QS_0（Instruction Queue Status）：指令队列状态，输出。作为指令队列状态的标志，当 8086 的 EU 在指令队列中取指令时，队列中的变化情况就以这两个输出位的状态编码表示出来，以便于外部其他处理机对 8086 内部指令队列进行跟踪。QS_1、QS_0 的编码含义见表 2.4。

表 2.4　　QS_1、QS_0 编码含义

QS_1	QS_0	指令队列状态
L	L	无操作
L	H	从队列中取指令第一字节
H	L	队列为空
H	H	从队列中取指令后续字节

2.2.3　8088 CPU 引脚功能

8088 微处理器是一种准 16 位机，其内部结构基本上与 8086 相同，其引脚信号也与 8086 基本相同，只有如下引脚的功能有所不同。

（1）8088 有 8 根外部数据引脚而不是 8086 的 16 根，即 $AD_0 \sim AD_7$，$A_8 \sim A_{15}$ 为单一的地址线。这就导致对一个 16 位数的存储器读写，总是需要两个总线周期才能完成。

（2）8088 的第 28 引脚存储器/IO 控制信号，即该信号为高电平时，是 IO 端口访问；为低电平时，是存储器访问。而 8086 为 $M/\overline{IO}$ 刚好相反。

（3）8088 与 8086 的第 34 引脚不同，8088 中只能进行 8 位传输，所以 BHE 信号就用不着了，改为 $\overline{SS_0}$，$\overline{SS_0}$ 等效于 $\overline{S_0}$，与 $\overline{M}/IO$、$DT/\overline{R}$ 组合决定最小模式下的总线操作，具体见表 2.5，在最大模式下，该脚总为高电平。8088 CPU 的引脚如图 2.4 所示。

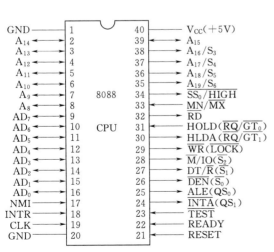

图 2.4　8088 CPU 的引脚图

表 2.5 $\overline{SS_0}$、$\overline{M}/IO$ 与 $DT/\overline{R}$ 的组合及其含义

$\overline{M}/IO$	$DT/\overline{R}$	$\overline{SS_0}$	含义
L	L	L	取指令
L	L	H	读存储器
L	H	L	写存储器
L	H	H	无效状态
H	L	L	发中段响应信号
H	L	H	读 I/O 口
H	H	L	写 I/O 口
H	H	H	暂停

2.3 系 统 组 成

2.3.1 最小模式系统组成

如图 2.5 所示，是 8088/8086 在最小模式下的典型配置，它具有以下几个方面的特点：

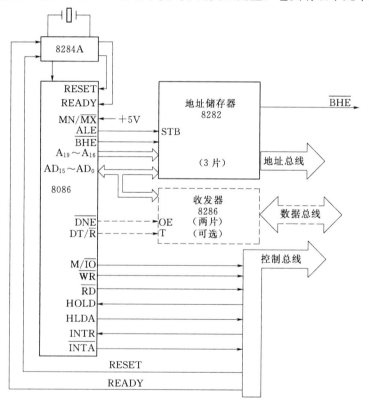

图 2.5 最小模式下的系统典型配置

（1） MN/$\overline{\text{MX}}$端接＋5V，决定了 CPU 的工作模式。

（2） 有 1 片 8284A，作为时钟信号发生器。

（3） 有 3 片 8282 或 74LS273，用来作为地址信号的锁存器。

当系统中所连的存储器和外设端口较多时，需要增加数据总线的驱动能力，这时，需用 2 片 8286/8287 作为总线收发器。

2.3.2 最大模式系统组成

如图 2.6 所示，是 8088/8086 在最大模式下的典型配置，可以看出，最大模式和最小模式在配置上的主要差别在于在最大模式下，要用 8288 总线控制器来对 CPU 发出的控制信号进行变换和组合，以得到对存储器或 I/O 端口的读/写信号和对锁存器 8282 及总线收发器 8286 的控制信号。

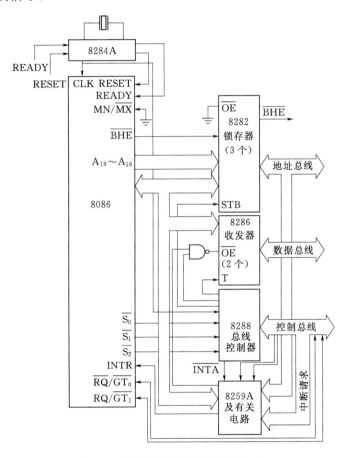

图 2.6　最大模式下的系统典型配置

最大模式系统中，需要用总线控制器来变换与组合控制信号的原因在于：在最大模式的系统中，一般包含 2 个或多个处理器，这样就要解决主处理器和协处理器之间的协调工作，和对系统总线的共享控制问题，8288 总线控制器就起了这个作用。

在最大模式的系统中，一般还有中断优先级管理部件。8259A 用以对多个中断源进行中断优先级的管理，但如果中断源不多，也可以不用中断优先级管理部件。

2.4 存储器组织结构

2.4.1 存储器组织与分段

计算机中存储信息的基本单位是 1 个二进制位，它可存储信息 0 或 1。每 8 个二进制位为 1 组，称为 1 字节（Byte）。在存储器中是以字节为单位进行存储信息的。为了正确地存放或读取信息，给每一个字节单元 1 个编号，称为存储器的地址。地址从 0 开始编号，每移动 1 字节，其值顺序加 1。在计算机中，地址是用二进制来表示的无符号数，习惯上地址用十六进制数表示。

8086/8088 有 20 根地址线，直接可寻址的地址空间为 $2^{20}=1MB$。这 1MB 的内存单元按照 00000H～FFFFFH 进行编址。

1 个存储单元中存储的信息称为该存储单元的内容。例如，地址为 001A0H 的存储单元的内容为 5AH，表示为 （001A0H）=5AH。

存储器内部是按字节进行组织的，两个相邻的字节被称为一个"字"。在一个字中每个字节用一个唯一的地址码进行表示。存放的信息以字节为单位，在存储器中按顺序排列存放；若存放的数据为一个字，则将该字的低字节（即低 8 位数据）存放在低地址单元中，高字节（即高 8 位数据）存放在高地址单元中，并以低地址作为该字的地址。

在 8086 CPU 存储器中，如果一个字是从偶地址开始存放，称为规则字或对准字。如果一个字是从奇地址开始存放，称为非规则字或非对准字。对规则字的存取可在一个总线周期内完成，非规则字的存取则需两个总线周期。

8086 CPU 存储器的 1MB 的存储空间被分成两个 512KB 的存储体，分别叫高位库和低位库。低位库固定与 8086 CPU 的低位字节数据线 $D_0\sim D_7$ 相连，称为低字节存储体，该存储体中的每个地址均为偶地址。高位库与 8086 CPU 的高位字节数据线 $D_8\sim D_{15}$ 相连，称为高字节存储体，该存储体中的每个地址均为奇地址。两个存储体之间采用字节交叉编址方式，如图 2.7 所示。

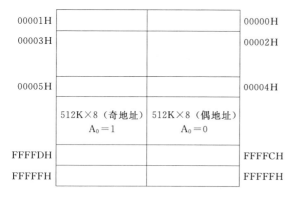

对于任何一个存储体，只需要 19 位地址码 $A_1\sim A_{19}$ 就够了，最低位地址码 A_0 用以区分当前访问哪一个存储体。当 $A_0=0$，表示访问偶地址存储体；当 $A_0=1$，表示访问奇地址存储体。

图 2.7 8086/8088 存储器的分体结构

8086 系统设置了一个总线高位有效控制信号 $\overline{BHE}$。$\overline{BHE}$ 与 A_0 相互配合，使得 8086 CPU 可以访问两个存储体中的一个字节或字信息。$\overline{BHE}$ 与 A_0 的组合控制作用见表 2.6。

表 2.6 $\overline{BHE}$ 与 A_0 的代码组合对应的存取操作

$\overline{BHE}$	A_0	操作功能	数据总线
0	0	同时访问两个存储体，读/写一个对准字信息	$D_0 \sim D_{15}$
0	1	只访问奇地址存储体，读/写高字节信息	$D_8 \sim D_{15}$
1	0	只访问偶地址存储体，读/写低字节信息	$D_0 \sim D_7$
1	1	无操作	

当在偶数地址中存取一个数据字节时，CPU 从低位库中经数据线 $D_0 \sim D_7$ 存取数据。由于被寻址的是偶数地址，所以地址位 $A_0 = 0$，由于 A_0 是低电平，所以才能在低位库中实现数据的存取。而指令中给出的是在偶地址中存取一个字节，$\overline{BHE}$ 信号应为高电平，故不能从高位库中读出数据；相反，当在奇数地址中存取一个字节数据时，应经数据线的高 8 位（$D_8 \sim D_{15}$）传送。此时，指令应指出是从高位地址（奇数地址）寻址，$\overline{BHE}$ 信号为低电平有效状态，故高位库能被选中，即能对高位库中的存储单元进行存取操作。由于是高位地址寻址，故 $A_0 = 1$ 低位库存储单元不会被选中。见表 2.6，8086 CPU 也可以一次在两个库中同时各存取一个字节，完成一个字的存取操作。

规则字的存取操作可以在一个总线周期中完成。由于地址线 $A_1 \sim A_{19}$ 是同时连接在两个库上的，只要 $\overline{BHE}$ 和 A_0 信号同时有效，就可以一次实现在两个库中对一个字（高低两字节）完成存取操作。对字的存取操作所需的 $\overline{BHE}$ 及 A_0 信号是由字操作指令给出的。对非规则字的存取操作就需要两个总线周期才能完成：在第一个总线周期中，CPU 是在高位库中存取数据（低位字节），此时 $A_0 = 1$，$\overline{BHE} = 0$，然后再将存储器地址加 1，使 $A_0 = 0$，选中低位库；在第二个总线周期中，是在低位库中存取数据（高位字节），此时 $A_0 = 0$，$\overline{BHE} = 1$。

8086/8088 系统中，直接可寻址的存储器空间达到 1MB，要对整个存储器空间寻址，需要 20 位长的地址码，而 8086/8088 CPU 的字长为 16 位，只能寻址 64KB。为此，8086/8088 采用了存储器地址分段的办法。

将整个存储器分成许多逻辑段，每个逻辑段的容量最多为 64KB，允许它们在整个存储器空间中浮动，各个逻辑段之间可以紧密相连，也可以相互重叠。对于任何一个物理地址来说，可以唯一地被包含在一个逻辑段中，也可以被包含在多个相互重叠的逻辑段中，只要能得到它所在段的首地址和段内的相对地址，就可对它进行访问。在 8086/8088 存储空间中，从 0 地址开始，把每 16 个连续字节的存储空间称为小节。为了简化操作，逻辑段必须从任一节的首地址开始。这样划分的特点是：在十六进制表示的地址中，最低位为 0（即 20 位地址中的低 4 位为 0）。在 1MB 的地址空间中，共有 64K 小节。8086/8088 中，每一个存储单元都有一个唯一的 20 位地址，称此地址为该存储单元的物理地址。CPU 访问存储器时，必须先确定所要访问的存储单元的物理地址，才能取得该单元的内容。20 位的物理地址由 16 位的段地址和 16 位的段内偏移地址计算得到。段地址是每一个逻辑段的起始地址，必须是每个小节中的首地址，其低 4 位一定都是 0，于是在保留段地址时，可只取段地址的高 16 位。偏移地址则是在段内相对于段起始地址的偏移值。因此任一存储单元物理地址的计算方法（图 2.8）是：

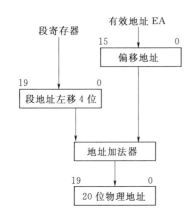

图 2.8　物理地址的形成

物理地址＝16×段地址＋偏移地址

在 IBMPC 机中，设有 4 个存放段地址的寄存器，称为段寄存器。它们是代码段寄存器 CS、数据段寄存器 DS、堆栈段寄存器 SS、附加段寄存器 ES。在实际使用中，常用"段地址：偏移地址"来表示逻辑地址，其中段地址和偏移地址都是 16 位二进制数（常用 4 位十六进制数表示）。一个物理地址可用多种逻辑地址进行表示，但其物理地址是唯一的。

2.4.2　I/O 组织

8086 系统和外部设备之间都是由 I/O 接口电路来联系的，为区别不同的 I/O 对象，每个 I/O 接口都有一个或几个端口地址。在微机系统中，给每个端口分配一个地址，称为端口地址。一个端口通常为 I/O 接口电路内部的一个寄存器或一组寄存器。8086 CPU 利用地址总线的低 16 位作为对 8 位 I/O 端口的寻址线，8086 系统访问的 8 位 I/O 端口最多有 65536（64KB）个。两个编号相邻的 8 位端口可以组合成一个 16 位的端口。一个 8 位的 I/O 设备既可以连接在地址总线的高 8 位上，也可以连接在地址总线的低 8 位上，为便于地址总线的负载相平衡，接在高 8 位和低 8 位上的设备数目最好相等。当一个 I/O 设备接在地址总线低 8 位（$AD_7 \sim AD_0$）上时，这个 I/O 设备所包括的所有端口地址都将是偶数地址（即 $A_0＝0$）；若一个 I/O 设备是接在地址总线的高 8 位（$AD_{15} \sim AD_8$），那么此设备包含的所有端口地址都是奇数地址（即 $A_0＝1$）。如果某种特殊 I/O 设备既可使用偶地址又可使用奇地址，那么 A_0 就不能作为这个 I/O 设备内部端口的地址选择线使用。此时 A_0 和 $\overline{BHE}$ 这两个信号必须结合起来作为 I/O 设备选择线，用以防止对 I/O 设备的错误操作。

IBM - PC 系统只使用了 $A_9 \sim A_0$ 10 条地址线作为 I/O 端口的寻址线，故最多可寻址 1024（2^{10}）个端口地址。

2.5　总线操作和时序

2.5.1　最小模式下的读/写总线周期

CPU 为了与存储器或 I/O 端口进行一个字节的数据交换，需要执行一次总线操作，按数据传输的方向来分，可将总线操作分为读操作和写操作两种类型。

按照读/写的不同对象，总线操作又可分为存储器读/写与 I/O 读/写操作，下面我们就最小模式下的总线读/写操作时序，来进行具体分析。

2.5.1.1　最小模式下的总线读操作时序

时序如图 2.9 所示，一个最基本的读周期包含有 4 个状态，即 T_1、T_2、T_3、T_4，必要时可插入 1 个或几个 T_w。

1. T_1 状态

（1）M/$\overline{\text{IO}}$ 有效，用来指出本次读周期是存储器读还是 I/O 读，它一直保持到 T_4 有效。

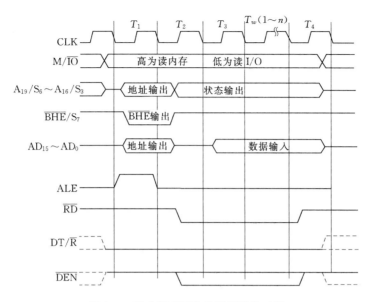

图 2.9 最小模式下的总线读操作时序

（2）地址线信号有效，高 4 位通过地址/状态线送出，低 16 位通过地址/数据线送出，用来指出操作对象的地址，即存储器单元地址或 I/O 端口地址。

（3）ALE 有效，在最小模式的系统配置中我们讲过，地址信号通过地址锁存器 8282 锁存，ALE 即为 8282 的锁存信号，下降沿有效。

（4）$\overline{\text{BHE}}$（对 8088 无用）有效，用来表示高 8 位数据总线上的信息有效，现在通过 $A_{15} \sim A_8$ 传送的是有效地址信息，$\overline{\text{BHE}}$ 常作为奇地址存储器的选通信号，因为奇地址存储器中的信息总是通过高 8 位数据线来传输，而偶地址体的选通则用 A_0。

（5）当系统中配有总线驱动器时，T_1 使 DT/$\overline{\text{R}}$ 变低，用来表示本周期为读周期，并通知总线驱动器接收数据。

2. T_2 状态

（1）高 4 位地址/状态线送出状态信息，$S_3 \sim S_6$。

（2）低 16 位地址/数据线浮空，为下面传送数据作准备。

（3）$\overline{\text{BHE}}$/S_7 引脚成为 S_7（无定义）。

（4）$\overline{\text{RD}}$ 有效，表示要对存储器/I/O 端口进行读。

（5）$\overline{\text{DEN}}$ 有效，使得总线收发器（驱动器）可以传输数据。

3. T_3 状态

从存储器/I/O 端口读出的数据送上数据总线（通过 $A_{15} \sim A_0$）。

4. T_w 状态

若存储器或外设速度较慢，不能及时送上数据的话，则通过 READY 线通知 CPU，CPU 在 T_3 的前沿（即 T_2 结束末的下降沿）检测 READY，若发现 READY＝0，则在 T_3 结束后自动插入 1 个或几个 T_w，并在每个 T_w 的前沿处检测 READY，等到 READY 变高后，则自动脱离 T_w 进入 T_4。

5. T_4 状态

在 T_4 与 T_3（或 T_w）的交界处（下降沿），采集数据，使各控制及状态线进入无效。

2.5.1.2　最小模式下的总线写操作时序

时序如图 2.10 所示，最基本的总线写周期也包括 4 个状态 $T_1 \sim T_4$，必要时插入 T_w。

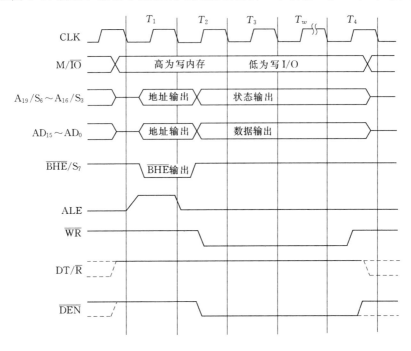

图 2.10　总线写周期时序

1. T_1 状态

基本上同读周期，只有此时 DT/$\overline{\text{R}}$ 为高不是低。

2. T_2 状态

与读周期有两点不同：

（1）$\overline{\text{RD}}$ 变成 $\overline{\text{WR}}$。

（2）$A_{15} \sim A_0$ 不是浮空，而是发出要写入存储器或 I/O 端口的数据。

3. T_3 状态

在 T_3 状态，CPU 继续提供状态信息和数据，并且继续维持 $\overline{\text{WR}}$、M/$\overline{\text{IO}}$ 及 $\overline{\text{DEN}}$ 信号为有效电平。

4. T_w 状态

如果系统中设置了 READY 电路，并且 CPU 在 T_3 状态的一开始未收到"准备好"信号，那么，会在状态 T_3 和 T_4 之间插入 1 个或几个等待周期，直到某个 T_w 的前沿处，CPU 采样到"准备好"信号有效后，便将 T_w 状态作为最后一个等待状态，而进入 T_4。在 T_w 状态，总线上所有控制信号的情况和 T_3 时一样，数据总线上也仍然保持要写入的数据。

5. T_4 状态

在 T_4 状态，CPU 认为存储器或 I/O 端口已经完成数据的写入，因而，数据从数据总线上被撤除，各控制信号线和状态信号线也进入无效状态。此时，$\overline{DEN}$信号进入高电平，从而使总线收发器不工作。

2.5.2 最大模式下的读/写总线周期

2.5.2.1 最大模式下的总线读周期

时序图如图 2.11 所示，与最小模式下的读周期相比，不同的就是读信号考虑加入总线控制器后，它可以由$\overline{S_2}$、$\overline{S_1}$、$\overline{S_0}$状态信号来产生$\overline{MRDC}$和$\overline{IORC}$，这两个信号与原$\overline{RD}$相比，不仅明确指出了操作对象，而且信号的交流特性也好，所以我们下面就考虑用它们不用$\overline{RD}$，若用$\overline{RD}$信号的话，则最大模式与最小模式相同。

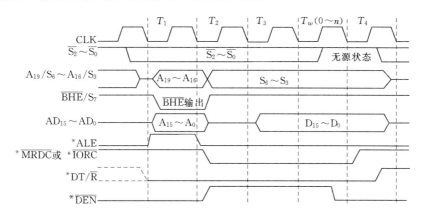

图 2.11 最大模式存储器读周期时序

1. T_1 状态

基本同最小模式，不同的是 ALE、DT/$\overline{R}$是由总线控制器发出的。

2. T_2 状态

不同的是此时$\overline{RD}$变成$\overline{MRDC}$或$\overline{IORC}$，送到存储器或 I/O 端口。

3. T_3 状态

数据已读出送上数据总线，这时$\overline{S_2}$、$\overline{S_1}$、$\overline{S_0}=111$进入无源状态。

若数据没能及时读出，则同最小模式一样自动插入 T_w。

4. T_4 状态

数据消失，状态信号进入高阻，$\overline{S_2}$、$\overline{S_1}$、$\overline{S_0}$根据下一个总线周期的类型进行变化。

2.5.2.2 最大模式下的总线写周期

时序图如图 2.12 所示，与上述最大模式下的总线读周期相比，就是$\overline{MRDC}$和$\overline{IORC}$成为$\overline{MWTC}$和$\overline{IOWC}$，另外还有一组$\overline{AMWC}$或$\overline{AIOWC}$（比$\overline{MWTC}$和$\overline{IOWC}$提前一个 T 有效），这时$\overline{MWTC}$（$\overline{AMWC}$）或$\overline{IOWC}$（$\overline{AIOWC}$）取代最小模式下的$\overline{WR}$。

1. T_1 状态

同读周期。

2. T_2 状态

$\overline{AMWC}$或$\overline{AIOWC}$有效，要写入的数据送上 DB，$\overline{DEN}$有效。

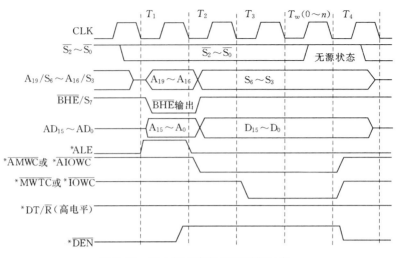

图 2.12 最大模式存储器写周期时序

3. T_3 状态

$\overline{\text{MWTC}}$ 或 $\overline{\text{IOWC}}$ 有效，比 $\overline{\text{AMWC}}$ 等慢一个 T，$\overline{S_2}$、$\overline{S_1}$、$\overline{S_0}$ 进入无源状态。若需要的话，自动插入 T_w。

4. T_4 状态

$\overline{\text{AMWC}}$ 等被撤销，$\overline{S_2}$、$\overline{S_1}$、$\overline{S_0}$ 根据下一总线周期的性质变化，$\overline{\text{DEN}}$ 失效，从而停止总线收发器的工作，其他引脚高阻。

2.5.2.3 I/O 读/写周期

I/O 读/写周期的时序如图 2.13 所示，与存储器读/写周期的时序基本相同。不同之处在于：

（1）一般 I/O 接口的工作速度较慢，因而需插入等待周期 T_w。

（2）T_1 期间只发出 16 位地址信号，$A_{19\sim16}$ 为 0。

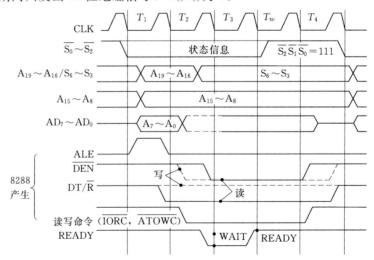

图 2.13 最大模式 I/O 读写周期时序

（3）8288 发出的读/写命令为 $\overline{\text{IORC}}$/$\overline{\text{AIOWC}}$。

2.6 高性能微处理器

2.6.1 80386/80486 微处理器

80386 是 Intel 公司首次推出的 32 位微处理器。80386 CPU 内部和外部数据总线都是 32 位的，但段寄存器仍为 16 位，地址总线是 32 位，可寻址 232 字节（4GB）地址空间。80386 CPU 由总线接口单元 BIU（Bus Interface Unit）、指令译码单元 IDU（Instruction Decode Unit）、指令代码预取单元 IPU（Instruction Prefetch Unit）、执行单元 EU（Execution Unit）、段管理单元 SU（Segment Unit）和页管理单元 PU（Paging Unit）6 个能并行操作的功能部件组成。CPU 结构和 80286 CPU 基本相同，主要的区别是段管理单元 SU 和页管理单元 PU，段管理单元用来将逻辑地址变换成线性地址，页管理单元用来将线性地址转换成物理地址。6 个部件按流水线结构设计，指令的预取、译码、执行等步骤由各自的处理部件并行操作，这样可同时处理多条指令，提高微处理器运行速度。

80386 共有 8 类寄存器：控制寄存器、系统地址寄存器、调试寄存器和测试寄存器主要是用于简化设计和对系统进行调试，通用寄存器、段寄存器、指令指示器、标志寄存器如图 2.14 所示。

80386 全面兼容了 8086、8088、80286。它有 8 个 32 位的通用寄存器，它们是 8086 和 80286 的 16 位通用寄存器的扩展，故命名为累加器 EAX，基址寄存器 EBX，计数寄存器 ECX，数据寄存器 EDX，堆栈指示器 ESP，基址指示器 EBP，源变址寄存器 ESI 和目的变址寄存器 EDI。对这些寄存器的低 16 位可以作为 16 位寄存器使用，其命名同 8086，分别为 AX、BX、CX、DX、SP、BP、SI、DI；而 AX、BX、CX 和 DX 的低 8 位和高 8 位又可以分别作为 8 位的寄存器单独使用，其命名仍为 AH、AL、BH、BL、CH、CL、DH 和 DL。

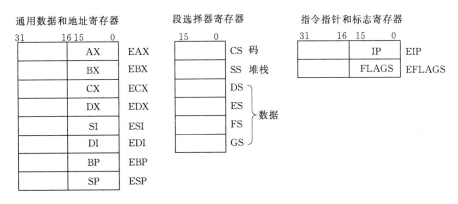

图 2.14　80386 的部分寄存器

80386 的 32 位指令指示器 EIP 是 80286 IP 的扩展，标志寄存器 EFLAGS 也是 32 位的寄存器，它是 80286 的 FLAGS 的扩展，它们的低 16 位仍是 80286 的 IP 和 FLAGS，并可单独使用。80386 除了保留 80286 的所有标志外，又增加了两个标志位，虚拟 8086

方式标志的 VM 和恢复标志 RF。

80386 有 6 个 16 位段寄存器，也称选择器，它们是 CS、SS、DS、ES、FS 和 GS。其中 CS 和 SS 的作用与 80286 相同，而 DS、ES、FS 和 GS 都可以用来表示数据段。80386 有 4 个系统地址寄存器，它们是全局描述符表寄存器 GDTR（Global Descriptor Table Register）、中断描述符表寄存器 IDTR（Interrupt Descriptor Table Register）、局部描述表寄存器 LDTR（Local Descriptor Table Register）和任务寄存器 TR（Task Register）。它们主要用来在保护模式下，管理用于生成线性地址和物理地址的 4 个系统管理描述符表。

80386 有 4 位控制寄存器 $CR_3 \sim CR_0$，CR_1 为备用。$CR_3 \sim CR_0$ 用于保存全局性的机器状态。80386 的 8 个调试寄存器 $DR_7 \sim DR_0$ 主要用来设置调试程序的断点地址。80386 的 2 个测试寄存器 TR_6 和 TR_7 也是用来进行页处理的寄存器。

80386 CPU 有实地址、虚地址保护和虚拟 8086 这 3 种工作方式。实地址方式和 8086 工作方式相同，虚拟 8086 工作方式是在虚地址保护方式下，能够在多任务系统中执行 8086 任务的一种特殊方式。

80486 是 Intel 公司于 1989 年推出的新一代 32 位微处理器，80486 的内外数据总线都是 32 位，地址总线为 32 位。80486 基础结构与 80386 相同，它们在寄存器组、寻址方式、存储器管理特征、数据类型方面完全兼容 80386，80486 的 3 种工作方式及逻辑地址、线性地址、物理地址等也都与 80386 完全相同。

80486 内部由总线接口单元 BIU、指令译码单元 IDU、指令预取单元、执行单元 EU、段管理单元 SU、页管理单元 PU 以及浮点处理单元 FPU 和高速缓存（Cache Memory）等单元组成，比 80386 新增加了相当于 80387 功能的 FPU 和 Cache 两个单元。为了进一步提高微处理器性能，80486 CPU 进行了以下主要的改进：

（1）在以前的处理器中，浮点运算部件一直作为一个单独的数学协处理器芯片配合微处理器进行浮点数值计算，如 8087、80287 和 80387。这些协处理器分别与 8086、80286 和 80386 密切配合，可以使数值运算，特别是浮点运算的速度显著提高。而 80486 首次将浮点处理部件 FPU 集成在微处理器内部，其处理速度进一步提高，比 80387 约快 3～5 倍。

（2）为了进一步提高处理速度，在 80486 CPU 内又集成了 8KB Cache。将内存中经常被 CPU 使用到的那部分内容复制到 Cache 中，并不断地更新，使得 Cache 中总是保存着最近经常被 CPU 使用的一部分内容，而不必总是去访问低速的存储器。

（3）将原 80386 CPU 的指令译码和执行部件扩展成 5 段流水线，进一步增强了并行处理能力。80486 最快能在每个 CPU 时钟内执行一条指令。

（4）总线接口部件功能更强，增加了一些新的引脚和指令，支持外部的第二级高速缓存（L2 Cache）和多处理器系统。80486 相当于以 80386 的 CPU 为核心，内含 FPU 和 Cache 的微处理器，再加上 80486 局部采用了 RISC（Reduced Instruction Set Computer，精简指令集计算机）技术、时钟倍频技术和新的内部总线结构，所以 80486 的综合性能指标有了极大的提高。

2.6.2　Pentium 微处理器

Pentium 是 Intel 80386/80486 微处理器的下一代产品。它的性能比 Intel 486 有较大

的提高，但它仍与 Intel 8086/8088、80286、80386 和 80486 等 CPU 完全兼容。

1. Pentium 的主要性能

Pentium 与 Intel 486 相比有以下重大改进：

（1）超标量体系结构。

（2）动态转移预测。

（3）流水线浮点部件。

（4）增加一个 8KB 片内超高速缓冲存储器。

（5）较强的错误检测和报告功能。

（6）增加了测试挂钩（边界扫描、探针方式）。

Pentium 在以与 Intel 80486 CPU 相同的频率工作时，整数运算性能提高 1 倍，浮点运算性能提高 5 倍。Pentium 的初始目标频率是 66MHz。它的两条流水线和浮点部件能够独立工作。每条流水线在一个时钟内发送一条常用的指令，在某些情况下，可以发送一条浮点指令。

浮点部件在 Intel 80486 的基础上进行重新设计，快速算法可使 ADD、MUL 和 LOAD 等公用指令的运算速度至少提高 3 倍。在应用程序中，利用指令调度和流水线重叠技术，运算速度可提高 5 倍以上。Pentium 处理器内部结构如图 2.15 所示。

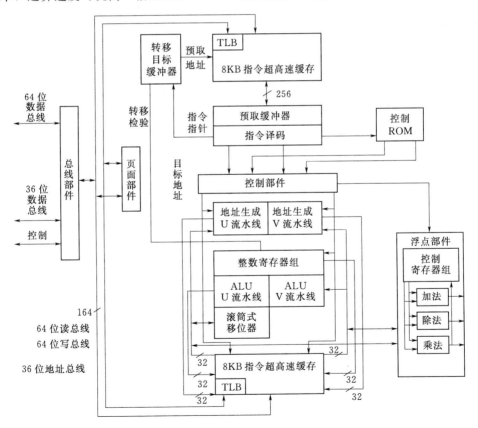

图 2.15　Pentium 处理器内部结构图

2. 超标量结构和超级流水线技术

Pentium 芯片内装有 3 种指令处理部件和 16～24KB 的超高速缓存。这些指令处理部件是两个 RISC（精简指令系统）型整数运算单元、80386 兼容单元和浮点运算单元。

RISC 型整数运算单元采用超标量技术实现，Pentium 内设两条指令流水线 U 和 V，1 个时钟周期能并行执行两条整数指令。U 流水线和 V 流水线都是 5 级流水线，如图 2.16 所示。

Prefetch	Decode1	Decode2	Execute	Write-back
预取	译码 1	译码 2	执行	写会结果

图 2.16　指令流水线 U 和 V 的 5 级流水线图

Prefetch 同时取两条指令提供给 Decode1（译码 1）进行指令译码。译码后判别两指令能否同时执行，若能同时执行，便把经 Decode1 译码的指令分别送 U 流水线和 V 流水线，在两条流水线中，并行对它们进行进一步译码 Decode2，执行和写回结果。事实上，有时并不能同时执行两条指令，这是由于数据相关、资源冲突和分支转移的缘故。在这种情况下，只有把两条指令中的前一条指令送入 U 流水线，待前一条指令执行完后再送入后一条指令。U 流水线和 V 流水线是不等同、并且不能交换的。U 流水线能执行整数型和浮点型指令，V 流水线只能执行简单的整数型指令和两条异常的 FXCH（交换寄存器内容）指令，因此，Pentium 能够在每个时钟内，执行两条整数运算指令，或者在每个时钟内执行一条浮点指令。如果两条浮点指令中有一条为 FXCH，那么在一个时钟内可执行两条浮点指令。U 和 V 流水线都有其自己的生成逻辑、算术逻辑部件和数据超高速缓存接口。

Pentium 的 FPU 内置加法器、乘法器和除法器 3 种运算单元。采用超级流水线技术实现 FPU，使 Pentium 改善了浮点处理能力，并且还与 80486 的 FPU 兼容。Pentium 的 FPU 采用 8 级流水线，1～5 级和 U 流水线共享。当执行浮点运算指令时，U 流水线及其第 4 级以后的控制从 ALU 移到 FPU。FPU 使用快速算法，依靠先进的流水线结构和优化编译器，Pentium 的浮点处理能力能提高 4～10 倍。

80386 兼容单元采用微代码处理指令，负责处理不能用一个时钟完成执行的指令，以及处理整数单元无法执行的多条指令。

3. 超高速缓存 Cache

Pentium 芯片上有两个独立的数据和指令超高速缓存，容量均扩充 8～12KB，是 80486 的 2 倍，并在 80486 CPU 超高速缓存结构的基础上增加了一些功能，以满足其性能指标的要求。Cache 单元为处理器提供快速访问指令和数据刷新途径，这两个超高速缓存可以同时被访问，不必花费很长时间。指令 Cache 可以提供多达 32B 的原始操作码，数据 Cache 在每个时钟内可以提供两次数据访问的数据。每种 Cache 都使用物理地址进行访问，并且都有自己的转换后援缓冲器（TLB），将线性地址转换成所用的物理地址。Pentium 中分离的代码 Cache 使预取单元操作更有效，它采用 256 位数据宽度的二路组相联设计，它的填充是通过使用突发的存储传送周期来完成的。指令 Cache、转换目标缓冲器（BPU）和预取缓冲器（PU）负责将原始指令送入 Pentium 的执行部件。指令取自指令 Cache 或外部总线，转移地址由转移目标缓存器记录。指令 Cache 的 TLB 将线性地址转换成指令 Cache 所用的物理地址。指令译码器将预取的指令译码成 Pentium 可以执行的指令，使 ROM 含有控制实现 Pentium 体系结构必须执行的运算顺序的微指令，让 ROM 部件直接控制两条流水线。

由于 Pentium 采用超标量技术，因而需要提高指令和数据的供给能力，外部数据总线采用像 RISC 那样的 64 位，地址总线也扩充为 32 位。目前 4GB 的物理地址已不能满足要求，为了高速处理转移，Pentium 片上内置 256 个条目的转移目标缓存。Pentium 为支持 Cache 的一致性提供了专用结构。数据 Cache 遵循 MESI（M—修改，E—互斥，S—共存和 I—无效）协议的超高速缓存一致性协议。这是一种给超高速缓存赋予各种状态的规则集。数据超高速缓存中的每一行都根据 Pentium 产生的动作及其他总线主控产生的动作而赋予一种状态，以确保多机环境下的数据一致性。这些规则只适用于存储器的读/写周期，I/O 和特定周期不通过数据超高速缓存。

4. 指令预取

Pentium 含有几个指令预取缓冲器，它在前一条执行指令的结尾之后，最多可预取 94B。此外，Pentium 还实现了一种动态分支预测算法，这种算法对与过去某个时间执行的指令相对应的地址，测试运行指令预取周期。运行这些指令预取周期要基于过去的执行情况，而不考虑检索的指令是否与当前正在执行的指令顺序相关。

Pentium 可以运行指令预取总线周期，以检索从未被执行过的指令。尽管删除了检索的操作码，系统也必须通过恢复突发串就绪引脚（BRDY）来完成指令预取周期。尤其重要的是，不考虑地址，系统为所有指令预取周期恢复突发串就绪引脚。此外，Pentium 有可能对当前指令段结尾之外的地址推测地运行指令预取周期。尽管 Pentium 可能超出指令段界限进行预取，但不会超出指令段界限执行，否则会引起一般保护故障。因此，不能使用分段来阻止对不可访问的存储区域进行推测性的指令预取。另一方面，由于 Pentium 从不对不可访问的页面运行指令预取周期，所以分页机制可防止对不可访问页面的预取和执行指令。

5. EFLAGS 寄存器

EFLAGS 寄存器如图 2.17 所示，它对 80486 作了一些扩充，增加了两位用来控制 Pentium 虚拟 8086 方式扩充部分的虚拟中断。标志位 1、3、5、15、31 和 22 是 Intel 公司保留的。

3	3	2	2	2	2	2	2	2	2	2	2	1	1	1	1	1	1	1	1	1	1	0	0	0	0	0	0	0	0	0	0
1	0	9	8	7	6	5	4	3	2	1	0	9	8	7	6	5	4	3	2	1	0	9	8	7	6	5	4	3	2	1	0
0	0	0	0	0	0	0	0	0	0	0	ID	VIP	VIF	AC	VM	RF	0	NT	IOPL		OF	DF	IF	TF	SF	ZF	0	AF	0	PF	1	CF

图 2.17 Pentium 的 EFLAGS 寄存器

当用 SAHF 或 PUSHF 存储时或在中断处理期间，则在第 1 位存储 1，第 3、5、15、

31 和 22 位存储 0。EFLAGS 增加了一个附加位 ID，以允许软件测试 CPU ID 指令是否存在而不产生异常。

VIF：当允许虚拟 8086 方式扩充（CR_4，VME_1）或允许保护方式虚拟中断（CR_4，VME_1）时，虚拟中断标志是所用中断标志的虚拟映像。当禁止虚拟 8086 方式扩充（CR_4，VME_0）和禁止保护方式虚拟中断（CR_4，PVI_0）时，该位被强制为 0。

VIP：当允许虚拟 8086 方式扩充（CR_4，VME_1）或允许保护方式虚拟中断（CR_4，PVI_1）时，虚拟中断挂起标志指示虚拟中断是否挂起。当禁止虚拟 8086 方式扩充（CR_4，VME_0）和禁止保护方式虚拟中断（CR_4，PVI_0）时，该位被强制为 0。

ID：置位和清除标志的功能处理器支持 CPU ID 指令。

RF：恢复标志。

AC：当 CPU 在特权级 3 上操作时，AC 标志与 CR_0 中的 AM 位联用，以允许检测和产生对准检查异常。当 CPU 不在特权级 3 上时，虽然 AC 标志可能被置位，但绝不产生对准检查异常。在实方式时，不会产生对准检查异常，而且 EFLAGS 中 AC 位的内容不可预测。复位后 EFLAGS 的内容为 00000002H。

6. 控制寄存器

CR_0 中的 CD 位和 NW 位（Intel 486）的含义已被重新定义，以控制 Pentium 的高速缓冲存储器。

Pentium 定义了一个新的控制寄存器（CR_4），它包含一些允许对 Intel 486 结构作某些扩充的位。CR_4 控制寄存器结构如图 2.18 所示。

3	3	2	2	2	2	2	2	2	2	2	2	1	1	1	1	1	1	1	1	1	1	0	0	0	0	0	0	0	0	0	0
1	0	9	8	7	6	5	4	3	2	1	0	9	8	7	6	5	4	3	2	1	0	9	8	7	6	5	4	3	2	1	0
0	0	0	0	0	0	0	0	0	0	0	0	0	0	0	0	0	0	0	0	0	0	0	0	0	MCE	PAE	PSE	DE	TSD	PVI	VME

图 2.18　CR_4 控制寄存器结构

CR_4 中第 31～7 位留用。当读出 CR_4 的内容时，这些位均为 0；写入 CR_4 的内容时，这些位必须全为 0，否则，若对其中的任意一位写 1，则产生一般保护异常。

VME：该位为 1 时，允许虚拟 8086 方式扩充；该位为 0 时，禁止虚拟 8086 方式扩充。

PVI：该位为 1 时，允许保护方式虚拟中断；该位为 0 时，禁止保护方式虚拟中断。

TSD：该位为 1，且当前特权级不为 0 时，执行 RDTSC（读时间标志计数器）指令；而执行这一指令时将产生 ＃GP(0) 故障。当该位为 0 时，RDTSC 将在所有特权级上执行。

DE：该位为 1 时，允许调试扩充；该位为 0 时，禁止调试扩充。实际上，该位控制是否支持 I/O 断点。

PSE：该位为 1 时，允许页面大小扩充；该位为 0 时，禁止页面大小扩充。

PAE：该位为 1 时，允许物理地址扩充；该位为 0 时，禁止物理地址扩充。

MCE：该位为 1 时，允许机器检查异常；该位为 0 时，禁止机器检查异常。复位后

CR$_1$ 的内容为 0。

7. 模型专用寄存器

Pentium 定义了几种模型专用寄存器，用于控制可测试性、执行跟踪、性能监测和机器错误检测。Pentium 可使用新指令 RDMSR 和 WRMSR，读或写这些寄存器。Pentium 可实现探针式调试方式，用这种方式可以检验和修改 Pentium 的内部状态和系统的外部状态。处理器、寄存器可以读和写，系统存储器和 I/O 空间也可以读和写。

Pentium 有 4 个调试寄存器，用于检查编程时设置的断点是否匹配。这些断点通过 4 个断点引脚 BP$_3$ ～ BP$_0$ 在外部表示是否匹配，其中两个引脚 BP$_0$（PM$_0$/BP$_0$）和 BP$_1$（PM$_1$/BP$_1$）供性能监测多路选择用。PM$_0$ 和 PM$_1$ 引脚用于外部表示与监测所选择事件相关的计数已增 1 或溢出。探针方式控制寄存器中的 PB$_1$ 和 PB$_0$（性能监测/断点）位，决定是否为性能监测或断点指示配置了多路选用引脚。

习　　题

1. 8088 的内存单元 3017H：010BH 的物理地址为＿＿＿＿＿＿＿。

2. 8088 CPU 的外部数据线有＿＿＿＿条，内部数据线有＿＿＿＿条。

3. 8086 中，RESET 的作用是：＿＿＿＿＿＿。

4. 在 8088 系统中，从偶地址读写两个字时，需要＿＿＿＿个总线周期。

5. 8086 CPU 内部设置有一个＿＿＿＿＿字节的指令队列寄存器。

6. 8086 上电复位后，其内部（CS）=＿＿＿＿＿，（IP）=＿＿＿＿＿。

7. 8086 CPU 在内部结构上由＿＿＿＿＿和＿＿＿＿＿组成。

8. 在用 8086 CPU 组成的计算机系统中，当访问偶地址字节时，CPU 和存储器通过＿＿＿＿＿数据线交换信息；访问奇地址字节时通过＿＿＿＿＿数据线交换信息。

9. 8086 CPU 对存储器的最大寻址空间为＿＿＿＿＿；在独立编址时对接口的最大寻址空间是＿＿＿＿＿。

10. 8086 状态寄存器中，作为控制用的标志位有＿＿＿＿个？其中，不可用指令操作的是＿＿＿＿。

11. 在 8086 系统中，堆栈是按＿＿＿＿＿方式工作的存储区域，操作地址由＿＿＿＿和＿＿＿＿提供。

12. 8086/8088 CPU 由哪两部分组成？它们的主要功能是什么？

13. 8086/8088 CPU 数据总线和地址总线各是多少，最大的物理存储空间是多少？

14. 8086/8088 的标志寄存器有哪些标志位？它们的含义和作用是什么？

15. 8088/8086 CPU 中有几个通用寄存器？有几个变址寄存器？有几个指针寄存器？试说明各寄存器的作用。

16. 数据在存储器存放有何规定？什么是对准字？什么是非对准字？

17. 什么是逻辑地址？它由哪两部分组成？8086 的物理地址是如何形成的？

18. 8086/8088 系统为什么要采用存储器地址分段的寻址方法？

19. 一个由 20 个字组成的数据区，其起始地址为 A000H：1000H。试写出数据区首末单元的物理地址。

20. 若 CS 为 B000H，试说明现行代码段可寻址存储空间的范围。

21. 80286 内部结构和功能特点是什么？它有多少条地址线？寻址范围为多少？80286 实地址方式可寻址范围为多少？

22. 80386 内部结构和功能特点是什么？它有多少条数据线？多少条地址线？其寻址范围为多少？

23. 80486 内部结构主要由哪几个部件组成？相对 80386 有哪些主要的增强功能？

24. 简述 Pentium 微处理器的主要特点。

第 3 章　8086/8088 寻址方式和指令系统

3.1　寻　址　方　式

指令中操作的对象称为操作数。8086/8088 指令系统中，操作数分为数据操作数和转移地址操作数两大类。

1. 数据操作数

这类操作数与数据有关，即指令中操作的对象是数据。数据操作数又分为：

（1）立即数操作数：指令中要操作的数据在指令中。

（2）寄存器操作数：指令中要操作的数据存放在指定的寄存器中。

（3）存储器操作数：指令中要操作的数据存放在指定的存储单元中。

（4）I/O 操作数：指令中要操作的数据来自或要送到 I/O 端口。

2. 转移地址操作数

这类操作数与程序转移地址有关，即指令中要操作的对象不是数据，而是要转移的目标地址。可分为立即数操作数、寄存器操作数、存储器操作数，即要转移的地址包含在指令中、存放在寄存器中或存放在指定的存储单元中。对于数据操作数，有的指令有两个操作数，一个为源操作数，另一个为目标操作数。有的指令只有一个操作数，有的指令没有操作数。对于转移地址操作数，指令只有一个目标操作数，它是一个程序需转移的目标地址。

3.1.1　立即数寻址

立即数寻址方式的特点是操作数直接包含在指令中，紧跟在操作码之后，它作为指令的一部分。立即数可以是 8 位的，也可以是 16 位的。如果是 16 位数，则高位字节存放在高地址中，低位字节存放在低地址中。例如：

MOV BL，80H

MOV AX，1090H

则指令执行情况如图 3.1 所示。执行结果为：(BL)＝80H，(AX)＝1090H。

立即数寻址方式只能作为源操作数，主要用来给寄存器或存储单元赋值。

3.1.2　寄存器寻址

寄存器寻址方式的操作数存放在指令规定的寄存器中，寄存器的名字

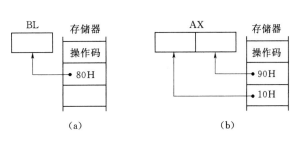

图 3.1　立即数寻址方式指令的执行情况

可在指令中给出。

对于 16 位操作数，寄存器可以是 AX、BX、CX、DX、SI、DI、SP 或 BP。对于 8 位操作数，寄存器可以是 AH、AL、BH、BL、CH、CL、DH 或 DL。例如：

MOV CL，DL

MOV AX，BX

如果 (DL)＝50H，(BX)＝1234H，则执行结果为：(CL)＝50H，(AX)＝1234H。

寄存器寻址方式由于操作数就在寄存器中，不需要访问存储器来取得操作数，因而可以取得较高的运行速度，通常用于 CPU 内部操作。

3.1.3　直接寻址

直接寻址的有效地址 EA（16 位偏移地址）在指令的操作码后面直接给出，它与指令的操作码一起，存放在存储器的代码段中，也是高位字节存放在高地址中，低位字节存放在低地址中。但是，操作数本身一般存放在存储器的数据段中。例如：

MOV AL，[1064H]

如果 (DS)＝2000H，则指令执行情况如图 3.2 所示。执行结果为：(AL)＝45H。

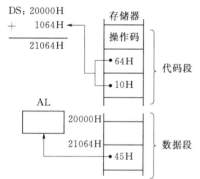

注意这种直接寻址方式与前面已经介绍过的立即数寻址方式的不同。从指令的表示形式来看：在直接寻址方式中，对于表示有效地址的 16 位数，必须加上方括号。从指令的功能上看，本指令不是将立即数 1064H 传送到累加器 AL，而是将一个有效地址是 1064H 的存储单元的内容传送到 AL。设此时数据段寄存器 DS＝2000H，则该存储单元的物理地址为：

$$2000H \times 10H + 1064H$$
$$= 20000H + 1064H$$
$$= 21064H$$

图 3.2　直接寻址方式指令的执行情况

如果没有特殊指明，直接寻址方式的操作数一般在存储器的数据段，即隐含的段寄存器是 DS。但是 8086／8088 也允许段超越，即允许使用 CS、SS 或 ES 作为段寄存器，此时需要在指令中特别标明。方法是在有关操作数的前面写上超越的段寄存器的名字，再加上冒号。

例如，若以上指令使用 ES 作为段寄存器，则指令应表示成为以下形式：

MOV AL，ES：[1064H]

在汇编语言指令中，可用符号地址代替数值地址，例如：

MOV AL，VALUE

或

MOV AL，[VALUE]

此时 VALUE 为存放操作数单元的符号地址。

3.1.4　寄存器间接寻址

寄存器间接寻址方式与前面已经讨论过的寄存器寻址方式不同，指令中指定的寄存器（是一个 16 位寄存器）的内容不是操作数，而是操作数的有效地址，操作数本身则在存储器中。

寄存器间接寻址方式可用的寄存器有 4 个：SI、DI、BX 和 BP。寄存器间接寻址方式的有效地址：

$$EA = \begin{cases} [SI] \\ [DI] \\ [BX] \\ [BP] \end{cases}$$

但若选择其中不同的间址寄存器，默认的段寄存器有所不同。若选择 SI、DI、BX 寄存器，则存放操作数的段寄存器默认为 DS；若选择 BP 寄存器，则存放操作数的段寄存器默认为 SS，使用时要注意。

寄存器间接寻址方式指令的书写应加方括号，避免与一般的寄存器寻址方式混淆。例如：

MOV AX，[SI]

MOV [BX]，AL

如果 (DS)＝3000H，(SI)＝2000H，(BX)＝1000H，(AL)＝64H，指令执行情况如图 3.3 所示，执行结果为：(AX)＝4050H，(31000H)＝64H。

无论用 SI、DI、BX 或者 BP 作为间址寄存器，都允许段超越。

例如：

MOV ES：[DI]，AX

MOV DX，DS：[BP]

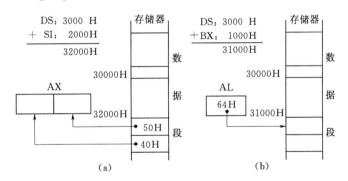

图 3.3 寄存器间接寻址方式指令的执行情况

3.1.5 寄存器相对寻址

寄存器相对寻址方式的有效地址 EA 是一个由指令中的给定的 8 位或 16 位位移量和制定的寄存器内容相加之和。可用作寄存器相对寻址方式的寄存器有 SI、DI、BX 和 BP。

$$EA = \begin{cases} [SI] \\ [DI] \\ [BX] \\ [BP] \end{cases} + \begin{cases} [8 \text{ 位 disp}] \\ [16 \text{ 位 disp}] \end{cases}$$

例如：

MOV [SI＋10H]，AX

MOV CX，[BX+COUNT]

如果（DS）=3000H，（SI）=2000H，（BX）=1000H，COUNT=1050H，（AX）=4050H，则指令执行情况如图 3.4 所示。执行结果为：（2010H）=4050H，（CX）=4030H。

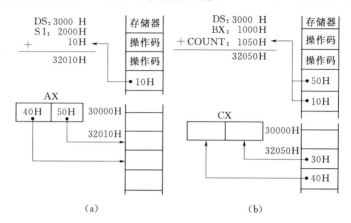

（a）　　　　　　　　　　　　（b）

图 3.4　寄存器相对寻址方式指令的执行情况

寄存器相对寻址方式的操作数在汇编语言中书写时，可以是下述形式之一：

MOV AL，[BP+TABLE]

MOV AL，[BP] +TABLE

MOV AL，TABLE [BP]

其实以上 3 条指令实质上代表同一条指令。

在一般情况下，若指令中指定的寄存器是 SI、DI、BX，则存放操作数的段寄存器默认为 DS；若指令中指定 BP 寄存器，则对应的段寄存器应为 SS。

同样，寄存器相对寻址方式也允许段超越。

3.1.6　基址变址寻址

有效地址是一个基址寄存器（BX 或 BP）和一个变址寄存器（SI 或 DI）的内容之和。

EA=[BX]+[SI]

　　　[BP]+[DI]

汇编语言中书写时，可以是下列形式之一：

MOV [BX+DI]，AX

MOV AH，[BP] [SI]

如果（DS）=3000H，（SS）=4000H，（BX）=1000H，（DI）=1100H，（AX）=0050H，（BP）=2000H，（SI）=1200H，（43200H）=56H，则指令执行结果为：（32100H）=0050H，（AH）=56H。

在一般情况下，由基地址决定哪一个段寄存器作为地址指针。用 BX 作为基址，则操作数在数据段中。用 BP 作为基地址，则操作数在堆栈段中。但在指令中规定了段超越可用其他段寄存器作为地址基准。

3.1.7　基址变址相对寻址

基址变址相对寻址方式的有效地址是由指令中指定的 8 位或 16 位位移量（disp）、一

个基址寄存器内容和一个变址寄存器内容之和。即

EA＝[BX]＋[SI]＋[8 位 disp]

[BP]＋[DI]＋[16 位 disp]

同样，当基址寄存器为 BP 时，操作数在堆栈段中，也允许段超越。

例如：

MOV AH，[BX＋DI＋1234H]

MOV [BP＋SI＋DATA]，CX

若 (DS)＝4000H，(SS)＝5000H，(BX)＝1000H，(DI)＝1500H，(BP)＝2000H，(SI)＝1050H，(CX)＝2050H，DATA＝1000H，(43734H)＝64H，则指令执行结果为：(AH)＝64H，(54050H)＝2050H。

基址加变址相对寻址方式也可以表示成几种不同的形式：

MOV AX，[BX＋SI＋COUNT]

MOV AX，COUNT [BX] [SI]

MOV AX，[BX＋COUNT] [SI]

MOV AX，[BX] COUNT [SI]

MOV AX，[BX＋SI] COUNT

MOV AX，COUNT [SI] [BX]

3.2 8086/8088 指 令 系 统

3.2.1 数据传送指令

数据传送指令是将数据、地址或立即数传送到寄存器或存储单元中。它又可分为通用数据传送指令、输入/输出指令、目的地址传送指令和标志传送指令等 4 组。数据传送指令对状态标志位不发生影响，除（SAHF 和 POPF）例外，下面分别进行讨论。

1. 通用数据传送指令

（1）数据传送指令。指令格式及操作：

MOV dst，src；(dst) ← (src)

指令中，dst 为目的操作数，src 为源操作数，指令实现的操作是将源操作数传送到目的操作数地址。这种传送实际上是进行数据的"复制"，将源操作数复制到目标操作数地址中，源操作数保持不变。

双操作数的书写方法一般总是将目标操作数写在前面，源操作数写在后面，两者之间用逗号隔开。在 MOV 指令中，源操作数可以是寄存器、存储器、段寄存器和立即数；目标操作数可以是寄存器（不能为 IP）、存储器、段寄存器（不能为 CS）。除了源操作数和目标操作数不能同时为存储器、段寄存器、立即数送段寄存器外，可任意搭配。数据传送的方向如图 3.5 所示。

说明：对于 CS 和指针寄存器 IP，通常无需用户利用传送指令改变其内容。

（2）堆栈操作指令。堆栈操作指令是用来完成压入和弹出堆栈操作的。

1）压入堆栈指令。指令格式及操作：

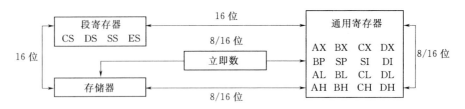

图 3.5　MOV 指令的数据传送方向

PUSH src；SP←SP－2，(SP)＋1：(SP)←(src)

指令完成的操作是"先减后压"，先将指针 SP 减 2，然后再将操作数 src 压入由 SP 指出的栈顶中，指令中的操作数可以是通用寄存器、段寄存器、存储器，但不能是立即数。

PUSH AX；SP←SP－2，(SP)＋1←(AH)，(SP)←(AL)

PUSH CS

PUSH［SI］

2）弹出堆栈指令。指令格式及操作：

POP dst；dst ←((SP)＋1，(SP))，SP←(SP)＋2

指令完成的操作是"先出后移"，即先将堆栈指针 SP 所指示的栈顶存储单元的值弹出到操作数 dst 中，然后再将堆栈指针 SP 加 2。指令中的操作数可以是通用寄存器、存储器、段寄存器（但不能是代码段寄存器 CS），同样，不能是立即数。例如：

POP BX；BH←((SP)＋1)，BL＋((SP))，SP←(SP)＋2

POP ES

POP MEM［DI］

应该注意，堆栈指令中操作数一定是字操作数（16 位）。

（3）数据交换指令。指令格式及操作：

XCHG opr1，opr2；opr1←→(opr2)

这是一条交换指令，它的操作是使源操作数与目标操作数进行交换，即不仅将源操作数传送到目标操作数，而且同时将目标操作数传送到源操作数。交换指令的源操作数与目标操作数均可以是通用寄存器、存储器，但不能同时为存储器。

（4）字节转换指令。指令格式及操作：

XLAT src－table

XLAT 指令是字节查表转换指令，可以根据表中元素序号，查出表中相应元素的内容。为了实现查表转换，预先应将表的首地址，即表头地址传送到 BX 寄存器，元素的序号即位移量送 AL，表中第一个元素的序号为 0，然后依次是 1，2，3，…。执行 XLAT 指令后，表中指令序号的元素存于 AL。由于借助了 AL 寄存器进行，所以被寻址的表的最大长度为 255 个字节。利用 XLAT 指令实现不同数制或编码系统之间的转换十分方便。

2. 输入/输出指令

输入/输出指令共有两条。输入指令 IN 用于从外设端口接收数据，输出指令 OUT 则向端口发送数据。无论是接收到的数据或是准备发送的数据都必须在累加器 AL（字节）或 AX（字）中，所以这是两条累加器专用指令。输入/输出指令可以分为两大类：①端口直接寻址的输入输出指令；②端口通过 DX 寄存器间接寻址的输入/输出指令。在直接寻址的指令中只能寻址 256 个端口（0～255），而间接寻址的指令中可寻址 64 个端口（0～65535）。

（1）输入指令。

1）直接寻址的输入指令。指令格式及操作：

IN acc，port；acc←（port）

此指令是将 8/16 位数据直接经输入端口 port（地址 0～255）送入 AL/AX 累加器中。

2）间接寻址的输入指令。指令格式及操作：

IN acc，DX；acc←（DX）

此指令是从 DX 寄存器内容指定的端口中，将 8/16 位数据送入 AL/AX 累加器中。这种寻址方式的端口地址由 16 位地址表示，执行此指令前应将 16 位地址存入 DX 寄存器中。

（2）输出指令。

1）直接寻址的输出指令。指令格式及操作：

OUT port，acc；port←（acc）

此指令是从 AL（8 位）或 AX（16 位）累加器输出 8/16 位数据到指令指定的 I/O 端口中。

2）间接寻址的输出指令。指令格式及操作：

OUT DX，acc；（DX）←（acc）

此指令是从 AL（8 位）或 AX（16 位）累加器中输出 8/16 位数据到由 DX 寄存器内容指定的 I/O 端口中。

3. 目的地址传送指令

8086/8088 CPU 提供了 3 条把地址指针写入寄存器或寄存器对的指令，它们可以用来写入近地址指针和远地址指针。

（1）取有效地址指令。指令格式：

LEA reg16，mem

LEA 是将一个近地址指针写入到指定的寄存器。指令中的目标操作数必须是一个 16 位的通用寄存器，源操作数必须是一个存储器操作数，指令的执行结果是把源操作数的有效地址，即 16 位的偏移地址源传送到目标寄存器。例如：

LEA BX，BUFFER

LEA AX，[BP] [DI]

LEA DX，BETA [BX] [SI]

注意 LEA 指令与 MOV 指令的区别，比较下面两条指令：

LEA BX，BUFFER

MOV BX，BUFFER

前者将存储器 BUFFER 的有效地址送到 BX，而后者是将 BUFFER 的内容送到 BX。

以下两条指令功能相同：

LEA BX，BUFFER

MOV BX，OFFSET BUFFER

其中，OFFSET BUFFER 表示存储器 BUFFER 偏移地址。

（2）地址指针装入 DS 指令。指令格式：

LDS reg16，mere32

LDS 指令和下面即将介绍的 LES 指令都是用于写入远地址指针，源操作数可以是任意存储器，目标操作数是任意 16 位通用寄存器。LDS 传送 32 位远地址指针，前者送指定寄存器，后者送数据段寄存器 DS。例如：

LDS SI，[0010H]

设原来 DS＝C000H，而有关存储单元的内容为（C0010H）＝80H，（C0011H）＝01H，（C0012H）＝00H，（C0013H）＝20H，则执行以上指令后，SI 寄存器的内容为 0180H，段寄存器 DS 的内容为 2000H。

（3）地址指针装入 ES 指令。指令格式：

LES reg16，mere32

LES 指令与 LDS 类似，也是装入一个 32 位的远地址指针，偏移量送到指定寄存器，段基值送到附加段寄存器 ES。目的地址传送指令常常用于在串操作时建立初始的地址指针。

4. 标志传送指令

CPU 中有一标志寄存器 FLAG，其中每一状态标志位表示 CPU 运行的状态。许多指令执行结果会影响标志寄存器的某些状态标志位。同时，有些指令的执行也受标志寄存器中某些位的控制。标志传送指令共 4 条，均是单字节指令，指令的操作数以隐含的形式存在（隐含的操作数是 AH 寄存器）。

（1）取标志指令。指令格式：

LAHF

LAHF 指令将 FLAG 中的 5 个标志位传送到累加器 AH 的对应位，如图 3.6 所示。

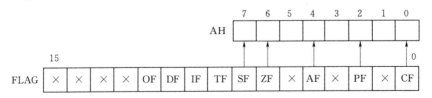

图 3.6　LAHF 指令操作示意图

LAHF 指令对状态标志位没有影响。

（2）置标志指令。指令格式：

SAHF

SAHF 指令的传送方向与 LAHF 相反，将 AH 寄存器中的第 7、6、4、2、0 位分别传送到标志寄存器对应位的状态，但其余状态标志位即 OF、DF、IF 和 TF 不受影响。

（3）标志压入堆栈指令。指令格式及操作：

PUSHF；SP←（SP）－2，（SP）＋1：（SP）←（FLAG）

PUSHF 指令先将 SP 减 2，然后将标志寄存器 FLAG 的内容（16 位）压入堆栈。这条指令对状态标志位没有影响。

（4）标志弹出堆栈指令。指令格式及操作：

POPF；FLAG←（（SP）＋1，（SP）），SP←（SP）＋2

POPF 指令的操作与 PUSHF 相反，它将堆栈内容弹出到标志寄存器，然后 SP 加 2。POPF 指令对状态标志位有影响。PUSHF 和 POPF 指令可用于保护调用过程以前标志寄存器的值，过程返回以后再恢复这些标志状态，或用来修改标志寄存器中相应标志位的值。

3.2.2 算术运算指令

8086/8088 的算术运算指令可处理 4 种类型的数：无符号的二进制数、带符号的二进制数、无符号压缩十进制数（压缩 BCD 码）、无符号非压缩十进制数（非压缩 BCD 码）。压缩十进制数只有加/减运算，其他类型的数均可进行加、减、乘、除运算。8086/8088 提供了各种调整操作指令，因此除了可以对二进制数进行算术运算以外，也可以方便地进行压缩的或非压缩的十进制数的算术运算。

8086/8088 的算术运算指令将运算结果的某些特性传送到 6 个标志上去，这些标志中的绝大多数可由跟在算术运算指令后的条件转移指令进行测试，以改变程序的流程。因而掌握指令执行结果对标志的影响，对编程有着重要的作用。

算术运算类指令共有 20 条，包括加、减、乘、除运算、符号扩展和 BCD 码调整指令，除了符号扩展指令，其余均影响标志位。

1. 加法指令

加法指令包括不带进位加法指令、带进位加法指令和加 1 指令。

（1）加法指令。指令格式及操作如下：

ADD dst，src；（dst）←（dst）＋（src）

ADD 将目标操作数与源操作数相加，结果存入目标操作数，影响标志寄存器。ADD 指令的操作数类型与 MOV 指令类似，但段寄存器不参与运算。例如：

ADD CL，1

ADD DX，SI

ADD AX，MEM

ADD DATA［BX］，AL

ADD ALP［DI］，30H

相加的数据类型可以根据编程者的意图，规定为带符号数或无符号数，如果相加结果超出范围，则发生溢出。例如：

MOV AL，7EH

MOV BL，5BH

ADD AL，BL

执行以上 3 条指令以后，相加结果（AL）＝D9H，此时各状态标志位的状态为：

SF＝1，ZF＝0，AF＝1，PF＝0，CF＝0，OF＝1。其中 OF＝1 表示发生了溢出，这是由于相加结果超过了 127。但最高位并未产生进位，故 CF＝0。

（2）带进位加法指令。指令格式及操作：

ADC dst，src；(dst)←(dst)＋(src)＋(CF)

ADC 指令是将目标操作数与源操作数相加，再加上进位标志 CF 的内容，然后将结果送目标操作数。操作数的类型与 ADD 指令相同，而且 ADC 指令同样也可以进行字节操作或字操作。带进位加法指令主要用于多字节数据的加法运算。如果低字节相加时产生进位，则在下一次高字节相加时将这个进位加进去。

（3）加 1 指令。指令格式及操作：

INC dst；dst←(dst)＋1

INC 指令将目标操作数加 1。指令影响 SF、ZF、AF、PF、OF，但对 CF 没有影响。INC 指令的目标操作数可以是寄存器或存储器，但不能是段寄存器。其类型为字节操作或字操作均可。例如：

INC DL

INC SI

INC BYTE PTR［BX］［SI］

INC WORD PTR［DI］

指令中的 BYTE PTR 或 WORD PTR 分别指定随后的存储器操作数的类型是字节或字。INC 指令常常用于在循环程序中修改地址。

2．减法指令

减法指令包括不带借位减法指令、带借位减法指令、减 1 指令、求补指令和比较指令。

（1）减法指令。指令格式及操作：

SUB dst，src；dst←(dst)－(src)

SUB 指令用目标操作数减源操作数，结果送回目标操作数。该指令对状态标志位有影响。操作数的类型与加法指令一样，即目标操作数可以是寄存器或存储器，源操作数可以是立即数、寄存器或存储器，但不允许两个存储器相减。既可以字节相减，也可以字相减。例如：

SUB AL，37H，

SUB DX，BX

SUB CX，VARE1

SUB ARRAY［DL］，AX

SUB BETA［BX］［DL］，512H

减法数据的类型也可以根据程序员的要求，约定为带符号数或无符号数。

（2）带借位的减法指令。指令格式及操作：

SBB dst，src；ds←(dst)－(src)－(CF)

SBB 指令是将目标操作数减源操作数，然后再减进位标志 CF，并将结果送回目标操作数，SBB 指令对标志的影响与 SUB 指令相同。

目标操作数及源操作数的类型也与 SUB 指令相同。8 位或 16 位数均可运算。例如：

SBB BX，1000H

SBB CX，DX

SBB AL，DATA1

SBB DISP [BP]，BL

SBB [SI+6]，97H

带借位减指令主要用于多字节的减法。

（3）减 1 指令。指令格式及操作：

DEC dst，dst←(dst)−1

DEC 指令将目标操作数减 1。指令对状态标志位 SF、ZF、AF、PF 和 OF 有影响，但不影响进位标志 CF。操作数与 INC 一样，可以是寄存器或存储器（段寄存器不可）。其类型是字节操作或字操作均可。例如：

DEC BL

DEC AX

DEC [BX]

DEC WORD PTR [BP] [DL]

在循环程序中常常利用 DEC 指令来修改循环次数。例如：

MOV AX，0FFFFH

CYC：DEC AX

JNZ CYC

HLT

以上程序段中，DEC AX 指令重复执行 65535 次，此程序是一段延时程序。

（4）求补指令。指令格式及操作：

NEG dst；dst←0−(dst)

NEG 指令的操作是用"0"减去目标操作数，结果送回原来的目标操作数。对状态标志位有影响。可以对 8 位数或 16 位数求补，实际为求负。例如：

NEG BL

NEG AX

NEG BYTE PTR [BP] [SI]

NEG WORD PTR [DI+20]

利用 NEG 指令可以得到负数的绝对值。

（5）比较指令。指令格式及操作：

CMP dst，stc；dst−(src)

CMP 用目标操作数减源操作数，但结果不送回目标操作数。因此，执行比较指令 CMP 后，被比较的两个操作数内容均保持不变，而比较结果反映在标志寄存器中。这是 CMP 比较指令与 SUB 的区别所在；比较指令目标操作数可以是寄存器或存储器，源操作数可以是立即数、寄存器或存储器，但不能同时为存储器。可以进行字节比较，也可以进行字比较。例如：

CMP AL，0AH；寄存器与立即数比较

CMP CX，DI；寄存器与寄存器比较

CMP AX，AREA1；寄存器与存储器比较

CMP [BX+5]，SI；存储器与寄存器比较

CMP GAMM，100；存储器与立即数比较

3. 乘法指令

8086/8088 指令系统中有两条乘法指令，可以实现无符号数的乘法和带符号数的乘法，它们只有源操作数，隐含目标操作数。CPU 在执行乘法时，一个操作数始终放在累加器中（8 位 AL；16 位 AX），这是隐含的。8 位数相乘的结果为 16 位，存放在 AX 中，16 位数相乘的结果为 32 位，存放在 DX 和 AX 中。乘法运算的操作数及运算结果示意图如图 3.7 所示。

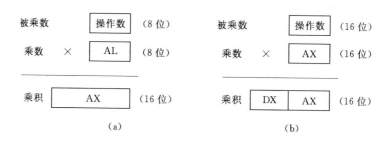

图 3.7　乘法运算的操作数及运算结果示意图

（1）无符号数乘法指令。指令格式及操作：

MUL src；AX←(src)×(AL)（字节乘法）

　　　　；DX：AX←(src)×(AX)（字乘法）

MUL 指令对状态标志位 CF、OF 有影响，SF、ZF、AF、PF 不确定。

MUL AL；AL 乘 AL

MUL BX；AX 乘 BX

MUL BYTE PTR [DI+6]；AL 乘存储器（8 位）

MUL WORD PTR ALPHA；AX 乘存储器（16 位）

两个 8 位数相乘，乘积可能有 16 位，结果存放在 AX 中；两个 16 位数相乘，乘积可能有 32 位，存放在 DX 高 16 位，AX 低 16 位，如果运算结果高位（AH 或 DX）为零，则状态标志位 CF=OF=0，否则 CF=OF=1，表示 AH 或 DX 中包含乘积的有效位。

MOV AL，14H；(AL)=14H

MOV CL，05H；(CL)=05H

MUL CL；(AX)=0064H，(CF)=(OF)=0

本例中结果的高半部分（AH）=0，因此，状态标志位（CF）=(OF)=0。

有了乘法（和除法）指令，使有些运算程序的编程变得简单方便。但是必须注意，乘法指令的执行速度很慢，除法指令也是如此。

（2）带符号数的乘法。指令格式：

IMUL src；AX←(src)×(AL)(字节乘法)

　　　　；DX：AX←(src)×(AX)(字乘法)

IMUL 指令对状态标志位的影响以及操作过程均与 MUL 指令相同。但 IMUL 指令进行带符号数乘法，指令将两个操作数均认作带符号数，8 位和 16 位带符号数的取值范围分别是－128～＋127（字节）和－32768～＋32767。

MOV AX，04E8H；(AX)＝04E8H

MOV BX，4E20H；(BX)＝4E20H

IMULBX；(DX：AX)＝(AX)×(BX)

以上指令的执行结果 (DX)＝017FH，(AX)＝4D00H，且 (CF)＝(OF)＝1。实际上，以上指令完成带符号数（＋1256）和（＋20000）的乘法运算，得到乘积为（＋25120000）。由于此时 DX 中结果的高半部分包含着乘积的有效数字，标志位 (CF)＝(OF)＝1。

4. 除法指令

8086/8088 CPU 执行除法时规定：除数只能是被除数的一半字长。当被除数为 16 位时，除数应为 8 位，被除数为 32 位时，除数应为 16 位。并规定：

（1）当被除数为 16 位，应存放于 AX 中。除数为 8 位，可存放在寄存器/存储器中。而得到的 8 位商放在 AL 中，8 位余数放在 AH 中，如图 3.8（a）所示。

（2）当被除数为 32 位，应存放于 DX 和 AX 中。除数为 16 位，可存放在寄存器/存储器中。而得到的 16 位商放在 AX 中，16 位余数放在 DX 中，如图 3.8（b）所示。

8086/8088 指令系统中有两条除法指令，它们是无符号数除法指令和带符号数的除法指令。

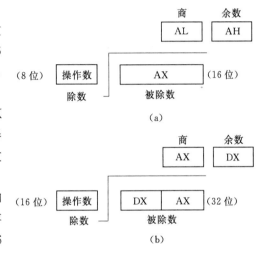

图 3.8 除法运算的操作数和运算结果
(a) 8 位源操作数　(b) 16 位源操作数

无符号数除法指令的指令格式及操作：

DIV src；AL←(AX)/(src)的商(字节除法)

　　　　；AH←(AX)/(src)的余数

　　　　；AX←(DX：AX)/(src)的商(字除法)

　　　　；DX←(DX：AX)/(src)的余数

即字节除法中，AX 除以 src，被除数为 16 位，除数为 8 位。执行 DIV 指令后，商在 AL，余数在 AH 中；字除法中，DX、AX 除以 src，被除数为 32 位，除数为 16 位，除的结果，商在 AX，余数在 DX 中。执行 DIV 指令时，如果除数为 0，或字节除法时，AL 寄存器中的商大于 FFH，或字除法时，AX 寄存器中的商大于 FFFFH，CPU 立即自动产生类型号为 0 的中断。

DIV 指令对状态标志位 CF、OF、SF、ZF、AF、PF 的影响不确定。

DIV BL；AX 除以 BL

DIV CX；(DX：AX) 除以 CX

DIV WORD PTR ALPHA；(DX：AX) 除以存储器

除法指令规定了必须用一个 16 位数除以一个 8 位数，或用一个 32 位数除以一个 16 位数，而不允许两个字长相等的操作数相除。如果被除数和除数的字长相等，可以在用 DIV 指令进行无符号数除法之前，将被除数的高位扩展 8 个零或 16 个零。

带符号除法指令的指令格式及操作：

IDIV src；AL←(AX)/(src)的商(字节除法)

　　　　；AH←(AX)/(src)的余数

　　　　；AX←(DX：AX)/(src)的商(字除法)

　　　　；DX←(DX：AX)/(src)的余数

执行 IDIV 指令时，如果除数为 0，或字节除法时，AL 寄存器中的商超出（−128～+127），或字除法时，AX 寄存器中的商超出（−32768～+32767），CPU 立即自动产生类型号为 0 的中断。

IDIV 指令对状态标志位 CF、OF、SF、ZF、AF、PF 的影响不确定。

例如：如果被除数和除数字长相等，则在用 IDIV 指令进行带符号数除法中，用扩展指令 CBW 或 CWD 将被除数的符号位扩展，使之成为 16 位数或 32 位数。IDIV 指令对非整数商舍去尾数，而余数的符号总是与被除数的符号相同。字长相等的带符号数除法的例子：

MOV AX，−2000；(AX)=−2000

CWD；将 AX 中的 16 位数扩展成为 32 位，结果在 DX：AX

MOV BX，−421；(BX)=−421

IDIV BX；(AX)=4（商），(DX)=−316（余数），余数的符号与被除数相同

5. 符号扩展指令

在前面介绍的各种二进制算术运算指令中，两个操作数的字长应该符合规定的关系。例如，在加法、减法和乘法运算中，两个操作数的字长必须相等。在除法指令中，被除数必须是除数的双倍字长。因此，有时需要将一个 8 位数扩展成为 16 位，或者将一个 16 位数扩展成为 32 位。

对于无符号数，扩展字长比较简单；只需添上足够个数的零即可。例如，以下两条指令将 AL 中的一个 8 位无符号数扩展成为 16 位，存放在 AX 中。

MOV AL，0FBH；(AL)=11111011B

XOR AH，AH；(AH)=00000000B

但是对于带符号数，扩展字长时正数与负数的处理方法不同，正数的符号位为零，而负数的符号位为 1，因此，扩展字长时，应分别在高位添上相应的符号位，这样才能保证原数据的大小和符号不变。符号扩展指令就是用来对带符号数字长的扩展。

6. 十进制数（BCD 码）运算指令

以上介绍的是二进制数的算术运算。二进制数在计算机上进行运算是非常简单的。但

是，通常人们习惯于用十进制数。在计算机中，十进制数是用 BCD 码来表示的。BCD 码有两类：压缩十进制数（压缩 BCD 码）和无符号非压缩十进制数（非压缩 BCD 码），8086/8088 用 BCD 码的运算指令算出结果，然后再用专门的指令对结果进行修正（调整），使之转变为 BCD 码表示的正确的结果。

（1）十进制加法的调整指令。根据 BCD 码的种类，对 BCD 码加法进行十进制调整的指令有两条：AAA 和 DAA。

1）非压缩型 BCD 码调整指令。指令格式：

AAA

AAA 也称为加法的 ASCII 调整指令。指令后面不写操作数，但实际上隐含累加器操作数 AL 和 AH。指令的操作为：

如果（AL）∧0FH＞9，或（AF）＝1

则 AL←（AL）＋06H

AH←（AH）＋1

AF←1

否则 CF←（AF）

AL←（（AL）∧0FH）

AAA 指令对 AF 和 CF，OF、SF、ZF、PF 的影响不确定。AAA 指令能对加法的结果 AL 的内容进行调整。

AAA 指令调整可用以下指令实现：

MOV AX，0007H；（AL）＝07H，（AH）＝00H

MOV BL，08H；（BL）＝08H

ADD AL，BL；（AL）＝0FH

AAA；（AL）＝05H，（AH）＝01H，（CF）＝（AF）＝1

以上指令的运行结果为 7＋8＝15，所得之和也以非压缩型 BCD 码的形式存放，个位在 AL，十位在 AH。

2）压缩型 BCD 码调整指令。指令格式：

DAA

DAA 指令同样不带操作数，实际上隐含寄存器操作数 AL。指令的操作为：

如果（AL）∧0FH＞9，或（AF）＝1

则 AL←（AL）＋06H

AF←1

如果（AL）∧0F0H＞9FH，或（CF）＝1

则 AL←（AL）＋60H

CF←1

DAA 指令影响 AF、CF、SF、ZF、PF，但不影响 OF。DAA 指令只对加法的结果 AL 的内容进行调整，任何时候不影响 AH。例如：

MOV AL，68H；（AL）＝68H

MOV BL，59H；（BL）＝59H

ADD AL，BL；(AL)＝C1H，(AF)＝1

DAA；(AL)＝27H，(CF)＝1

　　如果要求相加两个位数或更多位数的十进制数，则也应编写一个循环程序，并采用 ADC 指令，在循环之前要清进位标志 CF。但采用压缩型 BCD 码时，每次可以相加两位十进制数。例如，相加两个 8 位十进制数时，只需循环 4 次。

　　为了掌握 DAA 指令与 AAA 指令的区别，现在再来做前面已经做过的简单计算，即 7＋8＝?

　　不过这一次编程时不用 AAA 指令，而改用 DAA 指令调整，看看结果有什么不同。

MOV AX，0007H；(AL)＝07H，(AH)＝00H

MOV BL，08H；(BL)＝08H

ADD AL，BL；(AL)＝0FH

DAA；(AL)＝15H，(AH)＝00H，(AF)＝1，(CF)＝0

　　可见，现在 7 加 8 所得之和以压缩型 BCD 码的形式存放在 AL 寄存器中，而 AH 的内容不变。

　　(2) 十进制减法的调整指令。同加法一样，对 BCD 码减法进行十进制调整的指令也有两条：AAS 和 DAS。

　　指令格式：

　　AAS

　　AAS 也称为减法的 ASCII 码的调整指令。隐含寄存器操作数为 AL 和 AH。对非压缩型 BCD 码调整。指令的操作为：

　　如果 (AL)∧0FH＞9，或 (AF)＝1

　　则 AL←(AL)－06H

　　AH←(AH)－1

　　AF←1

　　CF←(AF)

　　否则 AL←((AL)∧0FH)

　　AAS 指令影响 AF 和 CF，OF、SF、ZF、PF 不确定。

　　(3) 压缩型 BCD 码调整指令。指令格式：

　　DAS 指令对减法进行十进制调整，指令隐含寄存器操作数 AL。在减法运算时，DAS 指令对压缩型 BCD 码进行调整，其操作为：

　　如果 ((AL)∧0FH)＞9 或 (AF)＝1

　　则 AL←(AL)－06H

　　AF←1

　　如果 (AL)＞9FH 或 (CF)＝1

　　则 AL←(AL)－60H

　　CF←1

　　与 DAA 类似，DAS 指令影响 AF、CF、SF、ZF、PF，但不影响 OF。DAS 指令只对减法的结果 AL 的内容进行调整，任何时候都不影响 AH。

例如：83－38＝？采用压缩型 BCD 码存放原始数据，则以上减法运算可用下列几条指令实现：

MOV AL，83H；（AL）＝83H

MOV BL，38H；（BL）＝38H

SUB AL，BL；（AL）＝4BH

DAS；（AL）＝45H

（4）十进制乘除法的调整指令。对于十进制数的乘除法运算，8086/8088 指令系统只提供了非压缩型 BCD 码的调整指令，而没有提供压缩型 BCD 码的调整指令。因此，8086/8088 CPU 不能直接进行压缩型 BCD 码的乘除法运算。

非压缩型 BCD 码的乘除法与加减法相同，加减法可以直接用 ASCII 码参加运算，而不管其高位上有无数字，只要在加减指令后用一条非压缩型 BCD 码的调整指令，就能得到正确结果。而乘除法要求参加运算的两个数高 4 位是 0 的非压缩型 BCD 码，低 4 位是十进制数。也就是说，如果用 ASCII 码进行非压缩型 BCD 码的乘法运算，在乘除法运算之前，必须将高 4 位清零。

1）非压缩型 BCD 码的乘法调整指令。指令格式：

AAM

AAM 指令也是一个隐含了寄存器操作数 AL 和 AH 的指令。

在乘法运算时，调整之前，先用 MUL 指令将两个真正的非压缩型的 BCD 码相乘，结果放在 AX 中。然后用 AAM 指令对 AL 寄存器进行调整，于是在 AX 中就可得到正确的非压缩型 BCD 码的结果，其乘积的高位在 AH 中，乘积的低位在 AL 中。AAM 指令的操作为：

AH←（AL）/0AH 的商；即 AL 除以 10，商送 AH

AL←（AL）/0AH 的余数；即 AL 除以 10，余数送 AL

AAM 指令的操作实质上是将 AL 寄存器中的二进制数转换成为非压缩型的 BCD 码，十位存放在 AH 寄存器，个位存放在 AL 寄存器。AAM 指令执行以后，将根据 AL 中的结果影响状态标志位 SF、ZF 和 PF，但 AF、CF 和 OF 的值不定。

2）非压缩型 BCD 码的除法调整指令。指令格式：

AAD

AAD 指令也是一个隐含了寄存器操作数 AL 和 AH 的指令，它是对非压缩型 BCD 码进行调整，其操作为：

AL←（AH）×0AH＋（AL）

AH←0

即将 AH 寄存器的内容乘以 10 并加上 AL 寄存器的内容，结果送回 AL，同时将零送 AH。以上操作实质上是将 AX 寄存器中非压缩型 BCD 码转换成为真正的二进制数，并存放在 AL 寄存器中。

执行 AAD 指令以后，将根据 AL 中的结果影响状态标志位 SF、ZF 和 PF，但其余几个状态标志位，如 AF、CF 和 OF 的值则不确定。

AAD 指令的用法与其他非压缩型 BCD 码调整指令（如 AAA、AAS、AAM）有所不同。AAD 指令使用在除法指令之前进行调整，方可得到正确的非压缩型 BCD 码的结果。

3.2.3　逻辑运算与移位指令

3.2.3.1　逻辑运算指令

1. 逻辑"与"指令

指令格式及操作：

AND dst，src；dst←(dst)∧(src)

AND 将源操作数与目标操作数按位进行"与"运算，结果送回目标操作数。两个操作数不能同时为存储器。例如：

AND AL，00001111H；寄存器"与"立即数

AND CX，DI；寄存器"与"寄存器

AND SI，MEM；寄存器"与"存储器

AND ALP [DI]，AX；存储器"与"寄存器

AND [BX] [SI]，0FFFEH；存储器"与"立即数

AND 指令主要用来屏蔽掉一个数中某些位，以便对剩下的其他位进行某些处理。因此两个操作数都是 1 的位，目的操作数相对应位就是 1，其他各种组合的位，目的操作数相应位都是 0。

例如：AND AL，00001111H；将 AL 寄存器高 4 位屏蔽，低 4 位不变。

2. TEST 测试

TEST 指令的操作实质上与 AND 指令相同，即把目标操作数和源操作数进行逻辑"与"。两者的区别在于 TEST 指令不把逻辑运算的结果送回目标操作数，因此两个操作数的内容均保持不变，即目标操作数将不被破坏。逻辑"与"的结果反映在状态标志位上，例："与"的最高位是 0 还是 1，结果是否全为 0，结果中 1 的个数是奇数还是偶数分别由 SF、ZF、PF 体现。将 CF、OF 清零，AF 的值不确定。例如：

TEST BH，7；寄存器"与"立即数（结果不回送，下同）

TEST SI，BP；寄存器"与"寄存器

TEST [SI]，CH；存储器"与"寄存器

TEST [BX] [DI]，6ACEH；存储器"与"立即数

TEST 指令常用于位测试，它与条件转移指令一起，共同完成对特定位状态的判断，并实现相应的程序转移。这种作用与比较指令 CMP 有些类似，不过 TEST 指令只比较某一指定的位，而 CMP 指令比较整个操作数（字节或字）。

3. 逻辑"或"指令

指令格式及操作：

OR dst，src；dst←dst∨(src)

OR 指令将目的操作数和源操作数按位进行逻辑"或"运算，并将结果送回目标操作数。

OR 指令操作数的类型与 AND 指令相同，即目标操作数可以是寄存器或存储器，源操作数可以是立即数、寄存器或存储器，但不能同时都是存储器。例如：

OR BL，0F6H；寄存器"或"立即数

OR AH，BL；寄存器"或"寄存器

OR CL，BETA［BX］［DI］；寄存器"或"存储器

OR［BX］［DI］，80H；存储器"或"立即数

　　OR 指令的用途是将寄存器或存储器中的某些位置 1，而不管这些位原来的状态如何，并保持其他位状态不变。"或"指令将要求保持不变的位和"0"进行逻辑"或"，"或"指令将要求置 1 的位和"1"进行逻辑"或"，该指令影响 SF、ZF、PF。

　　AND 指令和 OR 指令有一个共同的特性：如果将一个寄存器的内容和该寄存器本身进行逻辑"与"操作或者逻辑"或"操作，则保持寄存器的内容不变，但影响 SF、ZF、PF。

　　4. XOR 逻辑"异或"指令

　　指令格式及操作：

　　XOR dst，src；dst←dst ⊕（src）

　　XOR 指令将目标操作数和源操作数按位进行逻辑"异或"运算，并将结果送回目标操作数。

　　XOR 指令的操作类型与 AND 指令和 OR 指令相同，此处不再赘述，例如：

　　XOR DI，23F6H；寄存器"异或"立即数

　　XOR SI，DX；寄存器"异或"寄存器

　　XOR CL，BUFFER；寄存器"异或"存储器

　　XOR MEM［BX］，AX；存储器"异或"寄存器

　　XOR TABLE［BP］［SI］，3DH；存储器"异或"立即数

　　XOR 指令的用途是将寄存器或存储器中某些特定的位"求反"，而使其余位保持不变。为此，可将欲"求反"的位和"1"进行"异或"，而将要求保持不变的位和"0"进行"异或"。例如，若要使 AL 寄存器中第 1、3、5、7 位取反其他位不变，异或 10101010B（即 0AAH）即可。

　　MOV AL，0FH（AL）＝00001111B

　　XOR AL，0AAH；（AL）＝10100101B（0A5H）

　　XOR 指令的另一个用途将寄存器内容清零，例如：

　　XOR AX，AX；AX 清零

　　XOR CX，CX；CX 清零

　　而且，上述指令和 AND、OR 等指令一样，也将进位标志 CF 清零。

　　XOR 指令的这种特性在多字节的累加程序中十分有用，它可以在循环程序开始前的初始化过程中使用。

　　5. 逻辑"非"运算

　　指令格式及操作：

　　NOT dst；dst←FFFFH－（dst）（字求反）

　　NOT 指令的操作数可以是 8 位或 16 位寄存器或存储器，但不能是立即数。

　　NOT AH；8 位寄存器求反

NOT CX；16 位寄存器求反

NOT BYTE PTR［BP］；8 位存储器求反

NOT WORD PTR COUNT；16 位存储器求反

3.2.3.2　移位指令

8086/8088 指令系统的移位指令包括逻辑左移 SHL、算术左移 SAL、逻辑右移 SHR、算术右移 SAR，还有循环移位指令，包括不带进位循环左移 ROL、循环右移 ROR 和带进位循环左移 RCL、循环右移 RCR。移位常数一定放在 CL 中。移位指令都影响状态标志位，但影响的方式各条指令不尽相同。

1. 移位指令

（1）逻辑左移 SHL/算术左移 SAL。指令格式：

SHL dst，1

SAL dst，1

或　SHL dst，CL

　　SAL dst，CL

这两条指令的操作是将目标操作数顺序向左移 1 位或移 CL 位，左移 1 位时高位移入进位标志 CF，最低位补 0。指令操作示意图如图 3.9 所示，逻辑左移 SHL/算术左移 SAL 影响 CF 和 OF，如果移位次数是 1，且移位后 dst 最高位与 CF 不相等，则溢出标志位 OF=1，否则 OF=0。如果移位次数不是 1，则 OF 值不确定。OF 值表示移位是否改变符号位。

SHL AH，1；寄存器左移 1 位

SAL SI，CL；寄存器左移（CL）位

SAL WORD PTR［BX+5］，1；存储器左移 1 位

SHL DATA，CL；存储器左移寄存器（CL）中指定的位数

（2）逻辑右移指令。指令格式：

SHR dst，1/CL

SHR 指令的操作是将目标操作数顺序向右移 1 位或右移由 CL 寄存器指定的位数。逻辑右移 1 位时，低位移入进位标志 CF，最高位补 0。指令操作如图 3.10 所示。

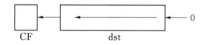

图 3.9　SHL/SAL 指令操作示意图　　　　图 3.10　SHR 指令操作示意图

SHR 指令也将影响 CF 和 OF 状态标志位。如果移位次数等于 1，且移位以后新的最高位与次高不相等，则溢出标志位 OF=1，否则 OF=0。OF 值表示移位是否改变符号位。例如：

SHR BL，1；寄存器逻辑右移 1 位

SHR AX，CL；寄存器逻辑右移（CL）位

SHR BYTE PTR［DI+BP］，1；存储器逻辑右移 1 位

SHR WORD PTR BLOCK，CL；存储器逻辑右移（CL）位

（3）算术右移指令。指令格式：

SAR dst，1/CL

SAR 指令的操作数与逻辑右移指令 SHR 有点类似，将目标操作数向右移 1 位或由 CL 寄存器指定的位数。逻辑右移 1 位时，低位移入进位标志 CF，最高位保持不变。SAR 指令操作如图 3.11 所示。

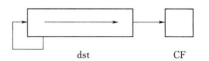

图 3.11　SAR 指令操作示意图

算术右移指令对状态标志位 CF、OF、PF、SF 和 ZF 有影响，但 AF 的值不确定。

2. 循环移位指令

8086/8088 指令系统有 4 条循环移位指令，即不带进位标志 CF 的左循环移位指令 ROL 和右循环移位指令 ROR（也称小循环），以及带进位标志 CF 的左循环移位指令 RCL 和右循环移位指令 RCR（也称大循环）。

循环移位指令的操作数类型与移位指令相同，可以是 8 位或 16 位的寄存器或存储器。指令中指定的左移或右移的位数也可以是 1 或由 CL 寄存器指定。但不能是 1 以外的常数或 CL 以外的寄存器。循环移位指令都只影响进位标志 CF 和溢出标志 OF，但 OF 标志的含义对于左循环移位指令和右循环移位指令有所不同。

（1）循环左移指令。指令格式：

ROL dst，1/CL

ROL 指令将目标操作数向左循环移动 1 位或 CL 寄存器指定的位数。最高位移到进位标志 CF，同时，最高位移到最低位形成循环，进位标志 CF 不在循环回路之内。其操作如图 3.12 所示。

ROL 指令将影响 CF 和 OF 两个状态标志位。如果循环移位次数等于 1，且移位以后目的操作数新的最高位与 CF 不相等，则（OF）＝1，否则（OF）＝0。因此，OF 的值表示循环移位前后符号位是否有所变化。如果移位次数不等于 1，则 OF 的值不确定。

图 3.12　ROL 指令操作示意图

（2）循环右移指令。指令格式：

ROR dst，1/CL

ROR 指令将目标操作数向右循环移动 1 位或右移由 CL 寄存器指定的位数。最低位移到进位标志 CF，同时最低位移到最高位，指令的操作可用图 3.13 表示。ROR 指令也将影响状态标志位 CF 和 OF。如果移位次数等于 1，且移位以后新的最高位与次高位不相等，则溢出标志位 OF＝1；否则 OF＝0。OF 值表示移位是否改变符号位。

（3）带进位循环左移指令。

RCL dst，1/CL

RCL 指令将目标操作数连同进位标志 CF 一起向左循环移动 1 位或由 CL 寄存器指定的位数。最高位移入 CF，而 CF 移入最低位。RCL 指令的操作如图 3.14 所示。

RCL 指令对状态标志位的影响与 ROL 指令相同。

图 3.13　ROR 指令操作示意图

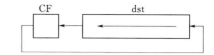

图 3.14　RCL 指令操作示意图

（4）带进位循环右移指令。指令格式：

RCR dst，1/CL

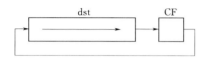

图 3.15　RCR 指令操作示意图

RCR 指令将目标操作数连同进位标志 CF 一起向右循环移动 1 位或由 CL 寄存器指定的位数。最低位移到进位标志 CF，同时进位标志 CF 移到最高位。RCR 指令操作如图 3.15 所示。RCR 指令对状态标志位的影响与 ROR 指令相同。

3.2.4　串操作指令

8086/8088 指令系统中有一组十分有用的串操作指令，这些指令的操作对象不只是单个字节或字，而是内存中地址连续的字节串或字串。在每次基本操作后，能够自动修改地址，为下一次操作做好准备。串操作指令还可以加上重复前缀；此时指令规定的操作将一直重复下去，直到完成预定的重复次数。

串操作指令共有以下 5 条：串传送指令（MOVS）、串装入指令（LODS）、串送存指令（STOS）、串比较指令（CMPS）和串扫描指令（SCAS）。

上述串操作指令的基本操作各不相同，但都具有以下几个共同特点：

（1）用 SI 寻址源操作数，用 DI 寻址目标操作数，源操作数在数据段，隐含段寄存器 DS，可以段超越，目标操作数在附加段，隐含段寄存器 ES，不允许段超越。

（2）每一次操作以后修改地址指针，是增量还是减量决定于方向标志 DF。当（DF）＝0 时，地址指针增量，即字节操作时地址指针加 1，字操作时地址指针加 2。当（DF）＝1 时，地址指针减量，即字节操作时地址指针减 1，字操作时地址指针减 2。

（3）有的串操作指令可加重复前缀 REP，则指令规定的操作重复进行，重复操作的次数由 CX 寄存器决定。如果在串操作指令前加上重复前缀 REP，则 CPU 按以下步骤执行：

1）首先检查 CX 寄存器，若（CX）＝0，则退出重复串操作指令。

2）指令执行一次字符串基本操作。

3）根据 DF 标志修改地址指针。

4）CX 减 1（但不改变标志）。

5）转至下一次循环，重复以上步骤。

（4）串操作指令的基本操作影响 ZF（如 CMPS、SCAS）可加重复前缀 REPE/REPZ 或 REPNE/REPNZ，此时操作重复进行的条件不仅要求（CX）≠0，而且同时要求 ZF 的值满足重复前缀中的规定［REPE 要求（ZF）＝1，REPNE 要求（ZF）＝0］。

（5）串操作汇编指令的格式可以写上操作数，也可以只在指令助记符后加字母"B"（字节操作）或"W"（字操作），指令助记符后不加任何操作数。

1. 串传送指令

指令格式：

[REP] MOVS [ES:] dststring, [seg:] srcstring

[REP] MOVSB

[REP] MOVSW

MOVS 指令也称为字符串传送指令，它将一个字节或字从存储器的某个区域传送到另一个区域，然后根据方向标志 DF 自动修改地址指针。其执行的操作为：

(1) (ES): (DI) ←((DS): (SI))

(2) SI← (SI) ±1, DI← (DI) ±1（字节操作）

SI← (SI) ±2, DI← (DI) ±2（字操作）

其中，当方向标志 DF＝0 时用"＋"，当方向标志 DF＝1 时用"－"。串传送指令不影响状态标志寄存器。

以上内容均是任选项，即这些项可有可无。例如重复前缀 REP，可以加在串操作指令之前，也可以不加。

在第一种格式中，串操作指令给出源操作数和目标操作数，此时指令执行字节操作还是字操作，决定于这两个操作数定义时的类型。列出源操作数和目标操作数的作用有二。

首先，用以说明操作对象的大小（字节或字）；其次，明确指出涉及的段寄存器（seg）。指令执行时，实际仍用 SI 和 DI 寄存器寻址操作数。如果在指令中采用 SI 和 DI 来表示操作数，则必须用类型运算符 PTR 说明操作对象的类型。第 1 种格式的一个重要优点是可以对源字符串进行段重设（目的字符串的段基值只能在 ES，不可进行段重设）。在第 2 种和第 3 种格式中，串操作指令字符的后面加上一个字母"B"或"W"，指出操作对象是字节串或字串。但要注意，在这两种情况下，指令后面不需要出现操作数。例如：

REP/MOVS/DATA2，DATA1；操作数类型应预先定义

MOVS/BUFFER2，ES：BUFFER1；源操作数进行段重设

REP/MOVS/WORD/PTR [DI]，[SI]；用变址寄存器表示操作数

REP MOVSB；字节串传送

MOVSW；字串传送

但以下表示方法是非法的：

MOVSB det，dfg

串传送指令常常与重复前缀联合使用，这样不仅可以简化程序，而且提高了运行速度。

但必须把重复操作的次数（字节串长度）送 CX。

例：传送 200 个字节：

LEA SI，BUFFER1；SI←源串首地址指针

LEA DI，BUFFER2；DI←目的串首地址指针

MOV CX，200；CX←字节串长度

CLD；清方向标志 DF

REP MOVSB；传送 200 个字节

HLT

2. 串装入指令

指令格式：

LODS [seg:] srcstring

LODSB

LODSW

LODS 指令将字符串中的字节或字逐个装入累加器 AL 或 AX，其执行的操作为：

（1）AL←((DS)：(SI)) 或 AX←((DS)：(SI))

（2）SI←(SI) ±1（字节操作）

SI←(SI) ±2（字操作）其中，当方向标志 DF=0 时用"＋"，当方向标志 DF=1 时用"－"。串装入指令不影响状态标志寄存器。不加重复前缀。

3. 串送存指令

指令格式：

[REP] STOS [ES:] dst – string

[REP] STOSB

[REP] STOSW

STOS 指令是将累加器 AL 或 AX 的值送存到内存缓冲区的某个位置上。指令的基本操作为：

（1）(ES)：(DI) ← (AL) 或 (ES)：(DI) ← (AX)

（2）DI←(DI) ±1（字节操作）

DI←(DI) ±2（字操作）

STOS 指令对状态标志位没有影响。指令若加上重复前缀 REP，则操作将一直重复进行，直到 (CX)=0。

例：将字符"＃＃"装入以 AREA 为首址的 100 个字节中：

LEA DI，AREA

MOV AX，'＃＃'

MOV CX，100

CLD

REP STOSW

HLT

4. 串比较指令（CMPS）

指令格式：

[REPE/REPNE] CMPS [seg:] src – string，[ES:] dst – string

[REPE/REPNE] CMPSB

[REPE/REPNE] CMPSW

指令的基本操作为：

（1）((DS)：(SI)) －((ES)：(DI))

（2）SI←(SI) ±1，DI←(DI) ±1（字节操作）

SI←（SI）±2，DI←（DI）±2（字操作）

CMPS 指令与其他指令有所不同，指令中的源操作数在前，而目标操作数在后。另外，CMPS 指令可以加重复前缀 REPE（也可以写成 REPZ）或 REPNE（也可以写成REPNZ），这是由于 CMPS 指令影响标志 ZF。如果两个被比较的字节或字相等，则（ZF）=1，否则（ZF）=0，REPE 或 REPZ 表示当（CX）≠0，且（ZF）=1 时继续进行比较。REPNE 或 REPNZ 表示当（CX）≠0，且（ZF）=0 时继续进行比较。

如果想在两个字符串中寻找第一个不相等的字符，则应使用重复前缀 REPE 或REPZ，当遇到第一个不相等的字符时，就停止进行比较。但此时地址已被修改，即（DS：SI）和（ES：DI）已经指向下一个字节或字地址。应将 SI 和 DI 进行修正，使之指向所要寻找的不相等字符。同理，如果想要寻找两个字符串中第一个相等的字符，则应使用重复前缀 REPNE 或 REPNZ。但是也有可能将整个字符串比较完毕，仍未出现规定的条件（例如两个字符相等或不相等），不过此时寄存器（CX）=0，故可用条件转移指令JCXZ 进行处理。

5. 串扫描指令

指令格式：

[REPE/REPNE] SCAS [ES：] dst–string

[REPE/REPNE] SCASB

[REPE/REPNE] SCASW

SCAS 指令是在一个字符串中搜索特定的关键字，字符串的起始地址只能放在（ES：DI）中，且不可以段超越。待搜索特定的关键字一定要放在 AL 或 AX 中。

SCAS 指令的基本操作为：

（1）（AL）−（（ES）：（DI））或（AX）−（（ES）：（DI））

（2）DI←（DI）±1（字节操作）

DI←（DI）±2（字操作）

SCAS 指令将累加器的内容与字符串中的元素逐个进行比较，比较结果也反映在状态标志位上。SCAS 指令将影响状态标志位 SF、ZF、AF、PF、CF 和 OF。如果累加器的内容与字符串中的元素相等，则比较之后（ZF）=1，因此，指令可以加上重复前缀REPE 或 REPNE。前缀 REPE（即 REPZ）表示当（CX）≠0，且（ZF）=1 时继续进行扫描。而 REPNE（即 REPNZ）表示当（CX）≠0 且（ZF）=0 时继续进行扫描。

3.2.5 控制转移指令

8086/8088 指令系统提供了大量指令，用于控制程序的流程。这类指令包括转移指令、循环控制指令、过程调用指令和中断指令 4 类。

3.2.5.1 转移指令

转移是一种将程序控制从一处改换到另一处的最直接的方法。在 CPU 内部，转移是通过将目的地址传送给 IP 来实现的。转移指令包括无条件转移指令和条件转移指令。

1. 无条件转移指令

无条件转移指令的操作是无条件地将程序转移到指令中指定的目标地址。目标地址可以用直接的方式给出，也可以用间接的方式给出。无条件转移指令对状态标志位没有影响。

（1）段内直接转移。指令格式及操作：

JMP nearlabel；IP← (IP) +disp (16 位)

指令的操作数是一个近标号，该标号在本段（或本组）内。指令汇编以后，计算出 JMP 指的下一条指令的地址到目的地址之间的 16 位相对位移量 disp。指令的操作是将指令指针寄存器 IP 的内容加上相对位移量 disp，代码段寄存器 CS 的内容不变，从而使控制转移到目的地址。相对位移量可正可负，一般情况下，它的范围在−32768～+32767 之间，故需用 2 个字节表示，加上一个字节的操作码，这种段内直接转移指令共有 3 个字节。请看下面几条指令：

JMP NEXT

AND AL，7FH

NEXT：XOR AL，7FH

其中，NEXT 是本段内的一个标号，汇编语言计算出下一条指令（即 AND AL，7FH）的地址与标号 NEXT 代表的地址之间的相对位移量，执行 JMP NEXT 指令时，将上述位移量加到 IP 上，于是执行 JMP 指令之后，接着就执行 XOR AL，7FH 指令，实现了程序的转移。

（2）段内直接短转移。指令格式及操作：

JMP Shortlabel；IP← (IP) +disp (8 位)

段内直接短转移指令的操作数是一个短标号。此时，相对位移量 disp 的范围在−128～+127 之间，只需用 1 个字节表示。段内直接短转移指令共有 2 个字节。

如果已知下一条指令到目的地址之间的相对位移量在−128～+127 的范围内，则可在标号前写上运算符 SHORT，实现段内直接短转移。但是，对于一个段内直接转移指令，如果相对位移量的范围在−128～+127 之间，而且目标地址的标号已经定义（即标号先定义后引用，这种情况称为向后引用的符号），那么即使标号没写上运算符 SHORT，汇编程序也能自动生成一个 2 字节的短转移指令。这种情况属于隐含的短转移。如果向前引用标号（即标号先引用，后定义），则标号前应写上运算符 SHORT；否则，即使位移量的范围不超过−128～+127，汇编后仍会生成一个 3 字节的近转移指令。

（3）段内间接转移。指令格式及操作：

JMP reg16/mem16；IP← (reg16) /IP← (mem16)

指令的操作是一个 16 位的寄存器（reg16）或存储器（mem16）地址。存储器可用各种寻址方式。指令的操作是用指定的寄存器或存储器中的内容作为目标的偏移地址取代原来 IP 的内容，以实现程序的转移，由于是段内转移，故 CS 寄存器的内容不变。下面是几条段内间接转移指令：

JMP AX

JMP SI

JMP LABEL [BX]

JMP AWORD

JMP WORD PTR [BP] [DI]

上面前两条指令的操作数是 16 位寄存器，第 3、4 条指令的操作数应是已被定义成 16 位的存储器。第 5 条指令利用运算符"PTR"将存储器操作数定义为 WORD（字，即 16 位）。

（4）段间直接转移。指令格式及操作：

JMP farlabel；IP←OFFSET farlabel

　　　　　　　；CS←SEG farlabel

指令的操作数是一个远标号，该标号在另一个代码段内。指令的操作是将标号的偏移地址取代指令指针寄存器 IP 的内容，同时将标号的段基值取代段寄存器 CS 的内容，结果使控制转移到另一代码段内指定的标号处。例如：

JMP LABELDECLAREDFAR

JMP FAR PTR LABELNAME

上面第 1 条指令中的 LABELDECLAREDFAR 应是一个在另一代码段内已定义的远标号。第 2 条指令利用运算符 PTR 将标号 LABELNAME 的属性指定为 FAR。

（5）段间间接转移。指令格式及操作：

JMP mem32；IP←（mere32）

　　　　　　；CS←（mem32＋2）

指令的操作数是 32 位的存储器地址，指令的操作是将存储器的前两个字节送到 IP 寄存器，存储器的后两个字节送到 CS 寄存器，以实现到另一个代码段的转移。注意：段间间接转移的操作数不能是寄存器。

JMP VARDOUBLEWORD

JMP DWORD PTR［BP］［DI］

上面第 1 条指令中，VARDOUBLEWORD 应是一个已经定义成 32 位的存储器变量（例如可用数据定义伪指令 DD 定义）。第 2 条指令中，利用运算符 PTR 将存储器操作数的类型定义成 DWORD（双字，即 32 位）。

2. 条件转移指令

指令格式为：

JCC shortLabel

在汇编语言程序设计中，常利用条件转移指令来构成分支程序。指令助记符中的"CC"表示条件。这种指令的执行包括两个过程：①测试规定的条件；②如果条件满足则转移到目的地址，否则，继续顺序执行。

条件转移指令也只有一个操作数，用以指明转移的目的地址。但是它与无条件转移指令 JMP 不同，条件转移指令的操作数必须是一个短标号，也就是说，所有的条件转移指令都是 2 字节指令，转移指令的下一条指令到目标地址之间的距离必须在 −128～+127 的范围内。如果指令规定的条件满足，则将这个位移量加到 IP 寄存器上，即 IP←（IP）＋ disp，实现程序的转移。

绝大多数条件转移指令（除 JCXZ 指令外）将状态标志位的状态作为测试的条件。因此，首先应执行影响有关的状态标志位的指令，然后才能用条件转移指令测试这些标志，以确定程序是否转移。CMP 和 TEST 指令常与条件转移指令配合使用，因为这两条指令不改变目标操作数的内容，但可影响状态标志寄存器。

　　8086/8088 的条件转移指令非常丰富，不仅可以测试一个状态标志位的状态，而且可以综合测试几个状态标志位；不仅可以测试无符号数的高低，而且可以测试带符号数的大小等，在编程时十分灵活、方便。下面将所有的条件转移指令的名称、助记符及转移条件列于表 3.1 中同一行内用斜杠隔开的几个助记符，实质上代表同一条指令的几种不同的表示方法。

表 3.1　　　　　　　　　　　　　　条 件 转 移 指 令

指 令 名 称	助记符	转移条件	备 注
等于/零转移	JE/JZ	$(ZF)=1$	
不等于/非零转移	JNE/JNZ	$(ZF)=1$	
负转移	JS	$(SF)=1$	
正转移	JNS	$(SF)=0$	
偶转移	JP/JPE	$(PF)=1$	
奇转移	JNP/JPO	$(PF)=0$	
溢出转移	JO	$(OF)=1$	
不溢出转移	JNO	$(OF)=0$	
进位转移	JC	$(CF)=1$	
不进位转移	JNC	$(CF)=0$	
低于/不高于或不等于转移	JB/JNAE	$(CF)=1$	无符号数
高于或等于/不低于转移	JNE/JNB	$(CF)=0$	无符号数
高于/不低于或不等于转移	JA/JNBE	$(CF)=0$ 且 $(ZF)=0$	无符号数
低于或等于/不高于转移	JBE/JNA	$(CF)=1$ 或 $(ZF)=1$	无符号数
大于/不小于或不等于转移	JG/JNLE	$(SF)=(OF)$ 且 $(ZF)=0$	带符号数
大于或等于/不小于转移	JGE/JNL	$(SF)=(OF)$	带符号数
小于/不大于或不等于转移	JL/JNGE	$(SF)\neq(OF)$ 且 $(ZF)=0$	带符号数
小于或等于/不大于转移	JLE/JNG	$(SF)\neq(OF)$ 或 $(ZF)=1$	带符号数
CX 等于零转移	JCXZ	$(CX)=0$	

3.2.5.2　循环控制指令

　　8086/8088 指令系统专门设计了几条循环控制指令，用于使一些程序段反复执行，形成循环程序。循环控制指令有以下几条：

1. LOOP

指令格式：

LOOP shortlabel

　　LOOP 指令规定将 CX 寄存器作为计数器，指令的操作是先将 CX 的内容减 1，如结果不等于零，则转到指令中指定的短标号处；否则，顺序执行下一条指令。因此，在循环程序开始前，应将循环次数送 CX 寄存器。指令的操作只能是一个短标号，即跳转距离不超过 $-128\sim+127$ 的范围。LOOP 指令对状态标志位没有影响。

2. LOOPE/LOOPZ

指令格式:

LOOPE shortlabel

LOOPZ short－label

以上两种格式实际上代表同一条指令。本指令的操作是先将 CX 的内容减 1,如结果不等于零,且零标志(ZF)＝1 则转移到指定的短标号。LOOPE/LOOPZ 指令对状态标志位也没有影响。

该指令是有条件地形成循环,即当规定的循环次数尚未完成时,还必须满足"相等"或者"等于零"的条件,才能继续循环。

3. LOOPNE/LOOPNZ

指令格式:

LOOPNE/LOOPNZ shortlabel

以上两种格式实际上代表同一条指令。本指令的操作是先将 CX 的内容减 1,如结果不等于零,且零标志(ZF)＝0 则转移到指定的短标号。LOOPNE/LOOPNZ 指令对状态标志位也没有影响。

3.2.5.3 过程调用指令

如果有一些程序段需要在不同的地方多次反复地出现,则可以将这些程序段设计成为过程(相当于子程序),每次需要时进行调用。过程结束后,再返回原来调用的地方。采用这种方法不仅可以使源程序的总长度大大缩短,而且有利于实现模块化的程序设计,使程序的编制、阅读和修改都比较方便。被调用的过程可以在本段内(近过程),也可在其他段(远过程)。调用的过程地址可以用直接的方式给出,也可用间接的方式给出。过程调用指令和返回指令对状态标志位都没有影响。

1. 段内直接调用

指令格式及操作:

CALL nearproc;SP←(SP)－2,(SP)＋1:(SP)←(IP)

　　　　　　　　;IP＝(IP)＋disp

指令的操作数是一个近过程,该过程在本段内。指令汇编以后,得到 CALL 的下一条指令与被调用的过程入口地址的 16 位相对位移量 disp。指令操作是将指令指针 IP 的内容压入堆栈,然后将相对位移量 disp 加到 IP 上,使控制转到调用的过程。16 位相对位移量 disp 占 2 个字节,段内直接调用指令共有 3 个字节。

2. 段内间接调用

指令格式及操作:

CALL reg16/mem16;SP←(SP)－2,(SP)＋1:(SP)←(IP)

　　　　　　　　　;IP←reg16/mem16

指令的操作数是 16 位的寄存器或存储器,其内容是一个近过程入口地址,指令操作是将指令指针 IP 的内容压入堆栈,然后将寄存器或存储器的内容送到 IP 中。

3. 段间直接调用

指令格式及操作:

CALL farproc；SP←(SP)−2，(SP)+1：(SP)←(CS)

　　　　　　　　；CS←SEG far−proc

　　　　　　　　；SP←(SP)−2，(SP)+1：(SP)←(IP)

　　　　　　　　；IP← OFFSET far−proc

指令的操作数是一个远过程，该过程在另外的代码段内。段间直接调用指令先将 CS 中的段基值压入堆栈，并将远过程所在的段基值送 CS，再将 IP 中的偏移地址压入堆栈，然后将远过程的偏移地址 OFFSET far−proc 送 IP。

4. 段间间接调用

指令格式及操作：

CALL mem32；SP←(SP)−2，(SP)+1：(SP)←(CS)

　　　　　　　；CS←mem32+2

　　　　　　　；SP←(SP)−2，(SP)+1：(SP)←(IP)

　　　　　　　；IP←mem32

指令的操作数是 32 位的存储器地址，指令的操作是先将 CS 寄存器压入堆栈，并将存储器的后两个字节送 CS，再将 IP 中的偏移地址压入堆栈，然后将存储器的前两个字节送 IP，控制转到另一个代码段的远过程。

3.2.5.4　过程返回指令

指令格式及操作：

1. 从近过程返回

RET；IP←((SP)+1：(SP))，SP←(SP)+2

RET popvalue；IP←((SP)+1：(SP))，SP←(SP)+2

　　　　　　　；SP←(SP)+pop−value

2. 从远过程返回

RET；IP←((SP)+1：(SP))，SP←(SP)+2

　　　；CS←((SP)+1：(SP))，SP←(SP)+2

RET popvalue；IP←((SP)+1：(SP))，SP←(SP)+2

　　　　　　　　；CS←((SP)+1：(SP))，SP←(SP)+2

　　　　　　　　；SP←(SP)+popvalue

过程体中总包含返回指令 RET，它将堆栈中的断点弹出，控制程序返回到原来调用过程的地方。通常，RET 指令的类型是隐含的，它自动与过程定义时的类型相匹配。但采用间接调用时，必须保证 CALL 指令类型与 RET 指令的类型相匹配，以免发生错误。

此外，RET 指令可以带一个弹出值（popvalue），这是一个 16 位的立即数，通常是偶数。弹出值表示返回时从堆栈舍弃的字节数。例如 RET 4，返回时从堆栈舍弃 4 个字节数。这些字节一般是调用前通过堆栈向过程传递的参数。

3.2.6　处理器控制指令

该类指令用于对 CPU 进行控制，例如对 CPU 中某些状态标志位的状态进行操作，以及使 CPU 暂停、等待等。8086/8088 指令系统的处理器控制指令可分为 3 组。

1. 标志位操作指令

（1）CLC。清进位标志。指令的操作为 CF←0。

（2）STC。置进位标志。指令的操作为 CF←1。

（3）CMC。对进位标志求反。指令的操作为 CF←（$\overline{CF}$）。

（4）CLD。清方向标志。指令的操作为 DF←0。

（5）STD。置方向标志。指令的操作为 DF←1。

（6）CLI。清中断允许标志。指令的操作为 IF←0。

（7）STI。置中断允许标志。指令的操作为 IF←1。在执行这条指令后，CPU 将允许外部的可屏蔽中断请求。这些指令仅对有关状态标志位执行操作，而对其他状态标志位则没有影响。

2. 外部同步指令

（1）HLT。执行 HLT 指令后，CPU 进入暂停状态。外部中断［当（IF）=1］时的可屏蔽中断请求 INTR，或非屏蔽中断请求 NMI 或复位信号 RESET 可使 CPU 退出暂停状态。HLT 指令对状态标志位没有影响。

（2）WAIT。如果 8086/8088CPU 的 TEST 引脚上的信号无效（即高电平），则 WAIT 指令使 CPU 进入等待状态。一个被允许的外部中断或 TEST 信号有效，可使 CPU 退出等待状态。在允许中断的情况下，一个外部中断请求将使 CPU 离开等待状态，转向中断服务程序。此时被推入堆栈进行保护的断点地址即是 WAIT 指令的地址，因此从中断返回后，又执行 WAIT 指令，CPU 再次进入等待状态。如果 TEST 信号变低（有效），则 CPU 不再处于等待状态，开始执行下面的指令。但是，在执行完下一条指令之前，不允许有外部中断。本指令对状态标志位没有影响。WAIT 指令的用途是使 CPU 本身与外部的硬件同步工作。

（3）ESC。指令格式：

ESC ext - op，src

ESC 指令使其他处理器可使用 8086/8088 的寻址方式，并从 8086/8088 CPU 的指令队列中取得指令。以上指令格式中的 ext - op 是其他处理器的一个操作码（外操作码），src 是一个存储器操作数。执行 ESC 指令时，8086/8088 CPU 访问一个存储器操作数，并将其放在数据总线上，供其他处理器使用。此外没有其他操作。例如：协处理器 8087 的所有指令机器码的高五位都是"11011"，而 8086/8088 的 ESC 指令机器码的第一个字节恰是"11011XXX"，因此，对于这样的指令，8086/8088 CPU 将其视为 ESC 指令，它将存储器操作数置于总线上，然后由 8087 来执行该指令，并使用总线上的操作数。ESC 指令对状态标志位没有影响。

（4）LOCK。这是一个特殊的可以放在任何指令前面的单字节前缀。这个指令前缀迫使 8086/8088CPU 的总线锁定信号线 LOCK 维持低电平（有效），直到执行完下一条指令。外部硬件可接收这个 LOCK 信号。在其有效期间，禁止其他处理器对总线进行访问。共享资源的多处理器系统中，必须提供一些手段对这些资源的存取进行控制，指令前缀 LOCK 就是一种手段。

3. 空操作指令 NOP

执行 NOP 指令时不进行任何操作，但占用 3 个时钟周期，然后继续执行下一条指令。NOP 指令对状态标志位没有影响，指令没有操作数。

习　题

1. 条件转移指令转移的范围是＿＿＿＿＿＿＿＿。

2. 设当前的 (SP)＝0100H，执行 PUSH AX 指令后，(SP)＝＿＿＿＿＿＿＿＿H，若改为执行 INT 21H 指令后，则 (SP)＝＿＿＿＿＿＿＿＿H。

3. 若当前 (SP)＝6000H，CPU 执行一条 IRET 指令后，(SP)＝＿＿＿＿＿＿＿＿H；而当 CPU 执行一条段内返回指令 RET 6 后，(SP)＝＿＿＿＿＿＿＿＿H。

4. 8086 的 I/O 指令有＿＿＿＿＿＿＿＿和＿＿＿＿＿＿＿＿两种寻址方式。

5. 程序控制类指令的功能是＿＿＿＿＿＿＿＿。

6. 已知 (BX)＝2000H，(DI)＝3000H，(SS)＝4000H，(DS)＝6000H，(SS)＝5000H，66000H 单元的内容为 28H，则指令 MOV AL，[BX＋DI＋1000H] 的执行结果是＿＿＿＿＿＿＿＿。

7. 在寻址方式中，可作基址寄存器的有＿＿＿＿＿＿、＿＿＿＿＿＿。

8. 若 (AL)＝95H，执行 SAR AL，1 后 (AL)＝＿＿＿＿＿＿。

9. MOV AX，[BX][DI] 指令中源操作数的寻址方式为＿＿＿＿＿＿＿＿。

10. 若 (CS)＝1000H，(DS)＝2000H，(SS)＝3000H，(ES)＝4000H，(SI)＝1000H，(BP)＝2000H，则指令 MOV AX，[BP] 的功能是将＿＿＿＿＿＿＿＿单元的内容传送给 AL，将＿＿＿＿＿＿＿＿单元的内容传送给 AH（填写物理地址）。

11. 指令 MOV DX，OFFSET BUFFER 的源操作数的寻址方式是：＿＿＿＿＿＿＿＿。

12. 若 (AL)＝35H，执行 ROL AL，1 后，(AL)＝＿＿＿＿＿＿＿＿。

13. 指令 MOV AX，[DI－4] 中源操作数的寻址方式是＿＿＿＿＿＿＿＿。

14. 累加器专用传送指令 IN 间接访问 I/O 端口，端口号地址范围为＿＿＿＿＿＿＿＿。

15. 若 (DS)＝2000H，(ES)＝2100H，(CS)＝1500H，(SI)＝00A0H，(BX)＝0100H，(BP)＝0010H，则执行指令 LEA AX，[BX][SI] 之后，(AX)＝＿＿＿＿＿＿＿＿H，源操作数是＿＿＿＿＿＿＿＿寻址方式。

16. 什么是寻址方式，写出 5 种与数据有关的寻址方式？

17. 在 IBM PC 中有专用的输入输出指令，请问 I/O 端口的地址范围是多少？地址范围的不同，应采用的指令格式不同，请写出在具体的范围和采用的指令格式。

18. 指出以下 3 条指令的区别（NUM 为数据段一个变量名）。

(1) MOV SI，NUM；(2) LEA SI，NUM；(3) MOV SI，OFFSET NUM。

19. 根据给定的条件写出指令或指令序列。

(1) 将 AX 寄存器及 CF 标志位同时清零；

(2) BX 内容乘以 2 再加上进位位；

(3) 将 AL 中的位二进制数高 4 位和低 4 位交换；

（4）将首地址为 BCD1 存储单元中的两个压缩 BCD 码相加，和送到第 3 个存储单元中。

20. 子程序调用的操作过程包含哪几个步骤？

21. 在 0624H 单元内有一条二字节指令 JNE OBJ，如其中位移量分别为：①27H；②6BH；③0C6H。试问：转向地址 OBJ 的值是多少？

22. 如 BUFFER 为数据段中 0032 单元的符号地址其中存放的内容为 2345H，试问以下两条指令有什么区别？指令执行完成后 AX 寄存器的内容是什么？

（1）MOV AX，BUFFER；（2）LEA AX，BUFFER。

23. 在无超越说明时，通用数据读写、目的数据串、源数据串、堆栈操作和取指令操作分别自动选择哪些段寄存器搭配产生物理地址？

24. 设（DS）＝1000H，（AX）＝1C5AH，（BX）＝2400H，（SI）＝1354H，（13774H）＝30H，（13775H）＝20H，（13754H）＝40H，（13755H）＝10H 指令在此环境下执行，在各空中填入相应的执行结果。

SUB　AX，20H［BX］［SI］

（AX）＝_____，SF＝_____，ZF＝_____，CF＝_____，OF＝_____

25. 有（AL）＝FFH，（BL）＝03H，指出下列指令执行后标志 OF、SF、ZF、PF、CF 的状态：

（1）ADD BL，AL；　（2）INC BX；

（3）SUB DX，AX；　（4）NEG BH；

（5）CMP BL，AL；　（6）MUL BX；

（7）AND DX，AX；　（8）IMUL DX；

（9）OR DX，AX；　（10）SHL AX，1；

（11）XOR DX，AX；（12）SAR AL，1；

（13）SHR AL，1。

第4章 汇编语言程序设计

4.1 汇编语言程序格式

4.1.1 程序结构

任何计算机都须在程序控制之下进行有效的工作。为沟通使用者和计算机之间的信息交换，产生了各种各样的程序设计语言。各种语言均有各自优点及运行环境、应用领域和针对性。从编程者的角度看，计算机程序设计语言一般可分为机器语言、汇编语言和高级语言3种不同层次的语言。

所谓汇编语言是一种采用助记符表示的程序设计语言，即用助记符来表示指令的操作码和操作数，用标号或符号代表地址、常量或变量。助记符一般都是英语词的缩写，因而方便人们书写、阅读和检查。一般情况下，一个助记符表示一条机器指令，所以汇编语言也是面向机器的语言。实际上，由汇编语言编写的汇编语言源程序就是机器语言程序的符号表示，汇编语言源程序与其经过汇编所产生的目标代码程序之间有明显的一一对应关系。

用汇编语言编写程序能够直接利用硬件系统的特性（如寄存器、标志、中断系统等）直接对位、字节、字寄存器、存储单元、I/O端口进行处理，同时也能直接使用CPU指令系统和指令系统提供的各种寻址方式，编制出高质量的程序，这样的程序不但占用内存空间少，而且执行速度快。当然，由于汇编语言不能独立于具体的机器，只有对微处理器指令系统熟悉、掌握以后，才能用汇编语言进行程序设计。编程的难度及工作量相当大，也增加了程序设计过程中出错的可能性。

汇编程序是最早也是最成熟的一种系统软件。它除了能够将汇编语言源程序翻译成机器语言程序这一主要功能外，还能够根据用户的要求自动分配存储区域（包括程序区、数据区、暂存区等），自动地把各种进制数转换成二进制数，把字符转换成ASCII码，计算表达式的值，自动对源程序进行检查，给出错误信息（如非法格式，未定义的助记符、标号，漏掉操作数等）。具有这些功能的汇编程序又称为基本汇编（或小汇编ASM）。在基本汇编的基础上，进一步允许在源程序中，把一个指令序列定义为一条宏指令的汇编程序，就叫做宏汇编（MASM）。

4.1.2 语句类型和格式

汇编语言源程序中的语句可以分为3种类型：指令语句、伪指令语句和宏指令语句。

（1）指令语句能产生目标代码，CPU可以执行的能完成特定功能的语句，它主要由CPU指令组成。

（2）伪指令语句是一种不产生目标代码的语句，仅仅在汇编过程中告诉汇编程序应如何汇编指令序列。例如，告诉汇编程序已写出的汇编语言源程序有几个段，段的名字是什么，定义变量，定义过程，给变量分配存储单元，给数字或表达式命名等。所以伪指令语句是为汇编程序在汇编时用的。

（3）宏指令语句是一个指令序列，汇编时，凡有宏指令语句的地方，都将用相应的指令序列的目标代码插入。指令语句与伪指令语句的格式是类似的，下面主要介绍这两种语句的格式，宏指令语句的格式稍后再作介绍。

一般情况下，汇编语言的语句可以由 1～4 部分构成：

［名字:］助记符［操作数］［;注释］

其中带方括号的部分表示任选项，既可以有，也可以没有。如：

LOOPER：MOV AL，DATA［SI］;取一个字节数

DATAl DB 0F8H，60H，0ACH，74H，3BH;定义数组

第 1 条语句是指令语句，其中的"MOV"是 CPU 指令的助记符；第 2 条语句是伪指令语句，其中的"DB"是伪指令定义符。下面对汇编语言中的各个组成部分进行讨论。

1. 名字

汇编语言语句的第一个组成部分是名字。在指令语句中，这个名字可以是一个标号。指令语句中的标号实质上是指令的符号地址。并不是每条指令都需要有标号。如果指令前有标号，程序的其他地方就可以引用这个标号。标号后面有冒号。标号有 3 种属性：段、偏移量、类型。

（1）标号的段属性是定义标号的程序段的段基值，当程序中引用一个标号时，该标号的段基值应在 CS 寄存器中。

（2）标号的偏移量属性表示标号所在段的起始地址到定义该标号的地址之间的字节数。偏移量是一个 16 位无符号数。

（3）标号的类型属性有两种：NEAR 和 FAR。前一种标号可以在段内被引用，地址指针为 2 个字节；后一种标号可以在其他段被引用，地址指针为 4 个字节。如果定义一个标号时后跟冒号，则汇编程序确认其类型为 NEAR。

伪指令语句中的名字可以是变量名、段名、过程名。与指令语句中的标号不同，这些伪指令语句中的名字并不总是任选的，有些伪指令规定前面必须有名字，有些则不允许有名字，也有一些伪指令的名字是可选的。即不同的伪指令对于是否有名字有不同的规定。伪指令语句的名字后不加冒号，这是它与标号的明显区别。很多情况下伪指令语句中的名字是变量名，变量名代表存储器中一个数据区的名字。

变量也有 3 种属性：段、偏移量和类型。

（1）变量的段属性是变量所代表的数据区域所在段的段基值，由于数据区一般在存储器的数据段，因此，变量的段基值通常在 DS 和 ES 中。

（2）变量的偏移量属性是该变量所在段的起始地址与变量的地址之间的字节数。

（3）变量的类型属性有 BYTE（字节）、WORD（字）、DWORD（双字）、QWORD（4 个字）、TBYTE（10 个字节）等，表示数据区中存取操作对象的大小。

2. 操作数

汇编语言语句中的第 3 个组成部分是操作数。指令语句中是指令的操作数，可能有单

操作数、双操作数、多操作数，也可能无操作数。当操作数不止一个，相互之间应该用逗号隔开。

3. 注释

汇编语言语句中的最后一部分是注释。对于一个汇编语句来说，注释部分不是必要的，加上注释可以增加程序的可读性。注释前面要求加上分号，如果注释的内容较多，超过一行，则换行以后前面还要加上分号。注释对汇编后生成的目标程序没有任何影响。

4.1.3 数据与表达式

操作数的类型：常量、寄存器、存储器、标号、变量和表达式。

1. 常量

常量就是指令中出现的那些固定值，可以分为数值常量和字符串常量两类。例如，立即数寻址时所用的立即数，直接寻址时所用的地址，ASCII 字符串都是常量，常量除了自身的值以外，没有其他的属性。在源程序中，数值常量可用二进制数、八进制数、十进制数、十六进制数等几种不同的表示形式。汇编语言用不同的后缀加以区别。还应指出，汇编语言中的数值常量的第一位必须是 0～9 数字，否则汇编时将被看成是标识符。例如常数 B7H，在语言中应写成 0B7H，FFH 应写成 0FFH。

字符串常量是由单引号 ' ' 括起来的一串字符。例如 'ABCDEF' '123'。单引号内的字符汇编时均以 ASCII 码的形式存在。上述两个字符串的 ASCII 码分别是 41H，42H，43H，44H，…，46H，31H，32H，33H。字符串最长可以有 255 个字符。汇编语言规定：

除用 DB 定义的字符串常量以外，单引号中 ASCII 字符的个数不得超过两个。若只有一个，例如，DW 'C' 就相当于 DW 0043H。

2. 寄存器

8086/8088 CPU 的寄存器可以作为指令的操作数，8 位寄存器：AH，AL，BH，BL，CH，CL，DH，DL。16 位寄存器：AX，BX，CX，DX，SI，DI，BP，SP，DS，ES，SS，CS。

3. 标号

由于标号代表一条指令的符号地址，因此可以作为转移（无条件转移或条件转移）、过程访问以及循环控制指令的操作数。

4. 变量

因为变量是存储器中某个数据区的名字，因此在指令中可以作为存储器操作数。

5. 表达式

汇编语言语句中的表达式，按其性质可分为两种：数值表达式和地址表达式。

6. 存储器

计算机内存中存放的数据。数值表达式是一个数值结果，只有大小，没有属性。地址表达式的结果不是一个单纯的数值，而是一个表示存储器地址的变量或标号，它有 3 种属性：段、偏移量和类型。

4.1.4 运算符

表达式中常用的运算符有以下几种：

1. 算术运算符

常用的运算符有：加（＋），减（－），乘（×），除（/），MOD 模除（即两个整数相除后取余数）等。以上算术运算符可用于数值表达式，运算结果是一个数值。在地址表达式中通常只使用＋（加）和－（减）两种运算符。

2. 逻辑运算符

逻辑运算符有：AND 逻辑与、OR 逻辑或、XOR 逻辑异或、NOT 逻辑非。逻辑运算符只用于数值表达式中对数值进行按位逻辑运算，并得到一个数值结果。

3. 关系运算符

关系运算符有：EQ 等于、NE 不等、LT 小于、GT 大于、LE 小于或等于、GE 大于或等于。

参与关系运算的必须是两个数值或同一段中的两个存储单元地址，但运算结果只能是两个特定的数值之一。当关系不成立（假）时，结果为 0（全 0）；当关系成立（真）时，结果为 0FFFFH（全 1）。例如：

MOV AX，4 EQ 3；关系不成立，故（AX）←0。

MOV AX，4 NE 3；关系成立，故（AX）←0FFFFH。

4. 分析运算符

分析运算符可以把存储器操作数分解为它的组成部分，如它的段值、段内偏移量和类型，或取得它所定义的存储空间的大小。分析运算符有 SEG、OFFSET、TYPE、SIZE 和 LENGTH 等。

（1）SEG 运算符。利用 SEG 运算符可以得到标号或变量的段基值。例如将 ARRAY 变量的段基值送 DS 寄存器。

MOV AX，SEG ARRAY

MOV DS，AX

（2）OFFSET 运算符。利用 OFFSET 运算符可以得到标号或变量的偏移量。例：

MOV DI，OFFSET DATA1

（3）TYPE 运算符。运算符 TYPE 的运算结果是个数值，这个数值与存储器操作数类型属性的对应关系见表 4.1。

表 4.1　　　　　　　　　**TYPE 返回值与类型的关系**

TYPE 返回值	存储器操作数的类型	TYPE 返回值	存储器操作数的类型
1	BYTE	－1	NEAR
2	WORD	－2	FAR
4	DWORD		

（4）LENGTH 运算符。如果一个变量已用重复操作符 DUP 说明变量的个数，则可用 LENGTH 运算符得到变量的个数。如果一个变量未用重复操作符 DUP 说明，则得到的结果总是 1。如上面的例子中 ARRAY DD 10DUP，则 LENGTH ARRAY 的结果为 10。

（5）SIZE 运算符。如果一个变量已用重复操作符 DUP 说明，则利用 SIZE 运算符可得到分配给该变量的字节总数。如果一个变量未用重复操作符 DUP 说明，则利用 SIZE

运算符可得到 TYPE 运算的结果。

ARRAY DD 10DUP（?），SIZE ARRAY＝10×4＝40。由此可知，SIZE 的运算结果等于 LENGTH 的运算结果乘以 TYPE 的运算结果。

SIZE ARRAY＝（LENGTH ARRAY）×（TYPE ARRAY）

5. 合成运算符

合成运算符可以用来建立或临时改变变量或标号的类型或存储器操作数的存储单元类型。合成运算符有 PTR、THIS、SHORT 等。

（1）PTR 运算符。运算符 PTR 可以指定或修改存储器操作数的类型，例如：

INC BYTE PTR［BX］［DI］

指令中利用 PTR 运算符明确规定了存储器操作数的类型是 BYTE（字节），因此，本指令将一个 8 位存储器的内容加 1。利用 PTR 运算符可以建立一个新的存储器操作数，这个操作数与原来的同名操作数具有相同的段和偏移量，但可以有不同的类型。不过这个新类型只在当前语句中有效。例如：

STUFF DD；定义 STUFF 为双字类型变量

MOV BX，WORD PTR STUFF；从 STUFF 中取一个字到 BX

（2）THIS 运算符。运算符 THIS 也可指定存储器操作数的类型。使用 THIS 运算符可以使标号或变量具有灵活性。例如要求对同一个数据区，既可以字节为单位，又可以字为单位进行存取，则可用以下语句：

AREAW EQU THIS WORD

AREAB DB 100 DUP

上面 AREAW 和 AREAB 实际代表同一个数据区，共有 100 个字节，但 AREAW 的类型为字，AREAB 的类型为字节。

（3）SHORT 运算符。运算符 SHORT 指定一个标号的类型为 SHORT（短标号），即标号到引用该标号的字节距离在 −128～＋127 范围内。短标号可以用于转移指令中。使用短标号的指令比使用默认的近程标号的指令少一个字节。

6. 其他运算符

（1）段超越运算符"："。运算符"："紧跟在段寄存器名（DS、CS、SS、ES）之后，表示段超越，用来给存储器操作数指定一个段的属性，而不管原来隐含在什么段。

MOV AX，ES：［SI］

（2）字节分离运算符。运算符 LOW 和 HIGH 分别得到一个数值或地址表达式的低位和高位字节。

STUFF EQU 0ABCDH

MOV AH，HIGH STUFF；（AH）←0ABH

MOV AL，LOW STUFF；（AL）←0CDH

以上介绍了表达式中使用的各种运算符，如果一个表达式同时具有多个运算符，则按以下规则运算：

（1）优先级高的先运算，优先级低的后运算。

（2）优先级相同时，按表达式从左到右的顺序运算。

（3）括号可以提高运算的优先级，括号内的运算总是在相邻的运算之前进行。

各种运算符的优先级顺序见表4.2。表中同一行的运算符具有相等的优先级。

表 4.2 　　　　　　　　　　　　　　各种运算符的优先级顺序

优先级	运　算　符	优先级	运　算　符
高		7	＊，/，MOD，SHL，SHR
1	LENGTH，SIZE，WIDTH，MASK，()，[]，<>	8	＋，－（二元运算符）
2	（结构变量名后面的运算符）	9	EQ，NE，LT，LE，GT，GE
3	：（段超越运算符）	10	NOT
4	PTR，OFFSET，SEG，TYPE，THIS	11	AND
5	HIGH，LOW	12	OR，XOR
6	＋，－（一元运算符）	13	SHORT

4.2 伪 指 令

4.2.1 符号定义伪指令

符号定义伪指令的用途是给一个符号重新命名，或定义新的类型属性等。上述符号包括汇编语言的变量名、标号名、过程名、寄存器名以及指令助记符等。

常用的符号定义伪指令有：EQU、＝（等号）和 LABLE。

1. EQU

格式：

名字 EQU 表达式

EQU 伪指令是将表达式的值赋给一个名字，以后可以用这个名字来代替表达式。格式中的表达式可以是一个常数、符号、数值表达式或地址表达式。

CR EQU ODH；常数

LF EQU 0AH

A EQU ASCII－TABLE；变量

STR EQU 64＊1024；数值表达式

ADR EQU ES：[BP＋DI＋5]；地址表达式

CBD EQU AAM；指令助记符

利用 EQU 伪指令，可以用一个名字代表一个数值，或用一个简短的名字代替一个较长的名字。如果源程序中需要多次引用某一表达式，则可以利用 EQU 伪操作给其赋一个名字，以代替程序中的表达式，从而使程序更加简洁，便于阅读。将来如果改变表达式的值，也只需修改一处，程序易于维护。注意：EQU 伪指令不能对同一符号重复定义。

2. ＝（等号）

格式：

名字＝表达式

＝（等号）伪指令功能与 EQU 相似，主要区别在于＝（等号）可以对同一符号重复定义。例：

COUNT＝10

MOV CX，COUNT；(CX)←10

COUNT＝COUNT－1

MOV BX，COUNT；(BX)←9

3. LABLE

LABLE 伪指令　是定义标号或变量的类型，它和下一条指令共享存储器单元。

名字　LABLE　类型

标号的类型可以是 NEAR 和 FAR，变量的类型可以是 BYTE（字节）、WORD（字）、DWORD（双字）。利用 LABLE 伪指令可以使同一个数据区兼有两种属性 BYTE（字节）和 WORD（字），可以在以后的程序中根据不同的需要以字节或字为单位存取其中的数据。

ARW LABLE WORD；变量 ARW 类型为 WORD

ARB DB 100 DUP；变量 ARB 类型为 BYTE

...

MOV ARW，AX；AX 送第 1、2 个字节中

...

MOV ARB［49］，AL；AL 送第 50 个字节中

LABLE 伪指令也可以将一个属性已经定义为 NEAR 或者后面跟有冒号（隐含属性为 NEAR）的标号再定义为 FAR。

AGF LABLE FAR；定义标号的属性为 FAR

AG：PUSH AX；标号 AG 的属性为 NEAR

4.2.2　数据定义伪指令

数据定义伪指令的用途是定义一个变量的类型，给存储器赋初值，或给变量分配存储单元。常用的数据定义伪指令有 DB、DD、DW 等。

数据定义伪指令的一般格式为：

［变量名］伪指令操作数［，操作数…］

方括号中的变量名为任选项。变量名后面不跟冒号。伪操作后面的操作数可以不止一个，如有多个操作数，互相之间应该用逗号分开。

1. DB (Define Byte)

定义变量的类型为 BYTE，给变量分配字节或字节串。DB 伪操作后面的每一个操作数占有 1 个字节。

2. DW (Define Word)

定义变量的类型为 WORD。DW 伪操作后面的操作数每个占有 1 个字，即 2 个字节。在内存中存放时，低位字节在前，高位字节在后。

3. DD（Define Double Word）

定义变量的类型为 DWORD。DD 后面的操作数每个占有 2 个字，即 4 个字节。在内存中存放时，低位字在前，高位字在后。数据定义伪操作后面的操作数可以是常数、表达式或字符串，但每项操作数的值不能超过由伪操作所定义的数据类型限定的范围。例如，DB 伪指令定义数据的类型为字节，则其范围为无符号数 0～255；带符号数－128～＋127等。字符串必须放在单引号中。另外，超过两个字符的字符串只能用 DB 伪指令定义。例如：

DATA DB 100，0FFH；存入 64H，FFH

EX DB 2 ∗ 3＋7；存入 0DH

STR DB 'WELCOME!'；存入 8 个字符

AB DB 'AB'；存入 41H，42H

BA DW 'AB'；存入 4142H

AD DD 'AB'；存入 00004142H

AQ DD AB；存入 AB 的偏移地址

AF DW TABLE，TABLE－5，TABLE＋10；存入 3 个偏移地址

TOTAL DW TABLE，TABLE－5；存入 TABLE 偏移地址

TOTAL DD TABLE；再存入 TABLE 的段基址

以上第 1 和第 2 语句中，分别将常数和表达式的值赋给一个变量。第 3 语句的操作数是包含 8 个字符的字符串（只能用 DB）。在第 4、5、6 语句，注意伪指令 DB、DW 和 DD 的区别，虽然操作数均为"AB"两个字符，但存入变量的内容各不相同。第 7 语句的操作数是变量 AB，而不是字符串，此句将 AB 的 16 位偏移地址存入变量 AQ。第 8 语句存入 3 个等距的偏移地址，共占 6 个字节。第 9 语句中的 DD 伪操作将 TABLE 的偏移地址和段地址顺序存入变量 TOTAL，共占 2 个字。

除了常数、表达式和字符串外，问号"?"也可以作为数据定义伪指令的操作数，此时仅给变量保留相应的存储单元，而不赋给变量某个确定的初值。

当同样的操作数重复多次时，可用重复操作符"DUP"表示，其形式为：

n DUP（初值［初值…］）

圆括号中为重复的内容，n 为重复次数。如果用"n DUP（?）"作为数据定义伪指令的唯一操作数，则汇编程序产生一个相应的数据区，但不赋任何初值。重复操作符"DUP"可以嵌套。

FILLER DB

SUM DW

DB

BUFFER DB 10 DUP

ZERO DW 30 DUP（0）

MASK DB 5 DUP（'OK!'）

ARRAY DB 100 DUP（3 DUP（8），6）

其中第 1、第 2 句分别给字节变量 FILLER 和字变量 SUM 分配存储单元，但不赋给

特定的值。第 3 句给一个没有名称的字节变量分配 3 个单元。第 4 句给变量 BUFFER 分配 10 个字节的存储空间。第 5 句给变量 ZERO 分配一个数据区，共 30 个字（即 60 个字节），每个字的内容均为零。第 6 句定义一个数据区，其中有 5 个重复的字符串"OK!"，共占 15 个字节。最后 1 句将变量 ARRAY 定义一个数据区，其中包含重复 100 次的内容：8，8，8，6，共占 400 个字节。

下面列出几个错误的数据定义伪指令语句。

ERR1：DW 99；变量名后有冒号

ERR2 DB 25 * 60；DB 的操作数超过 255

FRR3 DD 'ABCD'；DD 的操作数是超过 2 个字符的字符串

4.2.3　段定义伪指令

段定义伪指令的用途是在汇编语言源程序中定义逻辑段，常用段定义伪指令有 SEGMENT、ENDS、ASSUME 等。

4.2.3.1　SEGMENT/ENDS

格式：

段名 SEGMENT［定位类型］［组合类型］［'类别'］

...

段名 ENDS

SEGMENT 伪指令用于定义一个逻辑段，给逻辑段赋予一个段名，并以后面的任选项（定位类型、组合类型、类别）规定该逻辑段的其他特性。SEGMENT 伪指令位于一个逻辑段的开始，而 ENDS 伪指令则表示一个逻辑段的结束。这两个伪操作总是成对出现，两者前面的段名必须一致。两个语句之间的部分即是该逻辑段的内容。例如，对于代码段，其中主要有 CPU 指令及其他伪指令。对于数据段和附加段，主要有定义数据区的伪指令等。一个源程序中不同逻辑段的段名可以各不相同，但也允许相同。SEGMENT 伪指令后面还有 3 个任选项，在上面的格式中，它们都放在方括号内，表示可选择。如果有，三者的顺序必须符合格式中的规定。这些任选项是给汇编程序和连接程序（LINK）的命令。

SEGMENT 伪指令后面的任选项告诉汇编程序和连接程序，如何确定段的边界，以及如何组合几个不同的段等。下面分别讨论。

1. 定位类型（ALIGN）

定位类型任选项告诉汇编程序如何确定逻辑段的边界在存储器中的位置。定位类型共有以下 4 种：

（1）BYTE。表示逻辑段从字节的边界开始，即可以从任何地址开始。此时本段的起始地址紧接在前一段后边。

（2）WORD。表示逻辑段从字的边界开始。2 个字节为 1 个字，此时本段的起始地址必须是偶数。

（3）PARA。表示逻辑段从节（PARAGRAPH）的边界开始，通常 16 个字节称为一个节，故本段的开始地址（十六进制）应为××××0H。如果省略定位类型选项，则默认值为 PARA。

（4）PAGE。表示逻辑段从页的边界开始，通常 256 个字节称为一个页，故本段的开始地址（十六进制）应为××× 00H。

STACK SEGMENT STACK；STACK 段，定位类型无

DB 100 DUP；长度为 100 字节

STACK ENDS；STACK 段结束

DATA1 SEGMENT BYTE；DATA1 段，定位类型 BYTE

STRING DB 'This is an example'；长度为 18 字节

DATA1 ENDS；DTAT1 段结束

DATA2 SEGMENT WORD；DATA2 段，定位类型 WORD

BUFFER DW 40 DUP（0）；长度为 40 个字，即 80 字节

DATA2 ENDS；DATA2 段结束

CODE1 SEGMENT PAGE；CODE1 段，定位类型 PAGE

…

CODE1 ENDS；CODE1 段结束

CODE2 SEGMENT；CODE2 段，定位类型无

…

START：MOV AX，STACK

MOV SS，AX

…

CODE1 ENDS；CODE2 段结束

END START；源程序结束

本例的源程序中共有 5 个逻辑段，它们的段名和定位类型分别为：

STACK 段 PARA

DATA1 段 BYTE

DATA2 段 WORD

CODE1 段 PAGE

CODE2 段 PARA

已经知道其中 STACK 段的长度为 100 字节（64H），DATA1 段的长度为 19 字节（12H），DATA2 段的长度为 40 个字，即 80 字节（50H）。假设 CODE1 段占用 13 字节（0DH），CODE2 段占用 52 字节（34H）。

如果将以上进行汇编和连接，然后再来观察各逻辑段的目标代码或数据装入存储器的情况。由表 4.3 可清楚地看出，当 SEGMENT 伪指令的定位类型不同时，对段起始边界规定也不相同。

2. 组合类型（Combine）

SEGMENT 伪指令的第 2 个任选项是组合类型，它告诉汇编程序，当装入存储器时，各个逻辑段如何进行组合。组合类型共有 6 种。

（1）NONE。如果 SEGMENT 伪指令的组合类型任选项默认，则汇编程序认为这个逻辑段是不组合的。也就是说，不同程序中的逻辑段，即使具有相同的类别名，也分别作

为不同的逻辑段装入内存，不进行组合。

表 4.3　　　　　　　　　　　各逻辑段的起始地址和结束地址

段　名	定位类型	字节数	起始地址	结束地址
STACK	PARA	100	00000H	00063H
DATA1	BYTE	18	00064H	00075H
DATA2	WORD	80	00078H	000C7H
CODE1	PAGE	13	00100H	0010CH
CODE2	PARA	52	00110H	00143H

但是，对于组合类型任选项缺省的同名逻辑段，如果属于同一个程序模块，则被顺序连接成为一个逻辑段。

（2）PUBLIC。连接时对于不同程序模块的逻辑段，只要具有相同的类别名，就把这些段顺序连接成为一个逻辑段装入内存。

（3）STACK。组合类型为 STACK 时，其含意与 PUBLIC 基本一样，即不同程序中的逻辑段，如果类别名相同，则顺序连接成为一个逻辑段。不过组合类型 STACK 仅限于堆栈区域的逻辑段使用，顺便提一下，在执行程序（.EXE）中，堆栈指针 SP 设置在这个连接以后的堆栈段（最终地址＋1）处。

（4）COMMON。连接时，对于不同程序中的逻辑段，如果具有相同的类别名，则都从同一个地址开始装入，因而各个逻辑段将发生重叠。最后，连接以后的段的长度等于原来最长的逻辑段的长度，重叠部分的内容是最后一个逻辑段的内容。

（5）MEMORY。表示当几个逻辑段连接时，本逻辑段定位在地址最高的地方。如果被连接的逻辑段中有多个段的组合类型都是 MEMORY，则汇编程序只将首先遇到的段为 MEMORY 段，而其余的段均当作 COMMON 段处理。

（6）AT 表达式。这种组合类型表示本逻辑段根据表达式求值的结果定位段基址。例：AT 8A00H，表示本段的段基址为 8A00H，则本段从存储器的物理地址 8A000H 开始装入。

3. '类别'（'CLASS'）

SEGMENT 伪指令的第 3 个任选项是类别，类别必须放在单引号之内。典型类别如 'STACK''CODE'。类别的主要作用是在连接时决定每个逻辑段的装入顺序。当几个程序模块进行连接时，其中具有相同类别名的逻辑段被装入连续的内存区，类别名相同的逻辑段，按出现的先后顺序排列。没有类别名的逻辑段，与其他没有类别名的逻辑段一起，连续装入内存区。

4.2.3.2　ASSUME

格式：

ASSUME 段寄存器名：段名［，段寄存器名：段名［，…］］

对于 8086/8088 CPU 而言，以上格式中的段寄存器名可以是 ES、CS、DS、SS。段名是曾用 SEGMENT 伪操作定义过的某一个段名或者组名，以及在一个标号或变量前面加上分析运算符 SEG 所构成的表达式，还可以是关键字 NOTHING。

ASSUME 伪指令告诉汇编程序，将某一个段寄存器设置为某一个逻辑段的段址，即明确指出源程序中的逻辑段与物理段之间的关系。当汇编程序汇编一个逻辑段时，即可利用相应的段寄存器寻址该逻辑段中的指令或数据。关键字 NOTHING 表示取消前面用 ASSUME 伪指令对这个段寄存器的设置。在一个源程序中，ASSUME 伪操作应该放在可执行程序开始位置的前面。还需指出一点，ASSUME 伪指令只是通知汇编程序有关段寄存器与逻辑段的关系，并没有给段寄存器赋予实际的初值。例如：

CODE SEGMENT

ASSUME CS：CODE，DS：DATA1，SS：STACK

MOV AX，DATA1

MOV DS，AX

MOV AX，STACK

MOV SS，AX

CODE ENDS

4.2.4 过程定义伪指令

过程定义伪指令 PROC/ENDP，格式为：

过程名 PROC ［NEAR］/FAR

…

RET

…

过程名 ENDP

其中 PROC 伪指令定义一个过程，赋予过程一个名字并指出该过程的属性为 NEAR 或 FAR。如果没有特别指明类型，则认为过程的属性为 NEAR。伪指令 END 标志过程结束。

PROC/ENDP 伪指令前的过程名必须一致。

当一个程序段被定义为过程后，程序中其他地方就可以用 CALL 指令来调用这个过程。调用的格式为：

CALL 过程名

过程名实质上是过程入口的符号地址，它和标号一样，也有 3 种属性：段、偏移量和类型。过程的类型属性可以是 NEAR 或 FAR。

一般来说，被定义为过程的程序段中应该有返回指令 RET，但不一定是最后一条指令，也可以有不止一条 RET 指令。执行 RET 指令后，控制返回到原来调用指令的下一条指令。

过程的定义和调用均可嵌套。例如：

NA1 PROC FAR

…

CALL NA2

RET

NA2 PROC NEAR

...

RET

NA2 ENDP

NA1 ENDP

上面过程 NA1 的定义中包含着另一个过程 NA2 的定义。NA1 本身是一个可以被调用的过程，而它也可以再调用其他的过程。

4.2.5 模块定义与连接伪指令

在编写规模比较大的汇编语言程序时，可以将整个程序划分成为几个独立的源程序（或称模块），然后将各个模块分别进行汇编，生成各自的目标程序，最后将它们连接成为一个完整的可执行程序。各个模块之间可以相互进行符号访问。也就是说，一个模块定义的符号可以被另一个模块引用。通常称这类符号为外部符号，而将那些在一个模块中定义的，只在同一个模块中引用的符号称为局部符号。

为了进行连接和在这些将要连接在一起的模块之间实现互相的符号访问，以便进行变量传送，常常使用以下伪指令：NAME、END、PUBLIC、EXTRN。

1. NAME

NAME 伪指令用于给源程序汇编以后得到的目标程序指定一个模块名，连接时需要使用这个目标程序的模块名。格式为：

NAME 模块名

NAME 的前面不允许再加上标号，例如，下面的表示方式是非法的：

BEGIN：NAME MODNAME

如果程序中没有 NAME 伪指令，则汇编程序将 TITLE 伪指令（TITLE 属于列表伪指令）后面"标题名"中的前 6 个字符作为模块名。如果源程序中既没有使用 NAME，也没有使用 TITLE 伪指令，则汇编程序将源程序的文件名作为目标程序的模块名。

2. END

END 伪指令表示源程序到此结束，指示汇编程序停止汇编，对于 END 后边的指令可以不予理会。格式为：

END［标号］

END 伪指令后面的标号表示程序执行的启动地址。END 伪指令将标号的段基值和偏移地址分别提供给 CS 和 IP 寄存器。方括号中的标号是任选项。如果有多个模块连接在一起，则只有主模块的 END 语句使用标号。

3. PUBLIC

PUBLIC 伪指令说明本模块中的某些符号是公共的，即这些符号可以提供给将被连接在一起的其他模块使用。格式为：

PUBLIC 符号［，…］

其中的符号可以是本模块中定义的变量、标号或数值的名字，包括用 PROC 伪指令定义的过程名等。PUBLIC 伪指令可以安排在源程序的任何地方。

4. EXTRN

EXTRN 伪指令说明本模块中所用的某些符号是外部的，即这些符号将被连接在一起的其他模块定义（在这些模块中符号必须用 PUBLIC 定义）。格式为：

EXTRN 名字：类型［，…］

其中的名字必须是其他模块中定义的符号；上述格式中的类型必须与定义这些符号的模块中的类型说明一致。如为变量，类型可以是 BYTE、WORD 或 DWORD 等；如为标号和过程，类型可以是 NEAR 或 FAR。

4.3 汇编语言程序设计

4.3.1 概述

1. 汇编语言程序设计的基本过程

汇编语言程序设计的基本过程可分为以下几个步骤：

（1）分析问题，明确要求。分析问题就是深入实际，对所要解决的问题进行全面了解和分析。一个实际问题往往是比较复杂的，在深入分析的基础上，要善于抓住主要矛盾，剔除次要矛盾，抽取问题的本质。明确要求就是明确用户的要求，依据给出的条件和数据，对需要进行哪些处理、输出什么样的结果，进行可行性分析。

（2）建立数学模型。在分析问题和明确要求的基础上，要建立数学模型，将一个物理过程或工作状态用数学形式表达出来。

（3）确定算法和处理方案。数学模型建立后，必须研究和确定算法。所谓算法，是指解决某些问题的计算方法，不同类的问题有不同的计算方法。根据问题的特点，对计算方法进行优化。若没有现成方法可用，必须通过实践摸索，并总结出算法思想和规律性。

（4）画流程图。流程图是程序算法的图形描述，它以图形的方式把解决问题的先后顺序和程序的逻辑结构直观地、形象地描述出来，使解题的思路清晰，有利于理解、阅读和编制程序，还有利于调试、修改程序和减少错误等。

（5）编制程序。在编制程序时，应当先分配好存储空间和工作单元及 CPU 内部的寄存器，然后根据流程图和确定的算法逐条语句编写程序。

（6）上机调试。程序编好后，必须上机调试，特别是对于复杂的问题，往往要分解成若干个子问题，分别由几个人编写，而形成若干个程序模块，把它们组装在一起，才能形成总体程序。一般来说，总会有这样或那样的问题或错误，这些问题和错误在调试程序时通常都可以发现，然后进行修改，再调试，再修改，直到所有的问题解决为止。

（7）试运行和分析结果。试运行和分析结果是为了检验程序是否达到了设计要求，是否满足用户提出的需求，所确定的设计方案是否可行。若没有达到设计要求，不满足用户的需求，就必须从分析问题开始检查修正原有的设计方案，直到符合设计要求和满足用户需求为止。

（8）整理资料，投入运行。在试运行满足要求之后，应当系统地整理材料，有关资料要及时提交用户，以便正常投入运行。

2. 程序结构化的概念

在计算机发展的初期，由于计算机硬件贵、内存容量小和运算速度低，因此，要求程序运行时间尽可能短，占用内存尽可能少。就是说，当时衡量程序质量好坏的主要标准是占用内存的大小和运算时间的长短。为了达到这一目的，人们挖空心思寻找技巧，人们很难理解和消化这种程序，造成人力和时间的严重浪费，而且程序实际没有统一的规范，弊端大。

随着计算机的迅速发展，特别是大规模和超大规模集成电路技术的兴起，计算机硬件价格大大下降，内存容量不断扩大，运算速度大幅度提高。因此，运行时间短和节省内存已不是主要矛盾，更重要的是使程序具有良好的结构、清晰的层次、容易阅读和理解、容易修改和查错，这就对以前的传统设计方法提出了挑战，从而产生了结构化程序设计方法，又称为系统化程序设计方法。在这个方法中，首先把一个大型程序分解成几个主要的模块；最高层次部分说明这些模块之间的关系以及它们的功能，也就是说，最高层次部分是对整个程序的概述。而每个主要的模块再分解成几个较小的模块，然后继续分解成更小的模块，直到每个模块内的操作步骤都很清楚、很容易理解为止，最后把一个模块或几个模块分配给每个程序设计师编写。

与上述"自上而下"的程序设计方法相对应，还有"自下而上"的程序设计方法，在这个方法中，每个程序设计师开始编写低层次的模块并且期望这些模块最后能组合在一起。如果组合完成了，那么和"自上而下"的设计方法产生相同结果。现在许多程序设计都是混合使用这两种方法，由上而下开始设计，然后由最小的模块开始编写，测试连接，再一直往上做，直到最终完成为止。按结构化程序设计方法编写出的程序，具有风格优美、结构优良、层次清晰、容易阅读和理解、容易修改和验证等优点。程序结构化的首要问题是程序的模块化。一个大型程序划分成若干个功能模块，其中有一个模块称为主模块，由它选择和调用其他各个功能模块，被调用的各个模块称为子模块。这种将一个复杂的大型程序按其功能划分为若干相对独立的模块进行程序设计的方法称为程序的模块化。在汇编语言程序设计中，程序模块化是通过子程序（或过程）的手段来实现的。程序的基本结构包括顺序结构、分支结构、循环结构，下面分别阐述。

4.3.2　顺序结构程序设计

顺序结构是按语句实现的先后次序执行一系列的操作。顺序结构的程序一般是简单程序。这种程序也叫直线程序。

在内存中自 tab 开始的 16 个单元连续存放着 $0 \sim 15$ 的平方值（平方表），任给一个数 x（$0 \leqslant x \leqslant 15$）在 x 单元中，查表求 x 的平方值，结果在 y 单元。

根据给出的平方表，分析表的存放规律，可知表的起始地址与数 x 之和，正是 x 的平方值所在单元的地址，由此编制程序如下：

```
DATA SEGMENT
Tab DB 0，1，4，9，16，25，36，49，64，81，100，12l，144，169，196，225
X DB 13
DATA ENDS
CODE SEGMENT
ASSUME CS：CODE，DS：DATA
START：MOV AX，DATA
```

```
MOV DS，AX
LEA BX，tab
MOV AH，0
MOV AL，x
ADD BX，AX
MOV AL，[BX]
MOV y，AL
MOV AH，4CH
INT 21H
CODE ENDS
END START
```

4.3.3 分支结构程序设计

分支结构根据不同情况做出判断和选择，以便执行不同的程序段。分支的意思是在两个不同的操作中选择其中的一个，如图 4.1～图 4.3 所示。在图 4.2 所示的两个路径中，有一个是不执行任何操作的。图 4.3 是多分支结构，它是在许多不同的操作中选择其中的一个，究竟选定哪一个操作是由测试表达式来决定的。图 4.2 和图 4.3 只不过是图 4.1 的变形而已。

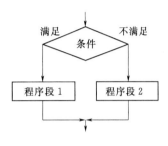

图 4.1 选择分支

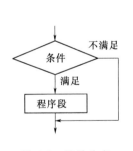

图 4.2 简单分支

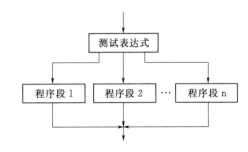

图 4.3 多分支图

在很多实际问题中，都是根据不同的情况进行不同的处理。这种思想体现在程序设计中，就是根据不同条件而跳到不同的程序段去执行，这就构成了分支程序。在汇编语言程序设计中，跳转是通过条件转移指令来实现的。在分支程序中，不论是两分支结构还是多分支结构，它们都有一个共同特点：运行方向是向前的，在某种确定条件下，只能执行两个或多个分支中的一个分支。

4.3.4 循环结构程序设计

循环结构是重复做一系列的操作，直到某个条件出现为止。如图 4.4 和图 4.5 所示。图 4.4 是一种重复型结构，它表示如果某一条件一直成立，则重复做同一个操作或一系列操作，直到条件不成立时为止。它是先检查条件，再去执行操作。图 4.5 这种循环结构，先执行操作，再去检查条件成立与否，因此，这种结构至少要执行这些操作一次。

图 4.4　WHILE - DO 型循环图　　　图 4.5　REPEAT - UNTIL 型循环图

图 4.5 循环结构是由图 4.4 的循环结构演变而来，任何 REPEAT - UNTIL 型循环都可以用 WHILE - DO 型循环表示。

循环结构和分支结构一样，是应用极为广泛的基本程序结构之一。

1. 循环程序分 4 部分

（1）设置循环的初值。如设置循环次数的计数器，为使循环体正常工作而建立的初始状态等。

（2）循环体。循环体是循环工作的主体部分，是为完成某种特定功能而设计的程序段。

（3）修改部分。为保证每次循环时，相关信息（如计数器的值、操作数地址等）能发生有规律的变化，为下次循环做好准备。

（4）循环控制部分。循环控制是循环程序设计的关键。每个循环程序必须选择一个恰当的循环控制条件来控制循环的运行和结束。如果循环不能工作运行，则不能完成特定功能；如果循环不能结束，则将陷入"死循环"。因此，合理地选择循环条件就成为循环程序设计的关键问题。有时循环次数是已知的，可使用循环次数计数器来控制；有时循环次数是未知的，则应根据具体情况设置控制循环结束的条件。

2. 循环程序设计

控制循环是循环程序设计的关键问题。控制循环的方法很多，常用的有：

（1）用计数器控制（循环次数已知）。

（2）按条件控制（循环次数未知）。

（3）用开关变量控制（分支规律已知，计数次数或循环条件已知）。

（4）用逻辑尺控制。

3. 多重循环程序设计

多重循环又称循环嵌套。在使用多重循环时，必须注意以下几点：

（1）内循环必须完整地包含在外循环内，内外循环不能相互交叉。

（2）内循环在外循环中的位置可根据需要任意设置，在分析程序流程时，要避免出现混乱。

（3）内循环可以嵌套在外循环中，也可以几个内循环并列存在。可以从内循环直接跳到外循环，但不能从外循环直接跳到内循环。

（4）防止出现"死循环"。无论是外循环，还是内循环，千万不要使循环返回到初始部分，否则会出现"死循环"，这一点应当特别注意。

（5）每次通过外循环再次进入内循环时，初始条件必须重新设置。

4.3.5 子程序设计

1. 子程序概念

如果在一个程序中的多处需要用到同一段程序，或者说在一个程序中，需要多次执行某一连串的指令时，那么可以把这一连串的指令抽取出来，写成一个相对独立的程序段，每当想要执行这段程序或这一连串的指令时，就调用这段程序，执行完这段程序后，再返回原来调用它的程序。这样每次执行这段程序时，就不必重写这一连串的指令了。这样的程序段称为子程序或过程。而调用子程序的程序称为主程序或调用程序。

此外，使用子程序还有另一个主要理由。在本节一开始曾讲到"由上而下"的程序设计方法，在这个方法中，把整个问题划分成好几个模块，把每个模块再划分成更小的模块，直到每个模块的算法都描述得很清楚为止。能把一个大的问题划分成许多小的问题，而这些小的问题就构成了一个个相对独立的模块，它们可以单独编程、调试和纠错。这些独立的模块通常编写成子程序，而且可以被层次图中最高层的主程序调用。子程序结构是模块化程序设计的重要工具和手段。

2. 子程序的定义

子程序是用过程定义伪指令 PROC 和 ENDP 来定义的。有关伪指令 PROC 和 ENDP 已在前面介绍过了，这里只对其类型属性作一些说明，因为它是一个过程能否正确执行的保证。过程类型属性的确定原则：

（1）调用程序和过程若在同一代码段中，则使用 NEAR 属性。

（2）调用程序和过程若不在同一代码段中，则使用 FAR 属性。

（3）主程序应定义为 FAR 属性。因为把程序的主过程看作 DOS 调用的一个子程序，而 DOS 对主过程的调用和返回都是 FAR 属性。另外，过程定义允许嵌套，即在一个过程定义中允许包含多个过程定义。

3. 子程序的调用和返回

子程序的调用和返回由 CALL 和 RET 指令完成，子程序的正确调用和正确返回是正确执行子程序的保证。为了使子程序正确地执行，有两点应特别注意：

（1）正确选择过程的属性。

（2）正确使用堆栈，因为在调用程序中执行 CALL 指令时，将把断点地址压入堆栈。这个地址正是由子程序返回到调用程序的地址。当在子程序中执行 RET 指令时，便把这个返回地址由堆栈弹出（称为恢复断点），返回调用程序自此继续往下执行。若在子程序中不能正确地使用堆栈，而造成执行 RET 前堆栈指针 SP 并未指向进入子程序时的返回地址，则必然会导致运行出错。因此在子程序中使用堆栈要特别注意。

4. 寄存器的保护与恢复

在程序设计中，调用程序（或主程序）与子程序通常是独立编写的，因此它们所使用的一些寄存器和存储单元经常会发生冲突。如果调用程序在调用子程序以前的某些寄存器或存储单元的内容在从子程序返回到调用程序后还要使用，而子程序又恰好使用了这些寄存器或存储单元，则这些寄存器或存储单元的原有内容遭到了破坏，那就会使程序运行出错，为防止这种错误的发生，在进入子程序之前或之后，应该把子程序所使用的寄存器或存储单元的内容保存在堆栈中，而退出子程序之前再恢复原有的内容。在主、子程序间传送参数的寄存器不需要保护。

寄存器的保护有两种方法：

（1）把需要保护和恢复的寄存器的内容，在调用程序中压入堆栈和弹出堆栈。这种方法有一个好处，就是在每次调用子程序时，只要把你所关心的寄存器压入堆栈，返回后弹出即可。但缺点是，在调用程序中，使用压入和弹出堆栈的功能会使调用程序不容易理解，而且可能在调用程序其他地方使用某个寄存器时，却忘了把它压入堆栈内。

（2）进入子程序后，首先把需要保护的寄存器的内容压入堆栈，而在返回调用程序前，再恢复这些寄存器的内容。这种方法是我们所推荐的。这种方法的好处是：首先，在调用程序中的任何地方都可调用子程序，而不会破坏任何寄存器的原有内容；其次，这种方法只需要写一次压入和弹出堆栈群即可。例如：

DUBT PROC NEAR

PUSH AX

PUSH BX

PUSH CX

PUSH DX

RET

DUBT ENDP

注意：堆栈的工作方式是后进先出。

5. 调用程序与子程序之间的参数传递

调用程序在调用子程序时，往往需要向子程序传递一些参数；同样的子程序运行后，也经常要把一些结果参数传回给调用程序。调用程序与子程序之间的这种信息传递称为参数传递。

参数传递有 3 种主要的方式：

（1）通过寄存器传递参数。这种方式适合于传递参数较少的一些简单程序。

（2）通过地址表传递参数地址。这种方式适合于参数较多的情况，但要求事先建立地址表，通过地址表传递参数的地址，地址表可以在内存中或外设端口中。

（3）通过堆栈传递参数。为了利用堆栈传递参数，必须在主程序中任何调用子程序之前的地方，把这些参数压入堆栈，然后利用在子程序中的指令从堆栈弹出而取得参数。同样，要从子程序传递回调用程序的参数也被压入堆栈内，然后由主程序中的指令把这些参数从堆栈中取出。利用堆栈传递参数有两个非常重要的问题：

1）当使用堆栈来传递参数时，要注意堆栈溢出（stack - overflow）。每当用堆栈传送参数时，应当非常清楚，已经把什么东西压入了堆栈内及在子程序中每个地方的堆栈指针是指向哪里，弄不好，会引起混乱和造成堆栈溢出。所谓堆栈溢出是指堆栈超出了为它开辟的存储空间。

2）8086/8088 有 4 种形式的 RET 指令，一般的近程 RET 指令能把返回地址由堆栈弹入到 IP，同时把堆栈指针加 2；一般的远程 RET 指令能由堆栈把返回的 IP 及 CS 值弹入到 IP 及 CS，同时把堆栈指针加 4，其他两种 RET 指令形式分别执行相同的功能。但是它们把一个在指令中指定的数字加入堆栈指针。如近程 RET 6 指令会从堆栈弹出一个字的内容到 IP 同时把堆栈指针加 2，然后再加 6 到堆栈指针，这是一种快速方式，可以让堆栈指针往下（地址增大方向）跳过一些参数。

6. 子程序的嵌套

一个子程序可以作为调用程序去调用别的子程序，这种结构称为子程序的嵌套。只要有足够的堆栈空间，嵌套的层次是不限的，其嵌套的层数称为嵌套深度。当调用程序去调用子程序时，将产生断点，而子程序执行完后，返回到调用程序的断点处，使调用程序继续往下执行。因此，对于嵌套结构，断点的个数等于嵌套的深度，如图 4.6 所示。

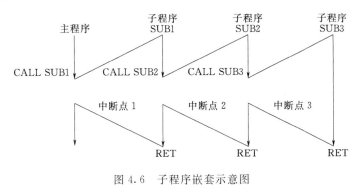

图 4.6　子程序嵌套示意图

如图 4.6 所示的嵌套结构其嵌套深度为 3，所以断点个数也为 3。由此可见，嵌套结构是层次结构。

习　　题

1. 标号和变量都是存储单元的符号地址，但其内容不同，标号是_____的符号地址，而变量是_____的符号地址。

2. 汇编语言源程序结束伪指令是_____。

3. 一个程序中，有下列伪指令：

　　ARY DB 25 DUP（3，4，4 DUP（?，1，0））

　　LEN DW $ － ARY

LEN 单元存储的值是_____。

4. 有一个程序片段如下：

　　MSG DW 3 DUP（?，2 DUP（5，4），3）

　　MEN DW $ - MSG

　　　　⋮

　　MOV AX，SEG MEN

　　MOV DS，AX

　　MOV AX，MEN

　　AX 的值最后是_____。

5. 下列语句中，哪些是无效的汇编语言指令？并指出无效指令中的错误。

MOV SP，AL

MOV WORD - OP [BX+4X3] [SI]，SP

MOV VAR1，VAR2

MOV CS，AX

MOV DS，BP

MOV SP，SS：DATA - WORD [SI] [DI]

MOV AX，VAR1+VAR2

MOV AX，[BX - SI]

INC [BX]

MOV 25，[BX]

MOV [8 - BX]，25

6. 若数组 ARRAY 在数据段中已作以下定义：

ARRAY DW 100DUP（？）

试指出下列语句中各操作符的作用，指令执行后有关寄存器产生了什么变化。

MOV BX，OFFSET ARRAY

MOV CX，LENGTH ARRAY

MOV SI，0

ADD SI，TYPE ARRAY

7. 若 ARRAY 和 MAX 都定义为字变量，并在 ARRAY 数组中存放了 10 个 16 位无符号数，试编写程序段，找出数组中最大数，并存入变量 MAX 中。

8. 试编写一程序段，完成两个以压缩型 BCD 码格式表示的 16 位十进制数的加法运算，相加的两数 x 和 y 可定义为字节变量，并假定高位在前，和数 SUM 也同样定义为字节变量。

9. 编写一个统计 AX 中 1 的个数的程序段，统计结果存放在 CL 中。

10. 编写一个判断 AX 中的数是正数、负数还是零的程序段。若（AX）<0，以-1 存入 CL；（AX）=0，以 0 存入 CL；否则若（AX）>0，以 1 存入 CL。

11. 假定有一最大长度为 80 个字符的字符串已定义为字节变量 STRING，试编写一程序段，找出第一个空格的位置（00H 至 4FH 表示），并存入 CL 中，若该串中无空格符，则以-1 存入 CL 中。

12. 编写统计 AX 中 0、1 个数的程序。0 的个数存入 CH，1 的个数存入 CL 中。

13. 编程将 AX 中的 4 位 BCD 码转换成二进制数，转换结果存放在 AX 中。

14. 编程将 AX 中的二进制数转换成 4 位 BCD 码，转换结果存放在 AX 中。

15. 编程将内存中以 AFG 为首址 ASCII 字符串，以 $ 为结束符，转换成十进制数存放在以 ZC 为首址的单元。

16. 试将一个 2 位十进制数的压缩的 BCD 码转换成十六进制数，并在屏幕上显示出来。

17. 设有两个无符号数 125 和 378，其首地址为 x，求它们的和，将结果存放在 SUM

单元，并将其和转换为十六进制数，且在屏幕上显示出来。

18. 内存中从 FIRST 和 SECOND 开始的单元中分别存放着两个 4 位非压缩型的 BCD 码，数据存放的规则是：低位在低地址，高位在高地址。试编程求这两个数的和，并存放到从 THIRD 开始的内存单元中。

第 5 章 存 储 器 系 统

5.1 存 储 器 概 述

存储器是用来存储一系列二进制数码的器件，正是因为有了存储器，计算机才有了对信息的记忆功能，从而实现程序和数据信息的存储，使计算机能够自动高速地进行各种运算。存储器系统是微机系统中重要的子系统。

将两个或两个以上速度、容量和价格各不相同的存储器用硬件、软件或软硬件相结合的方法连接起来就构成存储系统。系统的存储速度接近较快的存储器，容量接近较大的存储器。

5.1.1 半导体存储器的分类

计算机的存储器，从体系结构的观点来划分，可根据其是设在主机内还是主机外，分为内部存储器和外部存储器两大类。

内部存储器（简称"内存"或"主存"）是计算机主机的组成部分之一，用来存储当前运行所需要的程序和数据，CPU 可以直接访问内存并与其交换信息。相对外部存储器（简称"外存"）而言，内存的容量小、存取速度快。而外存刚好相反，外存用于存放当前不参加运行的程序和数据，CPU 不能对它进行直接访问，而必须通过配备专门的设备才能够对它进行读写（如磁盘驱动器等），这是它与内存之间的一个本质的区别。外存容量一般都很大，但存取速度相对比较慢。

存储器按照使用的存储介质不同可分为半导体存储器、磁表面存储器（如磁盘存储器与磁带存储器）、光介质存储器；按存取方式的不同可分为随机存储器、顺序存储器、半顺序存储器；按照信息是否可保存可分为易失性存储器（随机存储器 RAM）和非易失性存储器（只读存储器 ROM）；按其在计算机系统中的作用不同可分为主存储器、辅助存储器、缓冲存储器和控制存储器等。下面重点介绍用于构成内存的半导体存储器。

1. 随机存取存储器

随机存取存储器（Random Access Memory，RAM）也称为读/写存储器。按其制造工艺可以分为双极型半导体 RAM 和金属氧化物半导体（MOS）RAM。

（1）双极型半导体 RAM。双极型 RAM 的主要优点是存取时间短，通常为几纳秒到几十纳秒（ns）。与下面提到的 MOS 型 RAM 相比，其集成度低、功耗大，而且价格也较高。因此，双极型 RAM 主要用于要求存取时间非常短的特殊应用场合。

（2）金属氧化物半导体（MOS）型 RAM。用 MOS 器件构成的 RAM 又可分为静态读/写存储器 SRAM（Static RAM）和动态读/写存储器 DRAM（Dynamic RAM）。

SRAM 的存储单元由双稳态触发器构成。双稳态触发器有两个稳定状态，可用来存储一位二进制信息。只要不掉电，其存储的信息可以始终稳定地存在，故称其为"静态"RAM。SRAM 的主要特点是存取时间短（几十到几百纳秒），外部电路简单，便于使用。常见的 SRAM 芯片容量为 1～64KB 之间。SRAM 的功耗比双极型 RAM 低，价格也比较便宜。

DRAM 的存储单元用电容来存储信息，电路简单。但电容总有漏电存在，时间长了存放的信息就会丢失或出现错误。因此需要对这些电容定时充电，这个过程称为"刷新"，即定时地将存储单元中的内容读出再写入。由于需要刷新，所以这种 RAM 称为"动态"RAM。DRAM 的存取速度与 SRAM 的存取速度差不多。其最大的特点是集成度非常高，目前 DRAM 芯片的容量已达几百兆比特，此外它的功耗低，价格比较便宜。

由于用 MOS 工艺制造的 RAM 集成度高，存取速度能满足各种类型微型机的要求，而且其价格也比较便宜，因此，现在微型计算机中的内存主要由 MOS 型 DRAM 组成。

（3）非易失性静态随机存储器 NVRAM（Non - Volatile RAM）。在静态随机存储器中集成可充电电池，可作为随机访问存储器使用，与静态存储器一样，在电源关闭后可长时间保持存储的数据不丢失。

2. 只读存储器

只读存储器（Read Only Memory，ROM），根据制造工艺不同，只读存储器分为 ROM、PROM、EPROM、E^2PROM 几类。只读存储器在工作时只能读出，不能写入，掉电后不会丢失所存储的内容。

（1）掩模式只读存储器（ROM）。掩模式只读存储器（ROM）是芯片制造厂根据 ROM 要存储的信息，对芯片图形通过二次光刻生产出来的，故称为掩模 ROM。其存储的内容固化在芯片内，用户可以读出，但不能改变。这种芯片存储的信息稳定，成本最低。适用于存放一些可批量生产的固定不变的程序或数据。

（2）可编程 ROM（Programmable ROM，PROM）。如果用户要根据自己的需要来确定 ROM 中的存储内容，则可使用可编程 ROM（PROM）。PROM 允许用户对其进行一次编程即写入数据或程序。一旦编程之后，信息就永久性地固定下来。用户可以读出其内容，但是再也无法改变它的内容。

（3）可擦除的 PROM（Erasable Programmable ROM，EPROM）。上述两种芯片存放的信息只能读出而无法修改，这给许多方面的应用带来不便。由此又出现了两类可擦除的 ROM 芯片。这类芯片允许用户通过一定的方式多次写入数据或程序，也可根据需要修改和擦除其中所存储的内容，且写入的信息不会因为掉电而丢失。由于这些特性，可擦除的 PROM 芯片在系统开发、科研等领域得到了广泛的应用。

可擦除的 PROM 芯片因其擦除的方式不同可分为两类：①通过紫外线照射（约 20min 左右）来擦除，这种用紫外线擦除的 PROM 称为 EPROM；②通过加电压的方法（通常是加上一定的电压）来擦除，这种 PROM 称为 EEPROM（Electric Erasable Programmable ROM，E^2PROM）。芯片内容擦除后仍可以重新对它进行编程，写入新的内容。擦除和重新编程都可以多次进行。但有一点要注意，尽管 EPROM（E^2PROM）芯片既可以读出所存储的内容也可以对其编程写入和擦除，但它们和 RAM 还是有本质区别的。首先它们不能像 RAM 芯片那样随机快速地写入和修改，它们的写入需要一定的条件

（这一点将在后面详细介绍）；另外，RAM 中的内容在掉电之后会丢失，而 EPROM 或 E²PROM 则不会，其上的内容一般可保存几十年。

（4）闪速存储器（Flash Memory）。闪速存储器是新型的非易失性的存储器，是在 FPROM 与 E²PROM 基础上发展起来的，它与 EPROM 一样，用单管来存储一位信息，它与 E²PROM 的相同之处是用电来擦除，但是它只能擦除整个区域或整个器件。快速擦除读/写存储器于 1983 年推出，1988 年商品化。它兼有 ROM 和 RAM 两者的性能，又有 DRAM 一样的高密度。目前价格已低于 DRAM，芯片容量已接近于 DRAM，是唯一具有大存储量、非易失性、低价格、可在线改写和高速度读等特性的存储器，它是近年来发展最快、最有前途的存储器。

5.1.2　主要性能指标

衡量半导体存储器性能的主要指标有存储容量、存取时间、存取周期、可靠性和功耗等。

1. 存储容量

存储容量是存储器的一个重要指标。存储容量是指存储器所能存储二进制数码的数量，即所含存储元的总数。存储器芯片的存储容量用"存储单元个数×每个存储单元的位数"来表示。例如，SRAM 芯片 6264 的容量为 8K×8bit，即它有 8K 个存储单元（1K＝1024），每个单元存储 8 位（一个字节）二进制数据。DRAM 芯片 NMC41257 的容量为 256K×1bit，即它有 256K 个存储单元，每个单元存储 1 位二进制数据。各半导体器件生产厂家为用户提供了许多种不同容量的存储器芯片，用户在构成计算机内存系统时，可以根据要求加以选用。当然，当计算机的内存确定后，选用容量大的芯片则可以少用几片，这样不仅使电路连接简单，而且功耗也可以降低。

主存的存储容量要受地址线宽度的限制。基本存储元是组成存储器的基础和核心，它用来存储 1 位二进制信息，在计算机中，人们通常将 1 个二进制位称为"位"（Bit），将 8 位二进制位称为"字节"（Byte），而将计算机数据存储和传输的基本单位称为"字"（Word），将它所包含的二进制数的位数称为"字长"。如由 Pentium（586）等微处理器构成的计算机，它们的字长是 32 位，因而人们也习惯地把这种计算机称为 32 位机。存放一个机器字的存储单元，通常称为字存储单元，相应的存储单元地址称为字地址。而存放一个字节的存储单元，称为字节存储单元，相应的地址称为字节地址。如果计算机中可编址的最小单位是字存储单元，则该计算机称为按字编址的计算机。如果计算机中可编址的最小单位是字节，则该计算机称为按字节编址的计算机。一个机器字可以包含数个字节，所以一个存储单元也可以包含数个能够单独编址的字节地址。多数计算机是按照字节来进行编址的，即每个地址对应一个字节，这样做一是便于与外设交换信息，二是便于对字符进行处理。随着存储器的不断扩大，人们采用了更大的单位：千字节 KB（1024B）、兆字节 MB（1024KB）、千兆字节 GB（1024MB）及兆兆字节 TB（1024GB）。显然，存储容量是反映存储能力的指标。

2. 存取时间和存取周期

存取时间又称存储器访问时间，即启动一次存储器操作（读或写）到完成该操作所需要的时间。具体地讲，也就是从一次读操作命令发出到该操作完成，将数据读入数据缓冲寄存器为止所经历的时间,即为存储器存取时间;CPU 在读/写存储器时,其读写时间必须大于存储器芯片的额定存取时间。如果不能满足这一点,微型机则无法正常工作。

存取周期是连续启动两次独立的存储器操作所需间隔的最小时间。通常,存储周期略大于存取时间,其时间单位为纳秒(ns)。通常手册上给出存取时间的上限值,称为最大存取时间。显然,存取时间和存储周期是反映主存工作速度的重要指标。

3. 可靠性

可靠性则是指存储器对电子磁场的抗干扰性和对温度变化的抗干扰性。一般用平均无故障时间来表示。计算机要正确地运行,必然要求存储器系统具有很高的可靠性。内存发生的任何错误会使计算机不能正常工作。而存储器的可靠性直接与构成它的芯片有关。目前所用的半导体存储器芯片的平均故障间隔时间(MTBF)约为 $5 \times 10^6 \sim 1 \times 10^8$ h 左右。

4. 功耗

功耗通常是指每个存储元消耗功率的大小,单位为微瓦/位(μW/位)或者毫瓦/位(mW/位)。使用功耗低的存储器芯片构成存储系统,不仅可以减少对电源容量的要求,而且还可以提高存储系统的可靠性。

5. 集成度

集成度指在一块存储芯片内,能集成多少个基本存储电路,每个基本存储电路存放 1 位二进制信息,所以集成度常用位/片来表示。

6. 性能/价格比

性能/价格比(简称性价比)是衡量存储器经济性能好坏的综合指标,它关系到存储器的实用价值。其中性能包括前述的各项指标,而价格是指存储单元本身和外围电路的总价格。

7. 其他指标

体积小、重量轻、价格便宜、使用灵活是微型计算机的主要特点及优点,所以存储器的体积大小、功耗、工作温度范围、成本高低等也成为人们关注的性能指标。

5.1.3 半导体存储芯片的组成

计算机的存储器系统是由两大部分组成:一部分称为内部存储器,简称为内存或主存;另一部分称为外部存储器,简称为外存或辅存。

1. 计算机系统中存储器系统的组成

计算机存储器系统的组成如图 5.1 所示。主存储器(内存)是计算机系统的一个组成部分,它用来存储计算机当前正在使用的数据和程序,一般由一定容量的速度较高的存储器组成,CPU 可以直接用指令对内存进行读写操作。在计算机中,内部存储器是由半导体存储器芯片组成的,半导体存储器按存取方式不同,分为随机存取存储器和只读存储器 ROM。

存储器设计的目标之一是以较小的成本使存储体系与 CPU 的速度匹配,同时还要求存储体系具

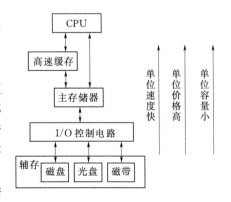

图 5.1 存储系统的多层次结构

有尽可能大的容量。因此、速度、容量、价格是存储器设计应考虑的主要因素。提高存储速度的主要措施是在主存储器与 CPU 之间增加一个高速缓冲存储器（Cache）来存储使用频繁的指令和数据，以提高访存操作的平均速度。

外存储器（辅存）也是用来存储各种信息的器件，它用来存储计算机暂不使用的数据和程序。CPU 不能直接用指令对外存进行读/写操作，CPU 必须通过 I/O 接口电路才能访问外存储器。如果要执行外存储器存放的程序，必须先将该程序由外存储器调入内存储器。在微机中常用硬盘、软盘、移动硬盘和磁带作为外存储器，其特点是存储容量大、速度较低。如一张 CD 盘的容量为 650MB，一张 DVD 光盘的容量为 4.7GB，硬盘的容量一般为几十 GB 以上。近年来，大容量半导体存储器如 Flash 存储器（闪存）集成度提高，价格迅速下降，用闪存制成的优盘成为了一种很受欢迎的外存。

图 5.2 Cache-主存-辅存的
三级存储层次结构

在计算机系统中，存储器是信息交换极快的设备。它的外形体积越来越小，容量越来越大，速度也越来越高，价格越来越低，寿命越来越长，在一个系统中所采用的存储器类型也逐渐增多，形成了如图 5.2 所示的 Cache-主存-辅存的三级存储层次结构。

2. 存储器系统的层次结构

衡量存储器系统有 3 个指标：容量、速度和价格/位。一般来讲，速度高的存储器，单位容量价格也高，因此容量不能太大。

早期计算机主存容量很小（如几千字节），程序与数据由辅助存储器调入主存是由程序员自己安排的，程序员必须花费很大的精力和时间把大程序预先分成块，确定好这些程序块在辅助存储器中的位置和装入主存的地址，而且还要预先安排好程序运行时，各块如何调入/调出以及何时调入/调出。现代计算机主存储器容量已达几十兆字节到几百兆字节，但是程序对存储容量的要求提高，因此仍存在存储空间的分配问题。

存储系统的层次结构是指把各种不同存储容量、存取速度和价格的存储器按层次结构组成多层存储器，并通过管理软件和辅助硬件有机组合成统一的整体，使所存放的程序和数据按层次分布在各种存储器中。

常用的存储系统的层次结构主要由高速缓冲存储器 Cache、主存储器和辅助存储器三级存储层次构成，这种多层次结构已成为现代计算机的典型存储结构。

Cache 存储器系统由主存储器和高速缓冲存储器组成。在速度方面，计算机的主存和 CPU 一直保持了大约一个数量级的差距。显然这个差距限制了 CPU 速度潜力的发挥。为了弥合这个差距，必须进一步从计算机系统结构上去研究。设置高速缓冲存储器（Cache）是解决存取速度的重要方法。在 CPU 和主存中间设置高速缓冲存储器，构成高速缓存（Cache）-主存层次，要求 Cache 在速度上能跟得上 CPU 的要求。Cache-主存间的地址映像和调度吸取了比它较早出现的主-辅存存储层次的技术，不同的是因其速度要求高，不是由软、硬件结合而完全由硬件来实现。

虚拟存储系统由主存储器和磁盘存储器组成。虚拟存储系统希望能达到辅存的价格，主存储器的速度。在使用时将用户的地址空间设计的可以比主存实际空间大得多，以致可以存得下整个程序。指令地址码称为虚地址（虚存地址、虚拟地址）或逻辑地址，其对应的存储容量称为虚存容量或虚存空间；而把实际主存的地址称为物理地址或实（存）地址，其对应的存储容量称为主存容量、实存容量或实（主）存空间。操作系统和硬件结合实现虚拟地址到实际地址的转换，这对于程序员是透明的。这就形成了主存-辅存层次满足了存储器大容量和低成本需求。使用磁盘作为外存，不仅价格便宜，可以把存储容量做得很大，而且在断电时它所存放的信息也不丢失，可以长久保存，且复制、携带都很方便。

5.2　随　机　存　储　器

随机存储器简称 RAM，也叫做读/写存储器，随机存储器 RAM 主要用来存放当前运行的程序、各种输入/输出数据、中间运算结果及堆栈等，其存储的内容既可随时读出，也可随时写入和修改，RAM 的缺点是数据的易失性，即一旦掉电，所存的数据全部丢失。本节，将先介绍存储器单元的工作原理，再从应用的角度出发，以几种常用的典型芯片为例，详细介绍两类 MOS 型读/写存储器 SRAM 和 DRAM 的特点、外部特性以及它的应用。

RAM 存储单元是存储器的核心部分。按工作方式不同，可分为静态和动态两类，按所用元件类型，又可分为双极型和 MOS 型两种，因此存储单元电路形式多种多样。

5.2.1　静态 RAM

5.2.1.1　静态存储单元的工作原理

基本的 6 管 NMOS 静态存储单元如图 5.3 所示，由 6 只 NMOS 管（Td）组成。T_1 与 T_2 构成一个反相器，T_3 与 T_4 构成另一个反相器，两个反相器的输入与输出交叉连接，构成本触发器，作为数据存储单元。X 是行选线，Y 是列选线，B 是位选线。当乃导通、截止时，F 为 0 状态，E 为 1 状态；T_3 导通、乃截止，F 为 1 状态，E 为 0 状态。所以，用 F 点电平的高低来表示"1"和"0"两种信息。

T_5、T_6 是门控管，由 X 线控制其导通或截止，它们用来控制触发器输出端与位线之间连接状态。T_7、T_8 也是门控管，其导通与截止受 Y_i 线控制，它们是用来控制位线与数据之间连接状态的，工作情况与 T_5、T_6 类似。但并不是每个存储单

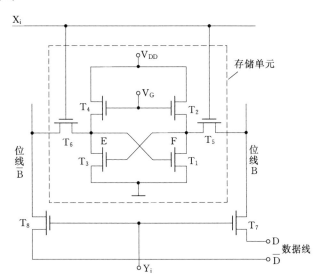

图 5.3　基本的 6 管 NMOS 静态存储单元

元都需要这两只管子，而是一列存储单元用两只管子。所以，只有当存储单元所在的行、列对应的 X_i、Y_i 线均为 1 时，是 E、F 两点与 $\overline{D}$、D 分别连通，从而可以进行读/写操作。这种情况称为选中状态。

以写操作为例，讲解一下基本的静态存储单元工作原理。写操作时，如果要写入"1"，在 D 线上加上高电平，在 $\overline{D}$ 线上加上低电平，行、列对应的 X_i、Y_i 线均为 1 时，通过导通的 T_5、T_6、T_7、T_8 4 个晶体管，把高、低电平分别加在 E、F 点，即 F = "1"，E = "0"，使乃管截止，T_3 管导通。当输入信号和地址选择信号（即行、列选通信号）消失以后，行、列对应的 X_i、Y_i 线均为 0 时，T_5、T_6、T_7、T_8 管全都截止，乃和氘管就保持被强迫写入的状态不变，从而将"1"写入存储电路。此时，各种干扰信号不能进入 T_1 和氘管。所以，只要不掉电，写入的信息就不会丢失。写入"0"的操作与其类似，只是在 D 线上加上低电平，在 $\overline{D}$ 线上加上高电平即可。

5.2.1.2　双极型晶体管构成静态存储单元（SRAM）的工作原理

图 5.4 是一个双极型晶体管存储单元电路，它用两只多发射极三极管和两只电阻构成

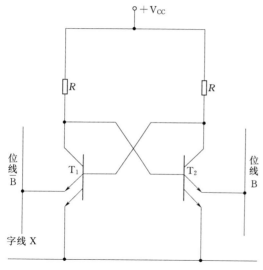

图 5.4　双极型晶体管存储单元电路

一个触发器，一对发射极接在同一条字线上，另一对发射极分别接在位线 B 和 $\overline{B}$ 上。

在维持状态，字线电位约为 0.3V，低于位线电位（约 1.1V），因此存储单元中导通管的电流由字线流出，而与位线连接的两个发射结均处于反偏状态，相当于位线与存储器断开。处于维持状态的存储单元可以是 T_1 导通、T_2 截止（称为 0 状态），也可以是 T_2 导通、T_1 截止（称为 1 状态）。

当单元被选中时，字线电位被提高到 2.2V 左右，位线的电位低于字线，于是导通管的电流转而从位线流出。如果要读出，只要检测其中一条位线有无电流即可。例如可以检测位线 B，若存储单元为 1 状态，则乃导通，电流由 B 线流出，经过读出放大器转换为电压信号，输出为 1；若存储单元为 0 状态，则 T_2 截止，B 线中无电流，读出放大器无输入信号，输出为 0。

要写入 1，则存储器输入端的 1 信号通过写入电路使 B = 1、$\overline{B}$ = 0，将位线 $\overline{B}$ 切断（无电流），迫使 T_1 截止，T_2 导通，T_2 的电流由位线 B 流出。当字线恢复到低电平后，T_2 电流再转向字线，而存储单元状态不变，这样就完成了写 1；若要写 0，则令 B = 0，$\overline{B}$ = 1，使位线 B 切断，迫使 T_2 截止、T_1 导通。

5.2.1.3　典型的静态 RAM 芯片

SRAM 的使用十分方便，在微型计算机领域有着极其广泛的应用。下面就以典型的 SRAM 芯片 6264 为例，说明它的外部特性及工作过程。

1. 6264 存储芯片的引线及其功能

6264 芯片是一个 8K×8bit 的 CMOS SRAM 芯片，其引脚如图 5.5 所示。它共有 28 条引出线，包括 13 根地址线、8 根数据线、4 根控制信号线及其他引线，它们的含意分别如下：

(1) $A_0 \sim A_{12}$，13 根地址信号线。一个存储芯片上地址线的多少决定了该芯片有多少个存储单元。13 根地址信号线上的地址信号编码最大为 2^{13}，即 8192（8K）个。也就是说，芯片的 13 根地址线上的信号经过芯片的内部译码，可以决定选中 6264 芯片上 8K 个存储单元中的哪一个。在与系统连接时，这 13 根地址线通常接到系统地址总线的低 13 位上，以便 CPU 能够寻址芯片上的各个单元。

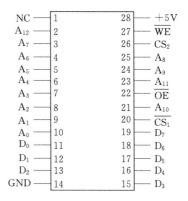

图 5.5　6264 外部引线

(2) $D_0 \sim D_7$，8 根双向数据线。对 SRAM 芯片来讲，数据线的根数决定了芯片上每个存储单元的二进制位数，8 根数据线说明 6264 芯片的每个存储单元中可存储 8 位二进制数，即每个存储单元有 8 位。使用时，这 8 根数据线与系统的数据总线相连。当 CPU 存取芯片上的某个存储单元时，读出和写入的数据都通过这 8 根数据线传送。

(3) $\overline{CS_1}$ 和 CS_2，片选信号线。当 $\overline{CS_1}$ 为低电平、CS_2 为高电平（$\overline{CS_1}=0$，$CS_2=1$）时，该芯片被选中，CPU 才可以对它进行读/写。不同类型的芯片，其片选信号的数量不一定相同，但要选中该芯片，必须所有的片选信号同时有效才行。事实上，一个微机系统的内存空间是由若干块存储器芯片组成的，某块芯片映射到内存空间的哪一个位置（即处于哪一个地址范围）上，是由高位地址信号决定的。系统的高位地址信号和控制信号通过译码产生选片信号，将芯片映射到所需的地址范围上。6264 有 13 根地址线（$A_0 \sim A_{12}$），8086/8088 CPU 则有 20 根地址线，所以这里的高位地址信号就是 $A_{13} \sim A_{19}$。有关地址译码，我们将在下边详细介绍。

(4) $\overline{OE}$，输出允许信号。只有当 OE 为低电平时，CPU 才能够从芯片中读出数据。

(5) $\overline{WE}$，写允许信号。当 W 为低电平时，允许数据写入芯片；而当 W=1，OE=0 时，允许数据从该芯片读出。

表 5.1 总结了以上 4 个控制信号的功能。

(6) 其他引线：V_{cc} 为 +5V 电源，GND 是接地端，NC 表示空端。

表 5.1　　　　　　　　　　　　　　　6264 真 值 表

$\overline{WE}$	$\overline{CS_1}$	CS_2	$\overline{OE}$	$D_0 \sim D_7$
0	0	1	×	写入
1	0	1	0	读出
×	0	0	×	
×	1	1	×	三态（高阻）
×	1	0	×	

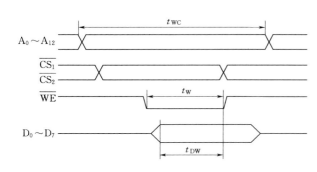

图 5.6　SRAM 6264 写操作时序图

2. 6264 的工作过程

对 6264 芯片的存取操作包括数据的写入和读出。

写入数据的过程是：首先把要写入单元的地址送到芯片的地址线 $A_0 \sim A_{12}$ 上；要写入的数据送到数据线上；然后使 $\overline{CS_1}$、CS_2 同时有效（$\overline{CS_1} = 0$，$CS_2 = 1$）；再在 $\overline{WE}$ 端加上有效的低电平，$\overline{OE}$ 端状态可以任意。这样，数据就可以写入指定的存储单元中。写入过程的工作时序如图 5.6 所示。

从芯片中读出数据的过程与写操作类似：先把要读出单元的地址送到 6264 的地址线上，然后使 $\overline{CS_1} = 0$ 和 $CS_2 = 1$ 同时有效；与写操作不同的是，此时要使读允许信号 $\overline{OE} = 0$，$\overline{WE} = 1$，这样，选中单元的内容就可从 6264 的数据线读出。读出过程的时序如图 5.7 所示。

CPU 的取指令周期和对存储器读写都有固定的时序，因此对存储器的存取速度有一定的要求，当对存储器进行读操作时，CPU 发出地址信号和读命令后，存储器必须在读允许信号有效期内，将选中单元的内容送到数据总线上。同样，在进行写操作时，存储器也须

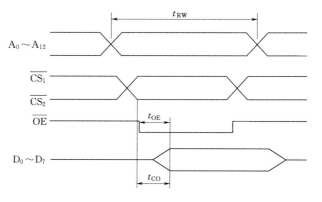

图 5.7　SRAM 6264 读操作时序图

在写脉冲有效期间，将数据写入指定的存储单元；否则，就会出现读写错误。

如果现有可选择的存储器的存取速度太慢，不能满足上述要求，就需要设计者采取适当的措施来解决这一问题。最简单的解决办法就是降低 CPU 的时钟频率，即延长时钟周期 T_{CLK}。但这样做会降低系统的运行速度。另一种方法是利用 CPU 上的 READY 信号，使 CPU 在对慢速存储器操作时插入一个或几个等待周期 t_w 以等待存储器操作的完成。当然，随着技术的发展，现有存储器芯片的存取时间低达几个纳秒，基本能够满足使用。因此这个问题在一般的微型机中已很少遇到。但在自行开发的系统中，对此应给予足够的重视。

5.2.1.4　SRAM 芯片的应用

在了解了 SRAM 6264 芯片的外部引脚功能和它的工作时序之后，更重要的是如何实现它与系统的连接。将一个存储器芯片接到总线上，除部分控制信号及数据信号线的连接外，主要是如何保证该芯片在整个内存中占据的地址范围能够满足用户的要求。芯片的选片信号是由高位地址信号和控制信号的译码产生的，事实上也就是高位地址信号决定了这个芯片在整个内存中占据的地址范围。这就是片选译码（选择一个存储芯片）；然后再找一个存储单元，这就是片内译码，片内译码由存储芯片内部完成，使用者无需考虑。下面

就来介绍决定芯片存储地址空间的方法和如何实现译码。

存储器的地址译码方式可以分为两种：全地址译码和部分地址译码。

1. 全地址译码方式

所谓全地址译码，就是构成存储器时要使用全部 20 位地址总线信号，即所有的高位地址信号用来作为译码器的输入，低位地址信号接存储芯片的地址输入线，从而使得存储器芯片上的每一个单元在整个内存空间中具有唯一的一个地址。

对 6264 芯片来讲，就是用低 13 位地址信号 $A_0 \sim A_{12}$ 决定每个单元的片内地址，即片内寻址；而用高 7 位地址信号 $A_{13} \sim A_{19}$ 决定芯片在内存中的地址边界，即做片选地址译码，如图 5.8 所示。

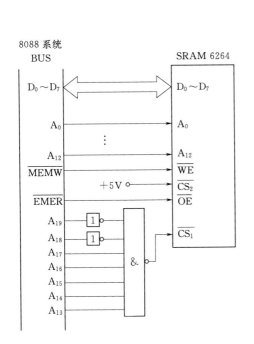

图 5.8　SRAM 6264 的全地址译码连接图

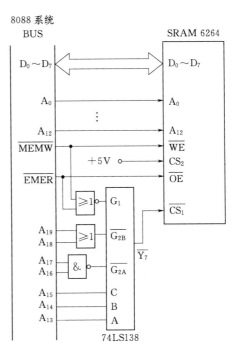

图 5.9　利用 138 译码器实现全地址译码连接

图 5.9 是 SRAM 6264 与 8086/8088 系统的连接图。图中用地址总线的高 7 位地址信号（$A_{13} \sim A_{19}$）作为地址译码器的输入，地址总线的低 13 位地址信号 $A_0 \sim A_{12}$ 接到芯片的 $A_0 \sim A_{12}$ 端，故这是一个全地址译码方式的连接。可以看出，当 $A_{13} \sim A_{19}$ 为 0011111 时，译码器输出为低电平，所以该 6264 芯片的地址范围为 3E000H～3FFFFH（低 13 位可以是全 0 到全 1 之间的任何一个值）。

译码电路的构成不是唯一的，可以利用基本逻辑门电路（如"与""或""非"门等）构成，如图 5.8 所示，也可以利用译码器 74LS138 构成。图 5.9 就是利用 138 译码器实现同样地址范围的译码电路。

2. 部分地址译码方式

顾名思义，部分地址译码就是仅把地址总线的一部分地址信号线与存储器连接，通常是用高位地址信号的一部分（而不是全部）作为片选译码信号。图 5.10 就是一个部分地

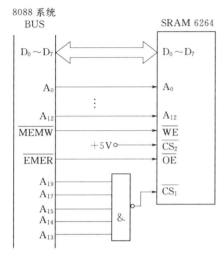

图 5.10　SRAM 6264 的部分
地址译码连接图

址译码的例子。从图中可以看出，该 6264 芯片被映射到了以下内存空间中：

AE000H～AFFFFH

BE000H～BFFFFH

EE000H～EFFFFH

FE000H～FFFFFH

即该 6264 芯片共占据了 4 个 8KB 的内存空间，而 6264 芯片本身只有 8KB 的存储容量。为什么会出现这种情况呢？其原因就在于图中的高位地址译码并没有利用地址总线上的全部地址信号，而只利用了其中的一部分。在图 5.10 中，A_{18} 和 A_{16} 并未参加译码，因此，A_{18} 和 A_{16} 无论是什么值都不影响译码器的输出。当 A_{18} 和 A_{16} 分别为 00、01、10、11 这 4 种组合时，使 6264 这个 8KB 的存储芯片占据了 4 个 8KB 的地址空间。这种只用部分地址线参加译码从而产生地址重复区的译码方式，就是部分地址译码的含意。按这种地址译码方式，芯片占用的这 4 个 8KB 的区域绝不可再分配给其他芯片；否则，会造成总线竞争而使微机无法正常工作。另外，在对这个 6264 芯片进行存取时，可以使用以上 4 个地址范围的任意一个。

部分地址译码使地址出现重叠区，而重叠的部分必须空着不准使用，这就破坏了地址空间的连续性，实际上就是减小了总的可用存储地址空间。部分地址译码方式的优点是其译码器的构成比较简单，成本较低。图 5.10 中就少用两条译码输入线，但这点是以牺牲可用内存空间为代价换来的。

可以想象，参加译码的高位地址越少，译码器就越简单，而同时所构成的存储器所占用的内存地址空间就越多。若只用一条高位地址线做选片信号，如在图 5.10 中，若只将 A_{19} 接在 $\overline{CS_1}$ 上，则这片 6264 芯片将占据 00000H～7FFFFH 共 512KB 的地址空间。这种只用一条高位地址线进行选片的连接方法称为线性选择，这种地址译码方法一般仅在系统中只使用 1～2 个存储芯片时可考虑使用。

在实践中，采用全地址译码还是部分地址译码，应根据具体情况来定。如果地址资源很富裕，为使电路简单，可考虑用部分地址译码方式。如果要充分利用地址空间，则应采用全地址译码方式。6264 芯片的功耗很小（工作时为 15mW，未选中时仅为 10μW），因此在简单的应用系统中，CPU 可直接和存储器相连，不用增加总线驱动电路。

典型的静态 RAM 芯片还有 2114（1KB×4 位）、6116（2KB×8 位）、6264（8KB×8 位）、62256（32KB×8 位）、628128（128KB×8 位）等。

【例 5.1】 Intel 2114 SRAM 芯片的容量为 1K×4 位，18 脚封装，+5V 电源，芯片引脚和逻辑符号图及芯片内部结构如图 5.11 和图 5.12 所示。

由于 1K×4＝4096，所以 Intel 2114 SRAM 芯片有 4096 个基本存储电路，将 4096 个基本存储电路排成 64 行×64 列的存储矩阵，每根列选线连接 4 条列地址线，对应于并行的4位（位于同一行的4位应作为同一单元的内容被同时选中）存储单元，每个单元有4位，从而构成了64行×16列＝1K存储单元。1K个存储单元应有$A_0 \sim A_9$共计10个地址输入端，2114片内地址译码采用双译码方式，$A_3 \sim A_8$共6根地址线接到行地址译码输入端，经行译码产生64根行地址选择线；A_0、A_1、A_2和

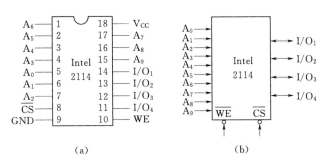

图 5.11　Intel 2114 SRAM 芯片引脚及逻辑符号图
(a) 引脚图；(b) 逻辑符号图

A_9共计4根地址线接到列地址译码输入端，经过列译码产生16根列地址选择线。地址输入线$A_0 \sim A_9$送来的地址信号分别送到行、列地址译码器，经译码后选中一个存储单元（有4个存储位）。当片选信号$\overline{CS}=0$且读写信号$\overline{WE}=0$时，输入数据控制三态门打开，I/O电路对被选中单元的4位进行写入；当$\overline{CS}=0$且$\overline{WE}=1$时，输入数据控制三态门关闭，而数据输出三态门打开，I/O电路将被选中单元的4位信息读出送数据线；当$\overline{CS}=1$即$\overline{CS}$无效时，不论$\overline{WE}$为何种状态，各个三态门的输出均为高阻状态，芯片不工作。

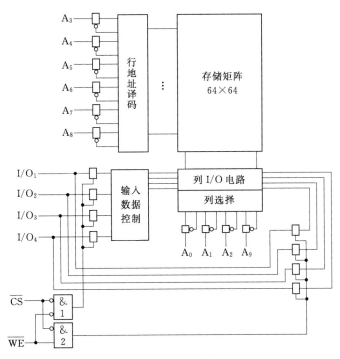

图 5.12　Intel 2114 SRAM 芯片内部结构图

5.2.2　动态存储器

1. 四管动态 MOS 存储单元（DRAM）的工作原理

DRAM的存储元有两种结构，四管存储元和单管存储元。四管存储元的缺点是元件多，占用芯片面积大，故集成度较低，但外围电路较简单，使用简单。单管电路的元件数

109

量少，集成度高，但外围电路比较复杂。这里仅简单介绍一下四管存储元的存储原理。

动态 MOS 存储单元存储信息的原理，是利用 MOS 管栅极电容具有暂时存储信息的作用。由于漏电流的存在，栅极电容上存储的电荷不可能长久保持不变，因此为了及时补充漏掉的电荷，避免存储信息丢失，需要定时地给栅极电容补充电荷，通常把这种操作称作刷新或再生。

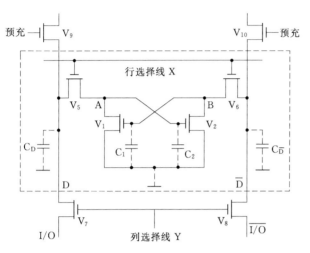

如图 5.13 所示是四管动态 MOS 存储单元电路。T_1 和 T_2 交叉连接，信息（电荷）存储在 C_1、C_2 上。C_1、C_2 上的电压控制 T_1、T_2 的导通或截止。当 C_1 充有电荷（电压大于 T_1 的开启电压），C_2 没有电荷（电压小于 T_2 的开启电压）时，T_1 导通、T_2 截止，称此时存储单元为 0 状态；当 C_2 充有电荷，C_1 没有电荷时，T_2 导通、T_1 截止，则称此时存储单元为 1 状态。T_3 和 T_4 是门控管，控制存储单元与位线的连接。

图 5.13 四管动态 MOS 存储单元电路

T_5 和 T_6 组成对位线的预充电电路，并且为列中所有存储单元所共用。在访问存储器开始时，T_5 和 T_6 栅极上加"预充"脉冲，T_5、T_6 导通，位线 B 和 $\overline{B}$ 被接到电源 V_{DD} 而变为高电平。当预充脉冲消失后，T_5、T_6 截止，位线与电源 V_{DD} 断开，但由于位线上分布电容 C_B 和 $C\overline{B}$ 的作用，可使位线上的高电平保持一段时间。

在位线保持为高电平期间，当进行读操作时，X 线变为高电平，T_3 和 T_4 导通，若存储单元原来为 0 态，即 T_1 导通、T_2 截止，G_2 点为低电平，G_1 点为高电平，此时 C_B 通过导通的 T_3 和 T_1 放电，使位线 B 变为低电平，而由于 T_2 截止，虽然此时 T_4 导通，位线 $\overline{B}$ 仍保持为高电平，这样就把存储单元的状态读到位线 B 和 $\overline{B}$ 上。如果此时 Y 线也为高电平，则 B、$\overline{B}$ 的信号将通过数据线被送至 RAM 的输出端。

位线的预充电电路起什么作用呢？在 T_3、T_4 导通期间，如果位线没有事先进行预充电，那么位线 $\overline{B}$ 的高电平只能靠 C_1 通过 T_4 对 C_B 充电建立，这样 C_1 上将要损失掉一部分电荷。由于位线上连接的元件较多，C_B 甚至比 Q 还要大，这就有可能在读一次后便破坏了 G_1 的高电平，是存储的信息丢失。采用了预充电电路后，由于位线 $\overline{B}$ 的电位比 G_1 的电位还要高一些，所以在读出时，Q 上的电荷不但不会损失，反而还会通过 T_4 对 Q 再充电，使 Q 上的电荷得到补充，即进行一次刷新。当进行写操作时，RAM 的数据输入端通过数据线、位线控制存储单元改变状态，把信息存入其中。

动态 RAM 是利用电容 C 上充积的电荷来存储信息的。当电容 C 有电荷时，为逻辑"1"，没有电荷时，为逻辑"0"。但由于任何电容都存在漏电，因此，当电容 C 存有电荷时，过一段时间由于电容的放电过程导致电荷流失，信息也就丢失。因此，需要周期性地对电容进行充电，以补充泄漏的电荷，通常把这种补充电荷的过程称为刷新或再生。随着器件工作温度的增高，放电速度会变快。刷新时间间隔一般要求在 1~100ms。工作温度为 70℃时，典型的刷新时间间隔为 2ms，因此 2ms 内必须对存储的信息刷新一遍。尽管对各个基本存储电路在读出或写入时都进行了刷新，但对存储器中各单元的访问具有随机性，无法保证一个存储器中的每一个存储单元都能在 2ms 内进行一次刷新，所以需要系统地对存储器进行定时刷新。

DRAM 集成度高、价格低，在微型计算机中使用极其广泛。构成微机内存的内存条几乎都是由 DRAM 组成的。

2. 典型的动态 RAM 芯片

下面以典型的动态 RAM 芯片有 Intel 2164A（64KB×1 位）为例，介绍一下动态存储器的内部结构和管脚功能。

Intel 2164A 芯片的存储容量为 64K×1 位，采用单管动态基本存储电路，每个单元只有一位数据，其内部结构如图 5.14 所示。2164A 芯片的存储体本应构成一个 256×256 的存储矩阵，为提高工作速度（需减少行列线上的分布电容），将存储矩阵分为 4 个 128×128 矩阵，每个 128×128 矩阵配有 128 个读出放大器，各有一套 I/O 控制电路。

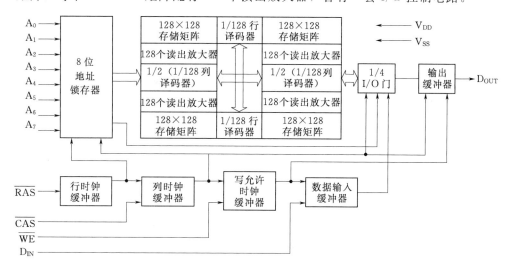

图 5.14 Intel 2164A 内部结构示意图

芯片 Intel 2164A 的容量为 64K×1 位，即片内共有 64K（65536）地址单元，每个地址单元存放一位数据。需要 16 条地址线，地址线分为两部分：行地址线与列地址线。

芯片的地址引线只要 8 条，内部设有地址锁存器，利用多路开关，由行地址选通信号变低 RAS（Row Address Strobe），把先出现的 8 位地址，送至行地址锁存器；由随后出现的列地址选通信号（Column Address Strobe，CAS）把后出现的 8 位地址送至列地址锁存器。这 8 条地址线也用于刷新（刷新时地址计数，实现一行一行地刷新）。

64K 容量本需 16 位地址，但芯片引脚（图 5.15）只有 8 根地址线，$A_0 \sim A_7$ 需分时复用。在行地址选通信号 RAS 控制下先将 8 位行地址送入行地址锁存器，锁存器提供 8 位行地址 $RA_7 \sim RA_0$，译码后产生两组行地址选择线，每组 128 根。然后在列地址选通信

111

号 CAS 控制下将 8 位列地址送入列地址锁存器，锁存器提供 8 位列地址 $CA_7 \sim CA_0$，译码后产生两组列地址选择线，每组 128 根。行地址 $RA_7 \sim RA_0$ 与列地址 $CA_7 \sim CA_0$ 选择 4 个 128×128 矩阵之一。因此，16 位地址是分成两次送入芯片的，对于某一地址码，只有一个 128×128 矩阵和它的 I/O 控制电路被选中。$A_0 \sim A_7$ 这 8 根地址线还用于在刷新时提供行地址，因为刷新是一行一行地进行的。

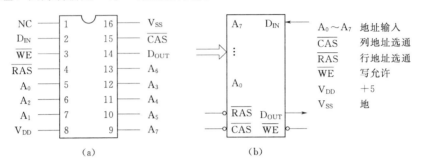

图 5.15　Intel 2164A 引脚与逻辑符号

Intel 2164A 的读/写操作由 $\overline{WE}$ 信号来控制，读操作时，$\overline{WE}$ 为高电平，选中单元的内容经三态输出缓冲器从 D_{OUT} 引脚输出；写操作时，$\overline{WE}$ 为低电平，D_{in} 引脚上的信息经数据输入缓冲器写入选中单元 Intel 2164A 没有片选信号，实际上用行地址和列地址选通信号。

3. 静态存储器和动态存储器芯片特性比较

静态存储器和动态存储器芯片特性比较见表 5.2。

表 5.2　静态存储器和动态存储器芯片特性比较

芯片特性	SRAM	DRAM
存储信息	触发器	电容
破坏性读出	非	是
需要刷新	不要	需要
送行列地址	同时送	分两次送
运行速度	快	慢
集成度	低	高
发热量	大	小
存储成本	高	低

5.3　只 读 存 储 器

只读存储器 ROM（Read - Only Memory），是一种非易失性的半导体存储器件。在一般工作状态下，ROM 内容只能读出，不能写入。只读存储器 ROM 常用于存储数字系统及计算机中不需改写的数据，例如数据转换表及计算机操作系统程序等。ROM 存储的数据不会因断电而消失，即具有非易失性。对可编程的 ROM 芯片，可用特殊方法将信息写入，该过程被称为"编程"。对可擦除的 ROM 芯片，可采用特殊方法将原来信息擦除，以便再次编程。本节将先介绍存储器单元的工作原理，再从应用的角度出发，以几种常用的典型芯片为例，介绍只读存储器 ROM 的工作原理、特点、外部特性以及它们的应用。

5.3.1 可编程只读存储器 PROM

可编程只读存储器（PROM）出厂时各单元内容全为 0，用户可用专门的 PROM 写入器将信息写入，这种写入是破坏性的，即某个存储位一旦写入 1，就不能再变为 0，因此对这种存储器只能进行一次编程。根据写入原理 PROM 可分为两类：结破坏型和熔丝型。图 5.16 是熔丝型 PROM 的一个存储单元示意图。

基本存储电路由 1 个三极管和 1 根熔丝组成，可存储一位信息。出厂时，每一根熔丝都与位线相连，存储的都是"0"信息。如果用户在使用前根据程序的需要，利用编程写入器对选中的基本存储电路通以

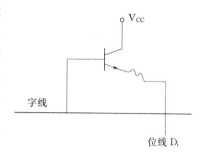

图 5.16 熔丝型 PROM 的
一个存储单元示意图

$20\sim50\text{mA}$ 的电流，将熔丝烧断，则该存储元将存储信息"1"。由于熔丝烧断后无法再接通，因而 PROM 只能一次编程写入，编程后就不能再修改。

写入时，按给定地址译码后，译码器的输出端选通字线，根据要写入信息的不同，在位线上加上不同的电位，若 d_i 位要写"0"，则对应位线 d_i 悬空（或接上较大电阻）而使流经被选中基本存储电路的电流很小，不足以烧断熔丝，则该 d_i 位的状态仍然保持"0"状态；若要写"1"，则位线 a 位加上负电位（2V），瞬间通过被选基本存储电路的电流很大，致使熔丝烧断，即 d_i 位的状态改写为"1"。在正常只读状态工作时，加到字线上的是比较低的脉冲电位，但足以开通存储元中的晶体管。这样，被选中单元的信息就一并读出了。是"0"，则对应位线有电流；是"1"，则对应位线无电流。在只读状态，工作电流将会很小，不会造成熔丝烧断，即不会破坏原来存储的信息。

5.3.2 可擦除可编程的只读存储器 EPROM

PROM 虽然可供用户进行一次编程，但仍有局限性。为了便于研究工作，实验各种 ROM 程序方案，可擦除、可再编程 ROM 在实际中得到了广泛应用。这种存储器利用编程器写入信息，此后便可作为只读存储器来使用。

目前，根据擦除芯片内已有信息的方法不同，可擦除、可再编程 ROM 可分为两种类型：紫外线擦除 PROM（简称 EPROM）和电擦除 PROM（简称 EEPROM 或 E^2PROM）。

5.3.2.1 紫外线可擦除的只读存储器 EPROM（Erasable PROM）

EPROM 是可以反复（通常多于 100 次）擦除原来写入的内容，更新写入新信息的只读存储器。EPROM 成本较高，可靠性不如掩模式 ROM 和 PROM，但由于它能多次改写、使用灵活，所以常用于产品研制开发阶段。初期的 EPROM 元件用的是浮栅雪崩注入 MOS，记为 FAMOS。它的集成度低，用户使用不方便，速度慢，因此很快被性能和结构更好的叠栅注入 MOS 即 SIMOS 取代。

SIMOS 管结构图如图 5.17（a）所示。它属于 NMOS，与普通 NMOS 不同的是有两个栅极，一个是控制栅 CG，另一个是浮栅 FG。FG 在 CG 的下面，被绝缘材料 SiO_2 所包

围，与四周绝缘。单个 SIMOS 管构成一个 EPROM 存储元件，SIMOS EPROM 元件电路如图 5.17（b）所示。

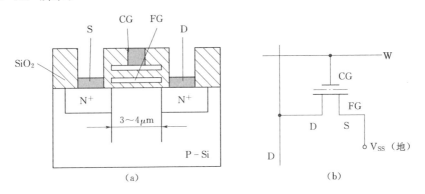

图 5.17　SIMOS 型 EPROM
（a）SIMOS 管结构；（b）SIMOS EPROM 元件电路

与 CG 连接的线 W 称为字线，读出和编程时作选址用。漏极 D 与位线 D 连接，读出或编程时用作输出、输入信息。源极 S 接 V_{ss}（接地）。当 FG 上没有电子驻留时，CG 开启电压为正常值 V_{cc}，若字线 W 线上加高电平，源极和漏极之间也加高电平，SIMOS 形成沟道并导通，称此状态为"1"态。当 FG 上有电子驻留，CG 开启电压升高超过 V_{cc}，这时若字线 W 线上加高电平，源极和漏极之间仍加高电平，SIMOS 不导通，称此状态为"0"态。人们就是利用 SIMOS 管 FG 上有无电子驻留来存储信息的。因 FG 上电子被绝缘材料包围，不获得足够能量很难跑掉，所以可以长期保存信息，即使断电也不丢失。

SIMOS EPROM 芯片出厂时 FG 上是没有电子的，即都是"1"信息。对它编程，就是在 CG 和漏极 D 都加高电压，向某些元件的 FG 注入一定数量的电子，把它们写为"0"。EPROM 封装方法与一般集成电路不同，需要有一个能通过紫外线的石英窗口。擦除时，将芯片放入擦除器的小盒中，用紫外线灯照射约 20min 后，若再读出各单元内容均为 FFH，说明原信息已被全部擦除，恢复到出厂状态。写好信息的 EPROM 为了防止因光线长期照射而引起的信息破坏，常用遮光胶纸贴于石英窗口上。

EPROM 的擦除是对整个芯片进行的，不能只擦除某个单元或者某个位，擦除时间较长，并且擦/写均需离线操作，使用起来不方便，因此，能够在线擦写的 E^2PROM 芯片近年来得到广泛应用。

5.3.2.2　电可擦除可编程的只读存储器 EEPROM

EEPROM 是一种采用金属氮氧化硅（MNOS）工艺生产的可擦除可再编程的只读存储器。擦除时只需加高压对指定单元产生电流，形成"电子隧道"，将该单元信息擦除，其他未通电流的单元内容保持不变。E^2PROM 具有对单个存储单元在线擦除与编程的能力，而且芯片封装简单，对硬件线路没有特殊要求，操作简便，信息存储时间长，因此，E^2PROM 给需要经常修改程序和参数的应用领域带来了极大的方便。但与 EPROM 相比，E^2PROM 具有集成度低、存取速度较慢、完成程序在线改写需要较复杂的设备、重复改写的次数有限制（因氧化层被磨损）缺点。

其主要优点是能在应用系统中进行在线读写，并在断电情况下保存的数据信息不丢失。E^2PROM 的另外一个优点是擦除时可以按字节分别进行（不像 EPROM 擦除时要把整个片子的内容通过紫外光照射全变为 1），也可以全片擦除，E^2PROM 的擦除不需紫外光的照射，写入时也不需要专门的编程设备。因而使用上比 EPROM 方便。

采用 +5V 电擦除的 E^2PROM，通常不需设置单独的擦除操作，可在写入的过程中自动擦除。增加了一个控制栅极，单元结构如图 5.18 所示。在擦数据时，较高的编程电压施加在源极上，控制栅极接地，在此电场的作用下，浮置栅极上的电子就越过二氧化硅形成的氧化层进入源区，被外加电源中和掉。数据擦写操作分为擦除操作和写入操作两步，也就是说，

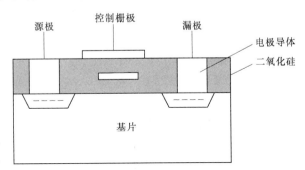

图 5.18　E^2PROM 存储单元结构示意图

在写入数据之前需要将原有数据擦除，使各存储单元处于"1"态，然后在下一个写周期中将数据写入。数据擦除过程分为字节擦除和全片擦除两种，写操作允许信号 $\overline{WE}$ 的宽度控制。在字节擦除时，$\overline{WE}$ 的宽度为 10ms；在全片擦除时，$\overline{WE}$ 的宽度达到 20ms。因此，对一个存储单元修改需要两个连续的写周期。擦写时需要采用 21V 电压，为此而设置的升压电路一般集成在芯片内部，外部只需要提供单一的 5V 电源即可。

1. 典型的 EPROM 芯片

以一种典型的 EPROM 芯片 2764 为例，来介绍这类芯片的特点和应用。

（1）引线及其功能。2764 的外部引线如图 5.19 所示。这是一块 8K×8 位的 EPROM 芯片，它的引线与前边介绍的 SRAM 芯片 6264 是兼容的，这给使用者带来很大方便。因为在软件调试过程中，程序经常需要修改，此时可将程序先放在 6264 中，读写修改都很方便。调试成功后，将程序固化在 2764 中，由于它与 6264 的引脚兼容，所以可以把 2764 直接插在原 6264 的插座上。这样，程序就不会由于断电而丢失。

2764 各引脚的含义如下：

1）$A_0 \sim A_{12}$：13 根地址输入线。用于寻址片内的 8k 个存储单元。

V_{PP}	1	28	V_{CC} (+5V)
A_{12}	2	27	$\overline{PGM}$
A_7	3	26	NC
A_6	4	25	A_8
A_5	5	24	A_9
A_4	6	23	A_{11}
A_3	7	22	$\overline{OE}$
A_2	8	21	A_{10}
A_1	9	20	$\overline{CE}$
A_0	10	19	D_7
D_0	11	18	D_6
D_1	12	17	D_5
D_2	13	16	D_4
地	14	15	D_3

图 5.19　EPROM 2764 外部引线图

2）$D_0 \sim D_7$：8 根双向数据线，正常工作时为数据输出线，编程时为数据输入线。

3）$\overline{CS}$：选片信号。低电平有效。当 $\overline{CS}=0$ 时表示选中此芯片。

4）$\overline{CE}$：输出允许信号。低电平有效。当 $\overline{CE}=0$ 时，芯片中的数据可由 $D_0 \sim D_7$ 端输出。

5）$\overline{PGM}$：编程脉冲输入端。对 EPROM 编程时，在该端加上编程脉冲。读操作时 $\overline{PGM}=1$。

6）V_{PP}：编程电压输入端。编程时应在该端加上编程高电压，不同的芯片对 V_{PP} 的值要求的不一样，可以是 $+12.5V$、$+15V$、$+21V$、$+25V$ 等。

（2）2764 的工作过程。2764 可以工作在数据读出、编程写入和擦除 3 种方式下。

1）数据读出：这是 2764 的基本工作方式，用于读出 2764 中存储的内容。其工作过程与 RAM 芯片非常类似。即先把要读出的存储单元地址送到 $A_0 \sim A_{12}$ 地址线上，然后使 $\overline{CE}=0$，就可在芯片的 $D_0 \sim D_7$ 上读出需要的数据；在读方式下，编程脉冲输入端 $\overline{PGM}$ 及编程电压 V_{PP} 端都接在 $+5V$ 电源 V_{CC} 上。

2）EPROM 的编程写入：对 EPROM 芯片的编程可以有两种方式，一种是标准编程；另一种是快速编程。

标准编程是每给出一个编程负脉冲就写入一个字节的数据。具体的方法是：V_{CC} 接 $+5V$，V_{PP} 加上芯片要求的高电压；在地址线 $A_0 \sim A_{12}$ 上给出要编程存储单元的地址，然后使 $\overline{CS}=0$、$\overline{CE}=1$；并在数据线上给出要写入的数据。上述信号稳定后，在 $\overline{PGM}$ 端加上 $50\pm5ms$ 的负脉冲，就可将一个字节的数据写入相应的地址单元中。不断重复这个过程，就可将要写的数据逐一写入对应的存储单元中。

如果其他信号状态不变，只是在每写入一个单元的数据后将 OE 变低，则可以立即对刚写入的数据进行校验。当然也可以写完所有单元后再统一进行校验。若检查出写入数据有错，则必须全部擦除，再重新开始上述的编程写入过程。

早期的 EPROM 采用的都是标准编程方法。这种方法有两个严重的缺点：①编程脉冲太宽（50ms）而使编程时间太长，对于容量较大的 EPROM，其编程的时间将长得令人难以接受，例如，对 256KB 的 EPROM，其编程时间长达 3.5h 以上；②不够安全，编程脉冲太宽会使芯片功耗过大而损坏 EPROM。

快速编程与标准编程的工作过程是一样的，只是编程脉冲要窄得多。

3）擦除：EPROM 的一个重要优点是可以擦除重写，而且允许擦除的次数超过上万次。一片新的或擦除干净 EPROM 芯片，其每一个存储单元的内容都是 FFH。要对一个使用过的 EPROM 进行编程，则首先应将其放到专门的擦除器上进行擦除操作。擦除器利用紫外线光照射 EPROM 的窗口，一般经过 $15 \sim 20min$ 即可擦除干净。擦除完毕后可读一下 EPROM 的每个单元，若其内容均为 FFH，就认为擦除干净了。

2. 典型的 EEPROM 芯片

下面以一个典型的 EEPROM 芯片 NMC98C64A 为例介绍 EEPROM 的工作过程和应用。

（1）98C64A 的引线。NMC98C64A 为 $8K \times 8$ 位的 EEPROM，其引线如图 5.20 所示。其中：

1）$A_0 \sim A_{12}$ 为地址线，用于选择片内的 8K 个存储单元。

2）$D_0 \sim D_7$ 为 8 条数据线。

3）$\overline{CS}$ 为选片信号。低电平有效。当 $\overline{CS}=0$ 时选中该芯片。

4）$\overline{OE}$ 为输出允许信号。当 $\overline{CS}=0$、$\overline{OE}=0$、$\overline{WE}=1$ 时，可将选中的地址单元的数据读出。这与 6264 很相似。

5) $\overline{\text{WE}}$是写允许信号。当$\overline{\text{CS}}=0$、$\overline{\text{OE}}=1$、$\overline{\text{WE}}=0$时，可以将数据写入指定的存储单元。

6) READY/$\overline{\text{BUSY}}$是状态输出端。98C64A正在执行编程写入时，此管脚为低电平。写完后，此管脚变为高电平。因为正在写入当前数据时，98C64A不接收CPU送来的下一个数据，所以CPU可以通过检查此管脚的状态来判断写操作是否结束。

（2）98C64A的工作过程。98C64A的工作过程同样包括3部分，即数据读出、编程写入和擦除。

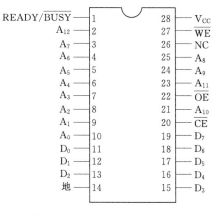

图 5.20　NMC98C64A 引线图

1) 数据读出：从EEPROM读出数据的过程与从EPROM及RAM中读出数据的过程是一样的。当$\overline{\text{CS}}=0$、$\overline{\text{OE}}=0$、$\overline{\text{WE}}=1$时，只要满足芯片所要求的读出时序关系，则可从选中的存储单元中将数据读出。

2) 数据写入：将数据写入98C64A有两种方式。

a. 字节写入方式是一次写入一个字节的数据。但写完一个字节之后，并不能立刻写下一个字节，而是要等到READY/$\overline{\text{BUSY}}$端的状态由低电平变为高电平后，才能开始下一个字节的写入。这是EEPROM芯片与RAM芯片在数据写入上的一个很重要的区别。

不同的芯片写入一个字节所需的时间略有不同，一般是几到几十毫秒。98C64A需要的时间一般为5ms，最大是10ms。在对EEPROM编程时，可以通过查询READY/$\overline{\text{BUSY}}$管脚的状态来判断是否写完一个字节，也可利用该管脚的状态产生中断来通知CPU已写完一个字节。对于没有READY/BUSY信号的芯片，则可用软件或硬件定时的方式（定时时间应大于等于芯片的写入时间），以保证数据的可靠写入。当然，这种方法虽然在原理上比较简单，但会降低CPU的效率。

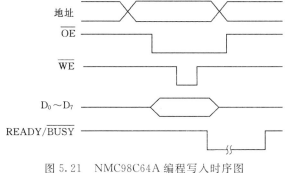

图 5.21　NMC98C64A 编程写入时序图

NMC98C64A的编程时序如图5.21所示。从图中可以看出，当CE＝0、OE＝1时，只要在$\overline{\text{WE}}$端加上100ns的负脉冲，便可以将数据写入指定的地址单元。

b. 自动页写入方式：页编程的基本思想是一次写完一页，而不是只写一个字节。每写完一页判断一次READY/$\overline{\text{BUSY}}$端的状态。在98C64A中，一页数据为1～32个字节，要求这些数据在内存中是连续排列的。98C64A的高位地址线$A_{12}\sim A_5$用来决定访问哪一页数据，低位地址$A_4\sim A_0$用来决定寻址一页内所包含的32个字节。因此将$A_{12}\sim A_5$称为页地址。

其写入的过程是：利用软件首先向EEPROM 98C64A写入页的一个数据，并在此后的300畔内，连续写入本页的其他数据，再利用查询或中断检查READY/$\overline{\text{BUSY}}$端的状态是否已变高，若变高，则表示这一页的数据已写结束，然后接着开始写下一页，直到将数据全部写完。

（3）擦除：擦除和写入是同一种操作，只不过擦除总是向单元中写入"FFH"而已。EEPROM 的特点是一次既可擦除一个字节，也可以擦除整个芯片的内容。如果需要擦除一个字节，其过程与写入一个字节的过程完全相同，写入数据 FFH，就等于擦除了这个单元的内容。若希望一次将芯片所有单元的内容全部擦除干净，可利用 EEPROM 的片擦除功能，即在 $D_0 \sim D_7$ 上加上 FFH，使 CE＝0，WE＝0，并在 OE 引脚上加上＋15V 电压，使这种状态保持 10ms。就可将芯片所有单元擦除干净。

EEPROM 98C64A 有写保护电路，加电和断电不会影响芯片的内容。写入的内容一般可保存 10 年以上。每一个存储单元允许擦除/编程上万次。

5.3.3　快速擦除读/写存储器

尽管 EEPROM 能够在线编程，而且可以自动页写入，EEPROM 的擦除不需紫外光的照射，写入时也不需要专门的编程设备，因而使用上比 EPROM 方便。但即便如此，其编程时间相对 RAM 而言还是太长，特别是对大容量的芯片更是如此。人们希望有一种写入速度类似于 RAM，掉电后存储内容又不丢失的存储器。为此，一种新型的称为闪存（Flash Memory）快速擦除读写存储器被研制出来。

1. Flash Memory 存储单元的结构和工作原理

Flash Memory 是在 EPROM 与 EEPROM 基础上发展起来的，它与 EPROM 一样，用单管来存储一位信息，与 EEPROM 相同之处是用电来擦除。但是它只能擦除一个区域或整个器件，快速擦除读写存储单元的擦除原理图如图 5.22 所示。在源极上加高电压 V_{PP}，控制栅极接地，在电场作用下，浮置栅上的电子越过氧化层后进入源极区而全部消失，实现一个区域擦除或全部擦除。闪存的编程速度快，掉电后存储内容又不丢失，从而得到很广泛的应用。

2. 典型的闪存芯片 TMS287040（16×32KB）

下面以芯片 TMS287040 为例简单介绍闪存的工作原理和应用。

（1）TMS28F040 的引线。28F040 的外部引线如图 5.23 所示。$A_0 \sim A_{18}$ 为 19 条地址

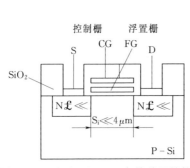

图 5.22　Flash Memory 存储单元结构

图 5.23　TMS28F040 的外部引线图

线，用于选择片内的 512K 个存储单元 DQ$_0$～DQ$_7$ 为 8 条数据线。因为它共有 19 根地址线和 8 根数据线，说明该芯片的容量为 512K×8bit，28F040 芯片将其 512KB 的容量分成 16 个 32KB 的块，每一块均可独立进行擦除。E 是芯片写允许信号，在它的下降沿锁存选中单元的地址，用上升沿锁存写入的数据。G 为输出允许信号，低电平有效。

（2）TMS28F040 的工作过程。28F040 与普通 EEPROM 芯片一样也有 3 种工作方式，即读操作、编程写入和擦除。但也有所不同，TMS28F040 是通过向内部状态寄存器写入命令的方法来控制芯片的工作方式，对芯片所有的操作必须要先往状态寄存器中写入命令。另外，TMS28F040 的许多功能需要根据状态寄存器的状态来决定。要知道芯片当前的工作状态，只需写入命令 70H，就可读出状态寄存器各位的状态了。状态寄存器各位的含义见表 5.3。

表 5.3　　　　　　　　　　　　　TMS28F040 状态寄存器各位的含意

位	高电平（1）	低电平（0）	用于
SR$_7$（D$_7$）	准备好	忙	写命令
SR$_6$（D$_6$）	擦除挂起	正在擦除/已完成	擦除挂起
SR$_5$（D$_5$）	块或片擦除错误	片或块擦除成功	擦除
SR$_4$（D$_4$）	字节编程错误	字节编程成功	编程状态
SR$_3$（D$_3$）	V$_{PP}$ 太低，操作失败	V$_{pp}$ 合适	监测 V$_{pp}$
SR$_0$～SR$_2$			保留未用

1）读操作：读操作包括读出芯片中某个单元的内容、读出内部状态寄存器的内容以及读出芯片内部的厂家及器件标记 3 种情况。如果要读某个存储单元的内容，则在初始加电以后或在写入命令 00H（或 FFH）之后，芯片就处于只读存储单元的状态。这时就和读 SRAM 或 EPROM 芯片一样，很容易读出指定的地址单元中的数据。此时的 V$_{PP}$（编程高电压端）可与 V$_{CC}$（+5V）相连。

2）编程写入：编程方式包括对芯片单元的写入和对其内部每个 32KB 块的软件保护。软件保护是用命令使芯片的某一块或某些块规定为写保护，也可置整片为写保护状态，这样可以使被保护的块不被写入的新内容给擦除。比如，向状态寄存器写入命令 0FH，再送上要保护块的地址，就可置规定的块为写保护。若写入命令 FFH，就置全片为写保护状态。

3）擦除方式：28F040 既可以每次擦除一个字节，也可以一次擦除整个芯片，或根据需要只擦除片内某些块，并可在擦除过程中使擦除挂起和恢复擦除。对字节的擦除，实际上就是在字节编程过程中，写入数据的同时就等于擦除了原单元的内容。对整片擦除，擦除的标志是擦除后各单元的内容均为 FFH。整片擦除最快只需 2.6s。但受保护的内容不被擦除，也允许对 28F040 的某一块或某些块擦除，每 32KB 为一块，块地址由 A$_{15}$～A$_{18}$ 来决定。在擦除时，只要给出该块的任意一个地址（实际上只关心 A$_{15}$～A$_{18}$）即可。

28F040 在使用中，要求在其引线控制端加上适当电平，以保证芯片正常工作。不同工作类型的 28F040 的工作条件是不一样的。

5.4　存 储 器 扩 展

任何存储芯片的存储容量都是有限的。要构成一定容量的内存，往往单个芯片不能满足字长或存储单元个数的要求，甚至字长和存储单元数都不能满足要求。这时，就需要用多个存储芯片进行组合，以满足对存储容量的需求，这种组合就称为存储器的扩展。存储器扩展时要解决的问题主要包括位扩展、字扩展和字位扩展。

5.4.1　位扩展

当给定的存储器芯片每个单元的位数与系统需要的内存单元字长不相等时采用的方法，称为存储容量的位扩展。

一块实际的存储芯片，每个存储单元的位数（即字长）往往与实际内存单元字长并不相等。存储芯片可以是 1 位、4 位或 8 位的，如 DRAM 芯片 Intel 2164 存储单元为 64K×1 位，SRAM 芯片 Intel 2114 存储单元为 1K×4 位，Intel 6264 芯片存储单元则为 8K×8位。而计算机中内存一般是按字节来进行组织的，若要使用 Intel 2164、Intel 2114 和 Intel 6264 这样的存储芯片来构成内存，单个存储芯片字长就不能满足要求，这时就需要进行位扩展，以满足字长的要求。

位扩展构成的存储器系统的每个单元中的内容被存储在不同的存储器芯片上。例如：用两片 4K×4 位的存储器芯片经过位扩展构成 4K×8 位的存储器，其连接方法如图 5.24所示。4K×8 位的存储器中每个单元内的 8 位二进制数被分别存在两个芯片上，即一个芯片存储该单元内容的高 4 位，另一个芯片存储该单元内容的低 4 位。可以看出，位扩展保持总的地址单元数（存储单元个数）不变，但每个单元中的位数增加了。

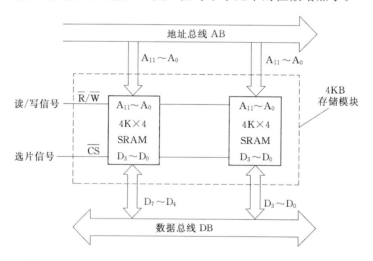

图 5.24　用 4K×4 位的 SRAM 芯片进行位扩展以构成容量为
4KB 的存储器 Flash Memory 存储单元结构

由于存储器的字数与存储器芯片的字数一致，$4K=2^{12}$，故只需 12 根地址线（$A_0 \sim A_{11}$）对各芯片内的存储单元寻址，每一芯片只有 4 位数据，所以需要两片这样的芯片，将它们的数据线分别接到数据总线（$D_4 \sim D_7$）和（$D_0 \sim D_3$）的相应位上。在此连接方法中，每一条地址线有两个负载，每一条数据线有一个负载。在位扩展法中，所有芯片都应同时被选中，CPU 的访存请求信号 MREQ 与各芯片 CS 片选端相连作为存储器芯片的片选输入控制信号，CPU 的读写控制信号作为存储器芯片的 R/W 读/写控制信号。位扩展存储器工作时，各芯片同时进行相同操作。在此例中，若地址线 $A_0 \sim A_{11}$ 上的信号为全 0，即选中了存储器 0 号单元，则该单元的 8 位信息是由这两个芯片 0 号单元的 4 位信息共同构成的。

可以看出，位扩展的电路连接方法是：将每个存储芯片的地址线、选片信号线和读/写信号线全部与 CPU 的相应地址线、请求信号 MREQ 线、读/写控制信号 R/W 线进行连接，而将它们的数据线分别连接至数据总线的不同位线上。

【例 5.2】 用 Intel 2164 芯片构成容量为 64KB 的存储器。

解： 因为 Intel 2164 是 $64K \times 1$ 位的芯片，其存储单元数也是 64K，已满足要求。$64K = 2^{16}$，故只需 16 根地址线（$A_0 \sim A_{15}$）对各芯片内的存储单元寻址。Intel 2164 字长不够，每一块芯片只有 1 位数据，所以需要 8 片这样的芯片，将它们的数据线分别与 CPU 数据总线 $D_0 \sim D_7$ 的相应位相连，将每个存储芯片的地址线、选片信号线和读/写信号线全部与 CPU 的相应地址线、请求信号线、读/写控制信号线进行连接，线路连接如图 5.25 所示。这样就用 8 片 Intel 2164 芯片进行位扩展构成了容量为 64KB 的存储器。

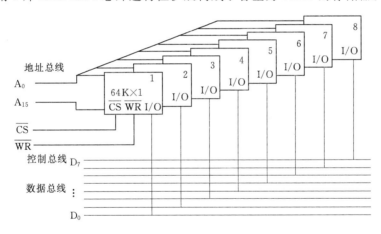

图 5.25　用 $64K \times 1$ 位的进行位扩展构成容量为
64KB 的存储器 Memory 存储单元结构

5.4.2　字扩展

当存储芯片上每个存储单元的字长已满足要求，但存储单元的个数不够，需要增加的是存储单元的数量，就称为存储容量的字扩展。CPU 能够访存的地址空间是很大的，一片存储器芯片的字数往往小于 CPU 的地址空间。这时用字扩展法可以增加存储器的字数，而每个字的位数不变。字扩展法将地址总线分成两部分：一部分地址总线直接与各存储器地址相连，作为芯片内部寻址；一部分地址总线经过译码器译码送到存储器的片选输入端 CE（CS）。CPU 的访存请求信号作为译码器的使能输出控制信号。CPU 的读/写控制信号作为存储器的读/写控制信号，CPU 的数据线与存储器的对应数据线相连。

【例 5.3】 用 $16K \times 8$ 位的存储器芯片组成 $64K \times 8$ 位的内存储器。在这里，字长已满足要求，只是容量不够，所以需要进行的是字扩展，显然，对现有的 16K×8 位芯片存储器，需要用 4 片来实现 64K×8 位的内存储器。

用 16K×8 位的存储器芯片组成 64K×8 位的内存储器的连线图如图 5.26 所示。因为 16K×8 位的存储器芯片字长已满足要求，4 个芯片的数据线与数据总线 $D_0 \sim D_7$ 并连。因为 $16K=2^{14}$，故只需要 14 根地址线（$A_0 \sim A_{13}$）对各芯片内的存储单元寻址，让地址总线低位地址 $A_0 \sim A_{13}$ 与 4 个 16K×8 位的存储器芯片的 14 位地址线并行连接，用于进行片内寻址；对于 64K×8 位的内存储器，因为 $64K=2^{16}$，故总共需 16 根地址线（$A_0 \sim A_{15}$）对内存储单元寻址。为了区分 4 个 16K×8 位的存储器芯片的地址范围，还需要两根（16－14＝2）高位地址总线 A_{15}、A_{14} 经过 2～4 个译码器译出 4 根片选信号线，分别和 4 个 16K×8 位的存储器芯片的片选端相连。各芯片的地址范围见表 5.4。

表 5.4　　　　　　　　　图 5.26 中各芯片地址空间分配表

地址片号	$A_{15}\,A_{14}$	$A_{13}\,A_{12}\,A_{11}\cdots A_1\,A_0$	说　明
0	00	000…00	最低地址（0000H）
	00	111…11	最高地址（3FFFH）
1	01	000…00	最低地址（4000H）
	01	111…11	最高地址（7FFFH）
2	10	000…00	最低地址（8000H）
	10	111…11	最高地址（BFFFH）
3	11	000…00	最低地址（C000H）
	11	111…11	最高地址（FFFFH）

可以看出，字扩展的连接方式是将各芯片的地址线、数据线、读/写控制信号线与 CPU 的相应地址总线、数据总线、读/写控制信号线相连，而由片选信号来区分各片地址。也就是将 CPU 低位地址总线与各芯片地址线相连，用以选择片内的某个单元；用高位地址线经译码器产生若干不同片选信号，连接到各芯片的片选端，以确定各芯片在整个存储空间中所属的地址范围。图 5.26 给出了用 4 个 16K×8 芯片经字扩展构成一个 64K×8 内存储器的连接方法。

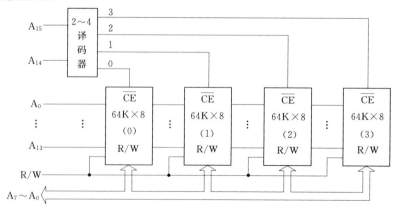

图 5.26　字扩展连接示意图

【例5.4】 用64K×8位的SRAM芯片构成容量为128KB的存储器。

解：这里现有的芯片容量为64KB，构成容量为128KB的存储器需要128KB/64KB＝2片。64K×8位的SRAM储器芯片字长已满足要求，2个64K×8位芯片的数据线与CPU数据总线$D_0 \sim D_7$并行连接；因为64K＝2^{16}，故需16根地址线（$A_0 \sim A_{15}$）对各芯片内的存储单元寻址，CPU地址总线低位地址$A_0 \sim A_{15}$与各芯片的16位地址线连接，用于进行片内寻址；对于128KB的存储器，因为128K＝2^{17}，故总共需17根地址线（$A_0 \sim A_{16}$）对内存储单元寻址。为了区分2个64K×8位的存储器芯片的地址范围，还需要一根（17－16＝1）高位地址线Am因为片选信号低电平有效，用一根地址线不经过门电路不能产生两个有效的低电平，所以这里用两根地址线经过74LS138译码器译出4根片选信号线，74LS138译码器最高位输入端C＝0，$A_7 \sim A_6$分别接74LS138译码器输入端B和A。这样74LS138译码器输入端CBA的输入码是000B、001B、010B或011B；74LS138译码器就只能对0、1、2或3进行译码。让74LS138译码器的输出、分别和两个64K×8位的存储器芯片的片选端相连，线路连接如图5.27所示。各芯片的地址范围见表5.5。图5.27中两片芯片的地址范围分别为：20000H～2FFFFH和30000H～3FFFFH。如果让74LS138译码器的输出Y0、分别和两个64K×8位的存储器芯片的片选端CS相连，图5.28中两片芯片的地址范围分别为多少呢？

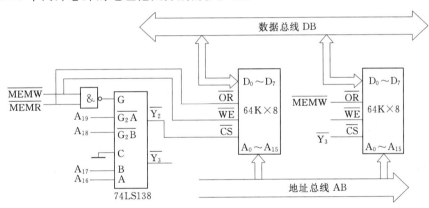

图5.27 用64K×8位的SRAM芯片构成容量为128KB的
存储器Flash Memory存储单元结构

表5.5　　　　　　　　　　　　　　图5.27中各芯片地址空间分配表

地址片号	$A_{17} A_{16}$	$A_{15} A_{14} A_{13} \cdots A_1 A_0$	说　明
无用	00	000…00	最低地址（00000H）
	00	111…11	最高地址（0FFFFH）
无用	01	000…00	最低地址（10000H）
	01	111…11	最高地址（1FFFFH）
2	10	000…00	最低地址（20000H）
	10	111…11	最高地址（2FFFFH）
3	11	000…00	最低地址（30000H）
	11	111…11	最高地址（3FFFFFH）

5.4.3 字/位扩展

在构成一个实际的存储器时，往往需要同时进行位扩展和字扩展才能满足存储容量的需求。扩展时需要的芯片数量可以这样计算：要构成一个容量为 $M \times N$ 位的存储器，若使用 $l \times k$ 位的芯片（$l < M$，$k < N$），则构成这个存储器需要 $(M/l) \times (N/k)$ 个这样的存储器芯片。M/l 和 N/k 一定要能整除。连接时可将这些芯片分成 M/l 个组，每组内有 N/k 个芯片，N/k 个芯片组内采用位扩展法，M/l 个组间采用字扩展法。字/位扩展法则是上述两种扩展法的组合。

微机中内存的构成就是字/位扩展的一个很好的例子。首先，存储器芯片生产厂制造出一个个单独的存储芯片，如 $32M \times 1$ 位，$64M \times 1$ 位，$128M \times 1$ 位等；然后，内存条生产厂将若干个存储器芯片利用位扩展的方法组装成内存模块（即内存条），如用 8 片 $128M \times 1$ 的芯片组成 128MB 的内存条；最后，用户根据实际需要，购买若干个内存条插到主板上构成自己的内存系统，即是进行了字扩展。一般来讲，最终用户做的都是字扩展（即增加内存地址单元）的工作。

进行字/位扩展时，一般先进行位扩展，构成字长满足要求的内存条，然后再用若干个这样的内存条进行字扩展，使总存储容量满足要求。

【例 5.5】 用 2114（$1K \times 4$）RAM 芯片构成 $4K \times 8$ 存储器，需要同时进行位扩展和字扩展才能满足存储容量的需求。由于 2114 是 $1K \times 4$ 的芯片，所以首先要进行位扩展。用（8/4）2 片 2114 组成 1KB 的内存模块，然后再用 4 组（4/1）这样的模块进行字扩展便构成了 4KB 的存储器。所需的芯片数为 $(4/1) \times (8/4) = 8$ 片。因为 2114 有 1K 个存储单元，只需要 10 位地址信号线（$A_0 \sim A_9$）对每组芯片进行片内寻址，同组芯片应被同时选中，故同组芯片的片选端并联在一起。要寻址 4KB 个内存单元至少需要 12 位地址信号线（$2^{12} = 4K$）。而 2114 有 1K 个单元，只需要 10 位地址信号，余下的 2 位地址用 2～4 译码器对两位高位地址（$A_{11} \sim A_{10}$）译码，产生 4 个片选信号线，分别与各组内的两个 2114 芯片的片选端相连，用于区分 4 个 1KB 的内存条，线路连接示意图如图 5.28 所示。

综上所述，存储器容量的扩展可以分为以下 3 步：

第 1 步 选择合适的芯片个数（$M/l) \times (N/k)$）。

第 2 步 根据要求将 N/k 个芯片"多片并连"进行位扩展，设计出满足字长要求的内存条。

第 3 步 再对"内存条"M/l 组进行字扩展，构成符合要求的存储器。

【例 5.6】 设有若干片 $256K \times 8$ 位的 SRAM 芯片：

（1）采用位扩展方法构成 $256K \times 32$ 位的存储器需要多少片 SRAM 芯片？进行片内寻址需要多少条地址线？

（2）采用字扩展方法构成 $2048K \times 32$ 位的存储器需要多少组 $256K \times 32$ 位的存储器芯片？需要多少条地址线用于片间寻址？

（3）画出该 $2048K \times 32$ 位的存储器与 CPU 连接的结构图，设 CPU 的接口信号有地址信号、数据信号、控制信号 MREQ 和 R/W。

解：（1）采用位扩展法构成 $256K \times 32$ 位的存储器需要 $32/8 = 4$ 片 SRAM 芯片；$2^{18} = 256K$，进行片内寻址需要 18 条地址线，用 CPU 的地址总线（$A_2 \sim A_{19}$）进行片内寻址。

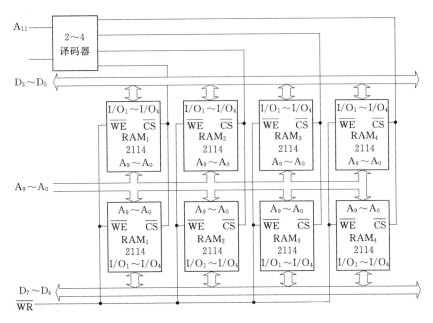

图 5.28　字/位扩展应用举例示意图

（2）采用字扩展法构成 2048K×32 位的存储器需要 2048/256＝8 组 256K×32 位的存储器芯片；因为 2^{21}＝2048K，所以，2048K×32 位的存储器总共需要 21 条地址线，再减去 18 条片内寻址地址线，用 3 条 CPU 的地址总线（A_{20}～A_{22}）进行片间寻址。

（3）用 MREQ 作为译码器芯片的输出许可信号，译码器的输出作为存储器芯片的选择信号，R/W 作为读/写控制信号，CPU 访存的地址为（A_{2}～A_{22}）。该 2048K×32 位的存储器与 CPU 的连接示意图如图 5.29 所示。

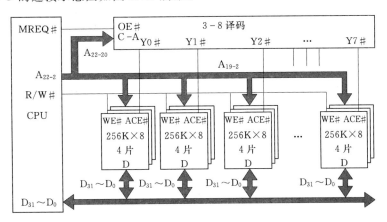

图 5.29　用 256K×8 位的芯片构成容量为 2048K×32 位的存储器

5.5　高速缓冲存储器

在现代高性能的计算机系统中，对存储器既要求速度快，又要求容量大，同时价格又要合理，按照现在所能达到的技术水平，仅仅用一种技术组成单一的存储器是不可能同时满足上述要求的，只有采用层次结构，把几种存储技术结合起来，才能解决存储器高速度、大容量和合理成本 3 者的矛盾。其中一种重要的提高存储器带宽的措施是在主存储器与 CPU 之间增加一个高速缓冲器（Cache）来存储使用频繁的指令和数据，以提高访存操作的平均速度。

存储器设计目标之一是以较少的成本使存储体系与 CPU 的速度匹配，同时还要求存储器具有尽可能大的容量。因此，速度、容量、价格是存储器设计应考虑的主要因素。尽管计算机程序往往需要巨大的快速存储空间，但程序对存储空间的访问并不是均匀的。通过对大量的典型程序的运行情况的分析，结果表明，在一个较短的时间间隔内，地址往往集中在存储器逻辑地址空间的很小范围内。程序地址的分布本来就是连续的，再加上循环程序段和子程序都要重复执行多次，因此，对程序地址的访问就自然地具有相对集中的倾向。数据分布的这种集中倾向不如指令明显，但对数组的存储和访问以及工作单元的选择都可以使存储器地址相对集中。这种对局部范围的存储器地址频繁访问，而对此范围以外的地址访问甚少的现象就称为程序访问的局部性。

根据局部性原理，可以在主存和 CPU 之间设置一个高速的容量相对较小的存储器，如果当前正在执行的程序和数据存放在这个存储器中，当程序运行时，不必从主存储器取指令和取数据，而访问这个高速存储器即可，从而提高了程序运行速度。Cache 就是一种存储空间小而存取速度却很高的存储器。

Cache 存储器介于 CPU 和主存之间，它的工作速度远远大于主存，全部功能由硬件实现，并且对程序员是透明的，即程序员不能对 Cache 进行操作和控制。

5.5.1 Cache 系统基本结构与原理

1. Cache 系统的基本结构

Cache 系统主要由 3 部分组成：Cache、地址映像与变换机构及 Cache 替换策略和更新策略。把 Cache 和主存都分成相同大小的块，每一块由若干个字或字节组成。在 Cache 中，每一块外加有一个 Cache 标记，指明它是主存的哪一块的副本，所以该标记的内容相当于主存块的编号。每当对一主存地址进行数据访问时，怎样知道要访问的数据已经存在于 Cache 中如果要访问的数据已经在 Cache 中，怎样确定这个数据在 Cache 中的位置这两个问题是相关的，解决的方法是根据主存地址来构成 Cache 地址，也就是必须通过地址映像变换机构将主存地址变换成 Cache 地址去访问 Cache。若要访问的数据所在块不在 Cache 中（不命中），则产生 Cache 失效，需要从主存中把包含该字的一块信息调入 Cache，同时将被访问的字送往 CPU。如 Cache 已装满怎么办？就需要按所选择的替换算法决定将 Cache 的哪一块已调入访问的块数据移去，并修改地址映像表中有关的地址映像关系和 Cache 各块使用状态标志等信息。写 Cache 时是否写主存模块的更新策略决定在写操作时，何时将数据写入主存。

2. Cache 系统的工作原理

Cache 的基本结构如图 5.30 所示，主存有 2^n 个单元，地址码为 n 位，将主存分块（Block），每块有 B 个字节，则共分成 $M=T/B$ 块。Cache 也由同样大小的块组成，由于 Cache 容量小，所以块的数目比主存的块数少得多，主存中只有一小部分块的内容可存放在 Cache 中。

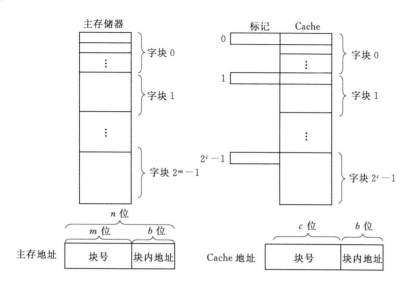

图 5.30　Cache 基本结构

在 Cache 中，每一块外加有一个标记，指明它是主存的哪一块的副本，所以该标记的内容相当于主存中块的编号，设主存地址为 n 位，且 $n=m+b$，则可得出：主存的块数 $M=2^m$，块内字节数 $B=2^b$。Cache 地址码为（$c+b$）位。Cache 的块数为 2^c，块内字节数与主存相同。

（1）Cache 的读工作原理。如图 5.31 所示，当 CPU 发出读请求时，将主存地址 m 位（或 m 位中的一部分）与 Cache 某块的标记相比较，根据其比较结果是否相等而区分出两种情况：

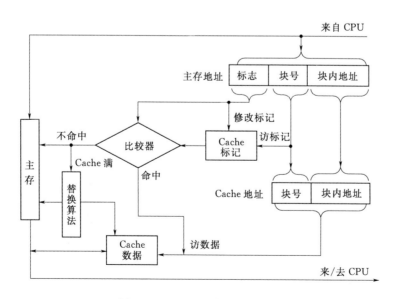

图 5.31　Cache 系统的基本结构

1）当比较结果相等时，说明 CPU 要访问的数据或代码存在于 Cache 中，就可以直接从 Cache 中访问数据或代码，而不必再到主存中去访问了。访问主存的数据或代码存在于 Cache 中的情形称为访问 Cache 命中（hit）。在 CPU 与 Cache 之间，通常一次传送一个字。

2）当比较结果不相等时，说明需要的数据尚未调入 Cache，那么就要把该数据所在的整个字块从主存一次调进 Cache 中。这种情况称为访问 Cache 不命中或失效（miss）。

（2）Cache 的容量和块的大小。块的大小称为"块长"。把 Cache 和主存都分成相同大小的块，每一块由若干个字或字节组成。块长在一般情况下，取一个主存周期所能调出的信息长度。Cache 的容量一般比主存低得多，通常在 16～512KB 之间，主存传输的数据块的容量一般在 4～128KB 之间。命中时间一般为 1 个时钟周期，时效时间取决于主存的访问时间及传输时间，一般为 8～32 个时钟周期，有效率在 1%～20% 之间。一般情况下，可以使 Cache 与内存的空间比为 1∶128，即 256KB 的 Cache 可映射 32MB 内存；512KB Cache 可映射 64MB 内存。在这种情况下，命中率都在 90% 以上。即 CPU 在运行程序的过程中，有 90% 的指令和数据可以在 Cache 中取得，只有 10% 需要访问主存。对没有命中的数据，CPU 只好直接从内存获取，获取的同时，也把它复制到 Cache 中，以备下次访问。为了提高 Cache 数据的调入调出速度，要求主存的带宽与其匹配。

Cache 的容量和块的大小是影响 Cache 效率的重要因素。通常用"命中率"来测量 Cache 的效率。命中率指 CPU 所要访问的信息在 Cache 中的比率，而将所要访问的信息不在 Cache 中的比率称为失效率或未命中率。

一般来说，Cache 的存储容量比主存的容量小得多，但不能太小，太小会使命中率太低；也没有必要过大，过大不仅会增加成本，而且当容量超过一定数量后，命中率随容量的增加不会有明显的增长。但随着芯片价格的下降，Cache 的容量还是不断增大，已由几十千字节发展到几百千字节，甚至达到几兆字节。

（3）Cache 的替换策略。CPU 从主存储器中读出数据的方式有如下两种：

第 1 种方式是贯穿读出式（Look Through），该方式的原理示意图如图 5.32 所示。在这种方式下，Cache 位于 CPU 与主存之间，CPU 对主存的所有数据请求都首先送到 Cache，由 Cache 自行在自身查找。如果命中，则切断 CPU 对主存的请求，并将数据送出；如果不命中，则将数据请求传给主存。该方法的优点是降低了 CPU 对主存的请求次数，缺点是延迟了 CPU 对主存的访问时间。

第 2 种方式是旁路读出式（Look Aside），这种方式的原理示意图如图 5.33 所示。

图 5.32　贯穿读出式原理示意图　　　　图 5.33　旁路读出式原理示意图

在这种方式中，CPU 发出数据请求时，并不是单通道地穿过 Cache，而是向 Cache 和主存同时发出请求。由于 Cache 速度更快，如果命中，则 Cache 在将数据回送给 CPU 的同时，还来得及中断 CPU 对主存的请求；若不命中，则 Cache 不做任何动作，由 CPU 直接访问主存。它的优点是没有时间延迟，缺点是每次 CPU 都要访问主存，这样，就占用了部分总线时间。

在带有 Cache 的存储体系中，如果读 Cache 不命中，而 Cache 又放满了怎么办？从主存读出新的字块调入 Cache 存储器时，如果遇到 Cache 存储器中相应的位置已被其他字块占有，那么就必须去掉一个旧的字块，让给这个新的字块。这种替换应该遵循一定的规则，最好能使被替换的字块是下一段时间内估计最少使用的。这些规则称为替换策略或替换算法，由替换部件加以实现。

（4）Cache 的写策略。当被修改的单元在 Cache 存储器时，Cache 存储器中保存的字块是主存中相应字块的副本。如果程序执行过程中要对该字块的某个单元进行写操作，就会遇到如何保持 Cache 与主存的一致性问题。Cache 的一致性指的是 Cache 中的信息与主存储器中的信息一致，即 Cache 中每一地址上的数据与主存储器中相应存储单元中数据相一致。通常有 3 种写入方式：

第 1 种方式是暂时只向 Cache 存储器写入，并用标志加以注明，直到经过修改的字块从 Cache 中被替换出来时才一次写回主存，这种方式称为标志交换（Flag - Swap）方式，又称按写分配法（Write - Allocate），按写分配法原理示意图如图 5.34 所示。

第 2 种方式是写贯穿式（Write Through）：任一从 CPU 发出的写信号送到 Cache 的同时，也送入主存，以保证主存的数据能同步地更新。它的优点是操作简单，但由于主存的慢速，降低了系统的写速度并占用了部分总线时间。写贯穿式原理示意图如图 5.35 所示。

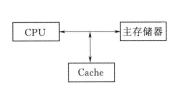

图 5.34 按写分配法原理示意图

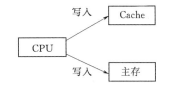

图 5.35 写贯穿式原理示意图

第 3 种方式是回写式（Write Back）：为了克服贯穿式中每次数据写入都要访问主存、从而导致系统写速度降低并占用总线时间的弊病，尽量减少对主存的

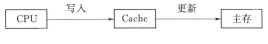

图 5.36 回写式原理示意图

访问次数，又有了回写式。回写式原理示意图如图 5.36 所示。它的工作原理是这样的：数据一般只写到 Cache，而不写入主存，从而使写入的速度加快。但这样有可能出现 Cache 中的数据得到更新而对应主存中的数据却没有变（即数据不同步）的情况。此时可在 Cache 中设一个标志地址及数据陈旧的信息，只有当 Cache 中的数据被再次更改时，才将原更新的数据写入主存相应的单元中，然后再接受再次更新的数据。这样保证了 Cache 和主存中的数据不致产生冲突。

当被修改的单元根本就不在 Cache 存储器时，写操作直接对主存进行，而不写入 Cache 存储器。

（5）Cache 标记和平均存取时间。为了说明标记是否有效，每个标记至少还应设置一位有效位，当机器刚加电启动时，主机的 reset 信号或执行程序将所有标记的有效位置"0"，使标记无效。在程序执行过程中，当 Cache 不命中时，逐步将指令块或数据块从主存调入 Cache 中的某一块，并将这一块标记中的有效位置"1"，当再一次用到这一块中的指令或数据时，肯定命中，可直接从 Cache 中取指令或取数据。

从这里也可看到，刚加电后所有标记位都为"0"，因此开始执行程序时，命中率较低了。另外 Cache 的命中率还与程序本身有关，不同的程序，其命中率可能不同。

在有 Cache 的系统中，Cache 的命中率与 Cache 的大小、替换算法、程序特性等因素有关。增加 Cache 后，CPU 对主存的平均存取时间可按下式粗略地计算：

设 Cache 的存取时间为 t_c，命中率为 h，主存的存取时间为 t_m，则平均存取时间

$$t_a = t_c h + (t_c + t_m)(1-h) \tag{5.1}$$

【例 5.7】 某微机存储器系统由一级 Cache 和主存组成。已知主存的存取时间为80ns，Cache 的存取时间为 6ns，Cache 的命中率为 85%，试求：该存储系统的平均存取时间。

解： 根据式（5.1），得：

系统的平均存取时间 $t_a = 6\text{ns} \times 85\% + 80\text{ns} \times (1-85\%) = 5.1\text{ns} + 12\text{ns} = 17.1\text{ns}$

可以看出，有了 Cache 以后，CPU 访问主存的速度大大提高了。但要注意的是，增加 Cache 只是加快了 CPU 访问存储器系统的速度，而 CPU 访问存储器系统仅是计算机全部操作的一部分，所以增加 Cache 对系统整体速度只能提高 10%～20% 左右。另外，如果访问 Cache 没有命中的话，CPU 还要访问主存，这时反而延长了存取时间。所以，根据式（5.1）计算出来的平均存取速度仅是一个粗略值。

5.5.2 地址映像方式

设计 Cache 时首先面临的问题是，怎样知道 Cache 是否命中？即怎样知道要访问的数据已经在 Cache 中；其次是，如果要访问的数据在 Cache 中，怎样确定 Cache 中的位置？这两个问题是相互关联的，解决方法是根据主存的地址来构成 Cache 的地址，即在主存地址和 Cache 地址之间建立一种逻辑关系，即地址映像。在信息按照这种映像关系装入 Cache 后，执行程序时，应将主存地址变换成 Cache 地址，这个变换过程叫做地址变换。地址的映像和变换是密切相关的。

Cache 的存在对程序员是透明的。在 CPU 每次访问存储器时，系统自动将地址转换成 Cache 中的地址，如果访问的数据不在 Cache 中，则需要将其从主存调入 Cache 中。Cache 的地址变换和数据块的替换算法都是硬件实现的。Cache 的地址空间小，其地址的位数也较少，主存储器的空间较大，其地址位数较多。Cache 中的一个存储块与主存中若干个存储块相互对应，即若干个主存地址块映射到同一个 Cache 地址块。根据这种地址对应方法，下面介绍几种基本的地址映像方式：直接映像、全相联映像和组相联映像等。

为了说明这几种映像方式，假设主存储器空间被分为 Mm(0)，Mm(1)，…，Mm(i)，…，Mm(2^m-1) 共 2^m 个块，每个块内有 2^b 个字；Cache 存储空间被分为 Mc(0)，

$\mathrm{Mc}(1)$，…，$\mathrm{Mc}(j)$，…，$\mathrm{Mc}(2^c-1)$ 共 2^c 个同样大小的块。

1. 直接映像

直接映像方式如图 5.37 所示。一个主存块只能映像到 Cache 中的唯一一个指定块的地址映像方式称为直接映像（Direct Mapping）。在直接映像方式下，主存中存储块的数据只可调入 Cache 中的一个位置。因为主存容量总比 Cache 容量大，把主存按照 Cache 同样大小划分成 n 个区，因此会有多个主存地址映像到同一个 Cache 地址。如果主存中两个存储块的数据都要调入 Cache 中的同一个位置，则将发生冲突。

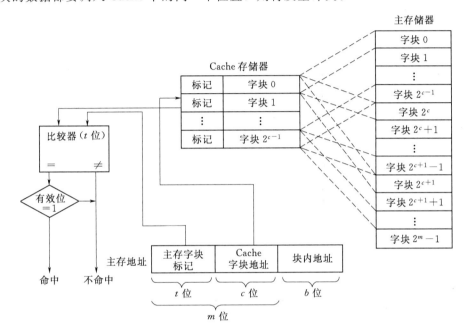

图 5.37　直接映像示意图

在直接映像方式中，主存和 Cache 中字块的对应关系采用直接映像函数：

$$j = i \bmod 2^c$$

式中：j 为 Cache 的字块号；i 为主存的字块号。

在这种映像方式中，主存的第 0 块，第 2^c 块，第 2^{c+1} 块，…只能映像到 Cache 的第 0 块，而主存的第 1 块，第 2^c+1 块，第 $2^{c+1}+1$ 块，…只能映像到 Cache 的第 1 块；依此类推。主存和 Cache 中的字块实现地址转换的过程如图 5.37 所示。将主存地址分成 3 段：主存字块标记（$m-c$）$=t$ 位、字块地址 c 位、块内地址 b 位。主存字块标记 t 位作为标志存放在地址映像表中，用于判断所需字块是否已在 Cache 存储器中，即命中与否。Cache 地址分成两段：字块地址 c 位和块内地址 b 位。可见主存的字块地址、块内地址与 Cache 的字块地址、块内地址相同。当 CPU 送来主存地址和读命令后，只需根据主存地址中间 c 位字段找到 Cache 存储器字块，然后，看 Cache 标记是否与主存地址高 t 位相等：

如果相等且有效位为"1"，Cache 命中，则可根据主存 b 位块内地址，从 Cache 中取得所需指令或数据。

如果相等且有效位为 "0"，表示 Cache 中的这一块已经作废；如果不相等且有效位为 "0"，表示 Cache 中的这一块是空的；如果不相等且有效位为 "1"，表示 Cache 中的这一块原来是有用的；这 3 种情况都要从主存读入新的字块放到 Cache 中，并将 CPU 所需数据送往 CPU，同时修改 Cache 标记。假如原来的有效位为 "0"，要将有效位置成 "1"。

直接映像是一种最简单的地址映像方式，它的地址变换速度快，实现简单，而且不涉及其他两种映像方式替换策略问题。缺点是不够灵活，即主存的 $2t$ 个字块只能对应唯一的 Cache 存储器字块，因此，即使 Cache 存储器别的地址空着也不能占用。这使得 Cache 存储空间得不到充分利用，并降低了命中率。

【例 5.8】 设有一个 Cache 容量为 4K 字，每个块为 32 字，主存的容量为 256K 字，试问：

（1）该 Cache 分为多少块？主存可分为多少块？

（2）在直接映像方式下，主存的第 i 块映像到 Cache 中的哪一块？

（3）进行直接地址映像时，Cache 地址有多少位？Cache 的地址分为哪几段？各段分别为几位？

（4）进行直接地址映像时，主存地址有多少位？分为哪几段？各段分别为几位？

解：（1）Cache 中有 $4K/32＝1024×4/32＝128$ 块；主存可分为 $256K/32＝8192$ 块。

（2）$j＝i \bmod 128$。

（3）因为 Cache 的容量为 4K 字 $＝2^{12}$ 字，所以 Cache 的字地址为 12 位。分成两段：块地址和块内地址。因为每个块为 32 字 $＝2^5$ 字，所以块内地址是 5 位字地址；Cache 中有 128 块 $＝2^7$ 块，块地址为 7 位。

（4）因为主存的容量为 256K 字 $＝2^{18}$ 字，所以主存的地址为 18 位。分成 3 段：主存字块标记、块地址和块内地址。主存字块标记的长度为主存地址长度减去 Cache 地址长度之差，即 $18－12＝6$ 位。因为主存的块地址和块内地址与 Cache 的相同，所以块内地址是 5 位，块地址为 7 位。

【例 5.9】 设一个直接相联映像的 Cache 中有 8 个块，访问主存进行读的块地址顺序为十进制数 22、26、22、26、16、4、16、18，求每次访问后 Cache 中的内容。

解：因为主存的访问的是块地址，最大的块地址号为 26，所以可以用 5 位二进制数表示主存的块地址。Cache 中有 8 个块，需要 3 位块地址，因此以主存的低 3 位地址作为 Cache 的块号，高 2 位地址作为主存字块标记位识别 Cache 命中情况。访问主存进行读的块地址顺序为十进制数 22、26、22、26、16、4、16、18 时，所对应的二进制块地址为 10110、11010、10110、11010、10000、00100、10000、10010，对应的主存字块标记为 10、11、10、11、10、00、10、10，用来作为标志位识别 Cache 命中情况。以主存的低 3 位地址作为 Cache 的块地址，对应的 Cache 块地址为：110、010、110、010、000、100、000、010。每次访存后，Cache 中的块调入、命中、替换情况见表 5.6。在第 8 次读主存块地址 18 时，它的字块标记为 10，调入 Cache 中的块地址为 010，而在 Cache 的该地址中已经装入地址为 26 的块，这样就发生了块冲突，块号 18 替换了块号 26。

表 5.6 　　　　　　　　　　　　　直接映像的块分配情况

访问顺序	1	2	3	4	5	6	7	8
主存块地址	22	26	22	26	16	4	16	18
Cache 000 块					16	16	16	16
Cache 001 块								
Cache 010 块		26	26	26	26	26	26	18
Cache 011 块								
Cache 100 块						4	4	4
Cache 101 块								
Cache 110 块	22	22	22	22	22	22	22	22
Cache 111 块								
操作状态	调入	调入	命中	命中	调入	调入	命中	替换

2. 全相联映像

每个主存块可以映像到任何 Cache 块的地址映像方式称为全相联映像方式（Fully Associative Mapping），全相联映像是最灵活但成本最高的一种方式。它允许主存中的每一个字块映像到 Cache 存储器的任何一个字块位置上，也允许从已被占满的 Cache 存储器中替换出任何一个旧字块。如果 Cache 中能容纳程序所需的指令和数据，则可达到很高的命中率。这是一个理想的方案。但实际上由于它的成本太高而没有采用。

全相联地址映像方式如图 5.38 所示，主存地址分为两段：主存字段标记 $m=t+c$ 位、块内地址 b 位；Cache 地址也分为两段：块地址 c 位、块内地址 b 位。主存块内地址与 Cache 地址块内地址相同，Cache 的标记位数从 t 位增加到 $t+c$ 位（与直接映像相比），使 Cache 标记容量加大，主要问题是当 CPU 送来主存地址和读命令后，需要根据主存字段标记和 Cache 的全部标记进行"比较"，才能判断出所访问主存地址的内容是否已在 Cache 中。如果比较结果相等，表示 Cache 命中，取出 Cache 的块地址以对 Cache 进行访

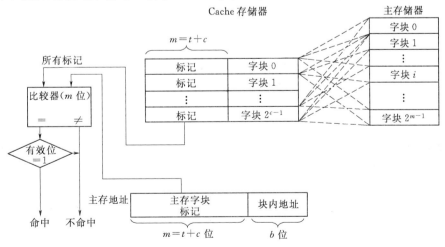

图 5.38　全相联地址映像方式

问；比较结果不相等，表示 Cache 不命中，再对主存进行访问并在主存中的块调入 Cache 中的同时，将主存的标记和 Cache 的块号写入 Cache 标记中，以改变地址映像关系。在 Cache 块全部装满后，新的数据块调入时，还需要考虑将 Cache 中的哪一个数据块替换掉，才会出现块冲突。

全相联映像方式的优点是可以灵活地进行块的分配，块的冲突率低，Cache 的利用率高。由于 Cache 速度要求高，所以全部"比较"操作都要用硬件实现，所需逻辑电路比较多，实现起来比较麻烦，以致无法用于 Cache 中。实际的 Cache 多是采取各种措施来减少所需比较的地址数目。

【例 5.10】 设一个全相联映像的 Cache 中有 8 个块，访问主存进行读的块地址顺序为十进制数 22、26、22、26、16、4、6、18、14、17、25，求每次访问后 Cache 中的内容。

解： 在全相联映像方式的 Cache 中，从主存中调入的块可放在 Cache 的任一块中。当访问主存进行读的块地址顺序为十进制数 22、26、22、26、16、4、6、18、14、17、25 时，每次访存后，Cache 中的块调入、命中、替换情况见表 5.7。当访问主存进行读的块地址为 25 时，Cache 中的块已经装满，这时就要用替换算法换掉 Cache 中的某一块，在此用先进先出替换算法替换掉 Cache 的 000 块中的块 22。

表 5.7 全相联映像的块分配情况

访问顺序	1	2	3	4	5	6	7	8	9	10	11
主存块地址	22	26	22	26	16	4	6	18	14	17	25
000 块	22	22	22	22	22	22	22	22	22	22	25
001 块		26	26	26	26	26	26	26	26	26	26
010 块					16	16	16	16	16	16	16
011 块						4	4	4	4	4	4
100 块							6	6	6	6	6
101 块								18	18	18	18
110 块									14	14	14
111 块										17	17
操作状态	调入	调入	命中	命中	调入	调入	调入	调入	调入	调入	替换

3. 组相联映像

组相联映像方式是直接映像和全相联映像方式的一种折中方案。

组相联映像地址格式如图 5.39 所示。组相联映像把主存地址划分成 4 段：高字段是区号 t 位，然后是组号 c' 位，第 3 段是组中的块地址 r 位；最后 1 段为块内地址 b 位，高字段 t 位和组中的块地址 r 位形成主存字块标记字段。Cache 地址分为 3 段：第 1 段是组号 c' 位，第 2 段是组中的块地址 r 位，最后 1 段为块内地址 b 位。组相联映像方式如图 5.40 所示。组相联映像把 Cache 字块分为 $2^{c'}$ 组，每组包含 f 个字块，于是有 Cache 的地址位数 $c=c'+r+b$，Cache 的容量为 $2^{c'+r+b}$。在组相连映像方式下，主存的容量也按 Cache 容量成 t 个区，每个区又分成 $2^{c'}$ 个组，每个组内也包含 2^r 个字块。主存中存储块的数据可以调入 Cache 中相同组号内的任一块中，而主存中一个组的地址空间只能映像到 Cache 中相同组中。也就是说，主存字块 $Mm(i)$（$0 \leqslant i \leqslant 2^m - 1$）可以用下列映像函数映像到 Cache 字块 $Mc(j)$（$0 \leqslant j \leqslant 2^{c'} - 1$）。

$$j = (i \bmod 2^{c'}) \times 2^r + k \quad 0 \leqslant k \leqslant 2^r - 1$$

k 为位于上列范围内的可选参数（整数）。按这种映像方式，组间为直接映像，而组内的字块为全相联映像方式。

主存地址格式：

t	c'	r	b
区号	组号	组内块号	块内地址

Cache 地址格式：

c	r	b
组号	组内块号	块内地址

图 5.39 主存地址格式和 Cache 地址格式

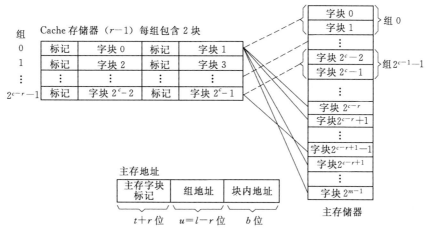

图 5.40 组相联映像地址变换

Cache 地址中的块内地址部分直接取自主存的块内地址，组号也直接取自主存的组号，Cache 组内的块号部分是通过查块表得到的。在访问存储器时，根据主存地址中的区号和组内块号在块表中的该组对应的若干项进行查找，看是否有相同的主存区号和组内块号。如果有相同的，则表示 Cache 命中，将对应的 Cache 组内块号取出以对 Cache 进行访问；如果没有相同的，则表示 Cache 不命中，再对主存进行访问，并在主存中的块调入 Cache 中的同时，将主存的区号和组内块号和 Cache 组内块号写入块表中，以改变地址映像关系。

在实际 Cache 中，用得最多的是直接映像（$r=0$），两路组相联映像（$r=1$）和 4 路组相联映像（$r=2$）。

如 $r=2$，计算得 $0 < k < 3$，所以主存某一字块可映像到 Cache 某组 4 个字块的任意一

个字块中，这就大大地增加了映像的灵活性，提高了命中率。

组相联映像方式的性能与复杂性介于直接映像与全相联映像两种方式之间。组相联映像的主要优点是块的冲突概率比较低，利用率大幅度提高。组相联映像的主要缺点是实现难度和造价比直接相联映像要高。

Cache 的命中率除了与地址映像的方式有关外，还与 Cache 的容量有关。Cache 容量大，命中率高，但达到一定容量后，命中率的提高就不明显了。

5.5.3　替换算法

当新的主存字块需要调入 Cache 存储器而它的可用位置又被占满时，就产生替换问题。直接映像时，Cache 访问块失效时，则从主存中访问数据并将数据块写入 Cache 中失效的块中，不需要替换算法。只有在全相联映像和组相联映像方式时，主存储器的数据块可以写入 Cache 中的若干位置，就存在选择替换哪一个 Cache 块的问题，这时才使用替换算法，下面介绍两种替换算法：随机替换算法（RAND）和先进先出（FIFO）算法和近期最少使用（LRU）算法。

随机替换算法（RAND）是在组内随机选择一块来替换。没有根据访存局部性原理，不能提高系统的命中率。

FIFO 算法总是把一组中最先调入 Cache 存储器的字块替换出去，它不需要随时记录每个字块的使用情况，所以实现容易，开销小。FIFO 算法没有根据访存局部性原理，因为最早调入的存储块可能是经常要用到的或随后还要用到的信息。

LRU 算法较能反映访存局部性原理，把一组中近期最少使用的字块替换出去。它需要记录 Cache 中每个字块的情况，从而确定哪个字块是近期最少使用的。LRU 算法的命中率要比 FIFO 算法和随机替换算法（RAND）高。

Cache 存储单元在替换时，应避免出现颠簸现象，即 Cache 的命中率有时很高有时又很低的现象。例如，在一个具有 4 个块的全相联映像的 Cache 中，如果程序运行的信息集中在 4 个块中，并且这 4 个块被调入 Cache 中，当程序循环运行时，就可使得 Cache 全部命中；而当程序循环的轮流访问 5 个块，采用先进先出替换方式下，每次替换操作调出去的块恰好是下一次访问要使用的，使得 Cache 全部失效，这种情况最好采用近期最少使用替换算法提高命中率。

习　　题

1. 在微机系统中用高位地址线产生存储器片选（CS）的方法有 _____、_____、_____。

2. 某机器中有 8KB 的 ROM，其末地址为 0FFFFFH，则其首地址为 _____。

3. DRAM 靠 _____ 存储信息，所以需要定期 _____。

4. 掉电后信息丢失的存储器是 _____，掉电后信息不丢失的存储器是 _____。

5. 半导体存储器分为 _____、_____ 两大类。前者的特点是 _____，后者的特点是 _____。

6. 从内存地址 40000H 到 0BBFFFH，共_____ KB。

7. 用 512K×4 的 RAM 芯片组成 12K×8 的芯片组，需片内地址线_____条，片组选择线至少_____条。

8. 某容量为 8KB 的存储器，首地址为 2000H，其尾地址为_____。

9. 一个具有 16 位地址线和 8 位字长的存储器，该存储器的容量是_____ KB；如果该存储器由 1K×1 位的静态存储器芯片构成，需要_____片芯片。

10. Cache 是一种位于_____和_____之间规模较_____，但存取速度很快的一种_____。

11. Cache 内保存的是_____最近时间常用的信息，而不是在主存中驻留的信息。

12. 在 Cache 的地址映射中，若主存中的任意一块均可以映像到 Cache 内的任一块中，则这种映像方式称为_____。

13. 选择存储器时，应该从哪几个方面进行考虑？

14. 静态 RAM 是如何工作的？有什么特点？

15. DRAM 为什么要刷新？

16. 反映存储器工作速度的主要技术指标有哪些？提高存储器工作速度的技术有哪些？

17. Cache 中采用哪些地址映像与变换技术？

18. Cache 中采用哪些块替换算法？目前常用的算法是什么？

19. 设有 32 片 256K×1 位的 SRAM 芯片。

（1）只采用位扩展方法可构成多大容量的存储器？

（2）如果采用 32 位的字编址方式，该存储器需要多少地址线？

20. 设有若干片 4K×1 位的 SRAM 芯片，设计一个总容量为 64K 的 16 位存储器。

（1）需要多少片 4K×1 位的 SRAM 芯片？

（2）画出该存储器与 CPU 连接的结构图，设 CPU 的接口信号有地址信号、数据信号、控制信号 MREQ、R/W 和片选信号 CS。

21. 设有若干片 256KB 的 SRAM 芯片，构成 2048kB 存储器。

（1）需要多少片 256KB SRAM 芯片？

（2）构成 2048KB 存储器需要多少地址线？

（3）画出该存储器与 CPU 连接的结构图，设 CPU 的接口信号有地址信号、数据信号、控制信号 MREQ、R/W 和片选信号 CS。

22. 用 4M×8 位的存储芯片构成一个 64M×16 位的主存储器。画出该存储器与 CPU 连接的结构图，设 CPU 的接口信号有地址信号、数据信号、控制信号 MREQ、R/W 和片选信号 CS。

（1）计算需要多少个 4M×8 位存储器芯片。

（2）存储器芯片的片内地址长度是多少位？

（3）在图中标明主存储器地址线和数据线各需要多少位？

（4）画出用存储器芯片构成主存储器的完整逻辑示意图。

23. 由一个具有 8 个存储体的低位多体交叉存储体中，如果处理器的访存地址为以下八进制值。求该存储器比单体存储器的平均访问速度提高多少？（忽略初启时的延长）

(1) 1001_8，1002_8，1003_8，$\cdots$，1100_8

(2) 1002_8，1004_8，1006_8，$\cdots$，1200_8

(3) 1003_8，1006_8，1011_8，$\cdots$，1300_8

24. 某计算机有一个指令和数据合一的 Cache，已知 Cache 的读/写时间为 10ns，主存的读/写时间为 100ns，取指的命中率为 98%，数据的命中率为 95%，在执行程序时，约有 20% 的指令需要存/取一个操作数，为简化起见，假设指令流水线在任何时候都不阻塞。问设置 Cache 后，与无 Cache 比较，计算机的运行速度可提高多少倍？

25. 一个直接映像 Cache 的块长为 4 个 16 位字，容量为 4096 个字，主存容量为 64K 字，Cache 中有多少个块？其地址怎样划分？主存中有多少个块？主存地址又怎样划分？

第6章 中 断 系 统

6.1 概　　述

通常，处理器的运算速度相当快，外部设备的运算速度相对较慢，快速的 CPU 与慢速的外部设备在传输数据的速率上存在矛盾。为了提高输入/输出数据的吞吐率，加快运算速度，便产生了中断技术。

中断是 CPU 在执行当前程序的过程中，当出现某些异常事件或某种外部请求时，使得 CPU 暂时停止正在执行的程序（即中断），转去执行外围设备服务的程序。当外围设备服务的程序执行完后，CPU 再返回暂时停止正在执行的程序处（即断点），继续执行原来的程序。这种中断就是人们通常所说的外部中断；但是随着计算机体系结构不断的更新换代和应用技术的日益提高，中断技术发展的速度也是非常迅速的，中断的概念也随之延伸，中断的应用范围也随之扩大。除了传统的外围部件引起的硬件中断外，又出现了内部的软件中断概念。

在 Pentium 中则更进一步丰富了软件中断的种类，延伸了中断的内涵。它把许多在执行指令过程中产生的错误也归并到了中断处理的范畴，并将它们和通常意义上的内部软件中断一起统称其为异常，而将传统的外部中断简称为中断。由此可见，中断和异常对于 Pentium 微处理机来说是有区别的，其主要差别在于：中断用来处理 CPU 以外的异常事件，而异常则是用来处理在执行指令期间，由 CPU 本身对检测出来的某些异常事情做出的响应。当再次执行产生异常的程序或数据时，这种异常总是可以再次出现。而由外围部件引起的硬件中断，一般说来与当前的执行程序无关；但是，当中断和异常在使微处理机暂时停止执行当前的程序，去执行更高优先级别的程序时，却是一样的。

外部中断和内部软件中断就构成了一个完整的中断系统。发出中断请求的来源非常多，不管是由外部事件而引起的外部中断，还是由软件执行过程而引发的内部软件中断，凡是能够提出中断请求的设备或异常故障，均被称为中断源。

6.1.1 中断源

引起中断的原因或发出中断请求的来源，称为中断源。中断源有以下几种：

（1）外设中断源。一般有键盘、打印机、磁盘、磁带等，工作中要求 CPU 为它服务时，会向 CPU 发送中断请求。

（2）故障中断源。当系统出现某些故障时（如存储器出错、运算溢出等），相关部件会向 CPU 发出中断请求，以便使 CPU 转去执行故障处理程序来解决故障。

（3）软件中断源。在程序中向 CPU 发出中断指令（8086 为 INT 指令），可迫使 CPU 转去执行某个特定的中断服务程序，而中断服务程序执行完后，CPU 又回到原程序中继续执行 INT 指令后面的指令。

（4）为调试而设置的中断源。系统提供的单步中断和断点中断，可以使被调试程序在执行一条指令或执行到某个特定位置处时，自动产生中断，从而便于程序员检查中间结果，寻找错误所在。

6.1.2　中断类型

根据中断源是来自 CPU 内部还是外部，通常将所有中断源分为两类：外部中断源和内部中断源，对应的中断称为外部中断或内部中断。

1. 外部中断源和外部中断

外部中断源即硬件中断源，来自 CPU 外部。8086 CPU 提供了两个引脚来接收外部中断源的中断请求信号：可屏蔽中断请求引脚和不可屏蔽中断请求引脚。

通过可屏蔽中断请求引脚输入的中断请求信号称作可屏蔽中断请求，对这种中断请求 CPU 可响应，也可不响应，具体取决于标志寄存器中 IF 标志位的状态。通过不可屏蔽中断请求引脚输入的中断请求信号称作不可屏蔽中断请求，这种中断请求 CPU 必须响应。

2. 内部中断源和内部中断

内部中断源是来自 CPU 内部的中断事件，这些事件都是特定事件，一旦发生，CPU 即调用预定的中断服务程序去处理。内部中断主要有以下几种情况：

（1）除法错误。当执行除法指令时，如果除数为 0 或商数超过了最大值，CPU 会自动产生类型为 0 的除法错误中断。

（2）软件中断。执行软件中断指令时，会产生软件中断。8086 系统中，设置了 3 条中断指令，分别是：

1）中断指令 INT n：用户可以用 INT n 指令来产生一个类型为 n 的中断，以便让 CPU 执行 n 号中断的中断服务程序。

2）断点中断 INT 3：执行断点指令 INT 3，将引起类型为 3 的断点中断，这是调试程序专用的中断。

3）溢出中断 INTO：如果标志寄存器中溢出标志位 OF 为 1，在执行了 INTO 指令后，产生类型为 4 的溢出中断。

（3）单步中断。当标志寄存器的标志位 TF 置 1 时，8086 CPU 处于单步工作方式。CPU 每执行完一条指令，自动产生类型为 1 的单步中断，直到将 TF 置 0 为止。

单步中断和断点中断一般仅在调试程序时使用。调试程序通过为系统提供这两种中断的中断服务程序的方式，在发生断点或单步中断后获得 CPU 控制权，从而可以检查被调试程序（中断前 CPU 运行的程序）的状态。

为了解决多个中断同时申请时响应的先后顺序问题，系统将所有的中断划分为四级，以 0 级为最高，依次降低，各级情况如下：

（1）0 级——除单步中断以外的所有内部中断。

（2）1 级——不可屏蔽中断。

（3）2 级——可屏蔽中断。

（4）3 级——单步中断。

不同级别的中断同时申请时，CPU 根据级别高低依次决定响应顺序。

6.1.3　中断优先权

在实际系统中，常常遇到多个中断源同时请求中断的情况，这时 CPU 必须确定首先为哪一个中断源服务，以及服务的次序。解决的方法是用中断优先排队的处理方法。即根据中断源要求的轻重缓急，排好中断处理的优先次序，即优先级（Priority），又称优先权。先响应优先级最高的中断请求。有的微处理器有两条或更多的中断请求线，而且已经安排好中断的优先级，但有的微处理器只有一条中断请求线。凡是遇到中断源的数目多于 CPU 的中断请求线的情况时，就需要采取适当的方法来解决中断优先级的问题。

另外，当 CPU 正在处理中断时，也要能响应优先级更高的中断请求，而屏蔽掉同级或较低级的中断请求即所谓多重中断的问题。

通常，解决中断的优先级的方法有以下几种：

（1）软件查询确定中断优先级。

（2）硬件查询确定优先级。

（3）中断优先级编码电路。

6.1.4　中断管理

当 CPU 执行优先级较低的中断服务程序时，允许响应优先级比它高的中断源请求中断，而挂起正在处理的中断，这就是中断嵌套或称多重中断。此时，CPU 将暂时中断正在进行着的级别较低的中断服务程序，优先为级别高的中断服务，待优先级高的中断服务结束后，再返回到刚才被中断的较低优先级的那一级，继续为它进行中断服务。

多重中断流程的编排与单级中断的区别有以下几点：

（1）加入屏蔽本级和较低级中断请求的环节。这是为了防止在进行中断处理时，不致受到来自本级和较低级中断的干扰，并允许优先级比它高的中断源进行中断。

（2）在进行中断服务之前，要开中断。因为如果中断仍然处于禁止状态，则将阻碍较高级中断的中断请求和响应，所以必须在保护现场、屏蔽本级及较低级中断完成之后，开中断，以便允许进行中断嵌套。

（3）中断服务程序结束之后，为了使恢复现场过程不致受到任何中断请求的干扰，必须安排并执行关中断指令，将中断关闭，才能恢复现场。

（4）恢复现场后，应该安排并执行开中断指令，重新开中断，以便允许任何其他等待着的中断请求有可能被 CPU 响应。应当指出，只有在执行了紧跟在开中断指令后面的一条指令以后，CPU 才重新开中断。一般紧跟在开中断指令后的是返回指令 RET，它将把原来被中断的服务程序的断点地址弹回 IP 及 CS，然后 CPU 才能开中断，响应新的中断请求。

多个中断源、单一中断请求线的中断处理过程的流程图如图 6.1 所示。

6.1.5　中断处理过程

虽然不同类型的计算机系统中中断系统有所不同，但实现中断的过程是相同的。中断的处理过程一般有以下几步：中断请求、中断响应、中断处理、中断返回。

1. 中断请求

中断处理的第一步是中断源发出中断请求，这一过程随中断源类型的不同而有不同的特点，具体如下：

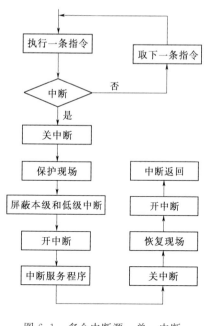

图 6.1 多个中断源、单一中断
请求线的流程图

（1）外部中断源的中断请求。当外部设备要求 CPU 为它服务时，需要发一个中断请求信号给 CPU 进行中断请求。

8086 CPU 有两根外部中断请求引脚 INTR 和 NMI 供外设向其发送中断请求信号用，这两根引脚的区别在于 CPU 响应中断的条件不同。

CPU 在执行完每条指令后，都要检测中断请求输入引脚，看是否有外设的中断请求信号。根据优先级，CPU 先检查 NMI 引脚再检查 INTR 引脚。

INTR 引脚上的中断请求称为可屏蔽中断请求，CPU 是否响应这种请求取决于标志寄存器的 IF 标志位的值。IF＝1 为允许中断，CPU 可以响应 IN-TR 上的中断请求；IF＝0 为禁止中断，CPU 将不理会 INTR 上的中断请求。

由于外部中断源有很多，而 CPU 的可屏蔽中断请求引脚只有一根，这又产生了如何使得多个中断源合理共用一根中断请求引脚的问题。解决这个问题的方法是引入 8259A 中断控制器，由它先对多路外部中断请求进行排队，根据预先设定的优先级决定在有中断请求冲突时，允许哪一个中断源向 CPU 发送中断请求。

NMI 引脚上的中断请求称为不可屏蔽中断请求（或非屏蔽中断请求），这种中断请求 CPU 必须响应，它不能被 IF 标志位所禁止。不可屏蔽中断请求通常用于处理应急事件。在 PC 系列机中，RAM 奇偶校验错、I/O 通道校验错和协处理器 8087 运算错等都能够产生不可屏蔽中断请求。

（2）内部中断源的中断请求。CPU 的中断源除了外部硬件中断源外，还有内部中断源。内部中断请求不需要使用 CPU 的引脚，它由 CPU 在下列两种情况下自动触发：①在系统运行程序时，内部某些特殊事件发生（如除数为 0，运算溢出或单步跟踪及断点设置等）；②CPU 执行了软件中断指令 INT n。所有的内部中断都是不可屏蔽的，即 CPU 总是响应（不受 IF 限制）。

8086 的中断系统结构如图 6.2 所示。

2. 中断响应

CPU 接受了中断源的中断请求后，便进入了中断处理的第 2

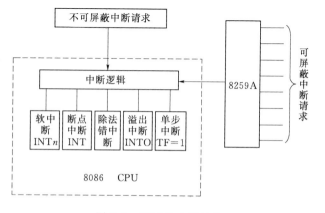

图 6.2 8086 的中断结构

步：中断响应。这一过程也随中断源类型的不同而出现不同的特点，具体如下：

（1）可屏蔽外部中断请求的中断响应。可屏蔽外部中断请求中断响应的特点是：①由于外设（实际上是中断控制器8259A，本处为求简单，统称为外设）不知道自己的中断请求能否被响应，所以CPU必须发信号（用INTA引脚）通知其中断请求已被响应；②由于多个外设共用一根可屏蔽中断请求引脚，CPU必须从中断控制器处取得中断请求外设的标识——中断类型号。

当CPU检测到外设有中断请求（即INTR为高电平）时，CPU又处于允许中断状态，则CPU就进入中断响应周期。在中断响应周期中，CPU自动完成如下操作：

1）连续发出两个中断响应信号INTA，完成一个中断响应周期。

2）关中断，即将IF标志位置0，以避免在中断过程中或进入中断服务程序后，再次被其他可屏蔽中断源中断。

3）保护处理机的现行状态，即保护现场。包括将断点地址（即下条要取出指令的段基址和偏移量，在CS和IP内）及标志寄存器FLAGS内容压入堆栈。

4）在中断响应周期的第2个总线周期中，中断控制器已将发出中断请求外设的中断类型号送到了系统数据总线上，CPU读取此中断类型号，并根据此中断类型号查找中断矢量表，找到中断服务程序的入口地址，将入口地址中的段基址及偏移量分别装入CS及IP，一旦装入完毕，中断服务程序就开始执行。

（2）不可屏蔽外部中断请求的中断响应。NMI上中断请求的响应过程要简单一些。只要NMI上有中断请求信号（由低向高的正跳变，两个以上时钟周期），CPU就会自动产生类型号为2的中断，并准备转入相应的中断服务程序。与可屏蔽中断请求的响应过程相比，它省略了第1步及第4步中的从数据线上读中断类型号，其余步骤相同。

NMI上中断请求的优先级比INTR上中断请求的优先级高，故这两个引脚上同时有中断请求时，CPU先响应NMI上的中断请求。

（3）内部中断的中断响应。内部中断是由CPU内部特定事件或程序中使用INT指令触发，若由事件触发，则中断类型号是固定的；若由INT指令触发，则INT指令后的参数即为中断类型号。故中断发生时CPU已得到中断类型号，从而准备转入相应中断服务程序中去。除不用检测NMI引脚外，其余与不可屏蔽外部中断请求的中断响应相同。

3. 中断处理

中断处理的过程就是CPU运行中断服务程序的过程，这一步骤对所有中断源都一样。所谓中断服务程序，就是为实现中断源所期望达到的功能而编写的处理程序。中断服务程序一般由4部分组成：保护现场、中断服务、恢复现场、中断返回。所谓保护现场，是因为有些寄存器可能在主程序被打断时存放有用的内容，为了保证返回后不破坏主程序在断点处的状态，应将有关寄存器的内容压入堆栈保存。中断服务部分是整个中断服务程序的核心，其代码完成与外设的数据交换。恢复现场是指中断服务程序完成后，把原先压入堆栈的寄存器内容再弹回到CPU相应的寄存器中。有了保护现场和恢复现场的操作，就可保证在返回断点后，正确无误地继续执行原先被打断的程序。中断服务程序的最后部分是一条中断返回指令IRET。

4. 中断返回

在中断服务程序的最后，应安排一条中断返回指令 IRET。该指令完成如下功能：

（1）从栈顶弹出一个字——IP。

（2）再从栈顶弹出一个字——CS。

（3）再从栈顶弹出一个字——FLAGS。

IRET 指令执行完后，CS、IP 恢复为原中断前的值，CPU 从断点处继续执行原程序。从上述过程可以看出，各类中断源的中断过程基本相同，以可屏蔽中断的过程最为复杂，可屏蔽中断的响应和处理过程，如图 6.3 所示。

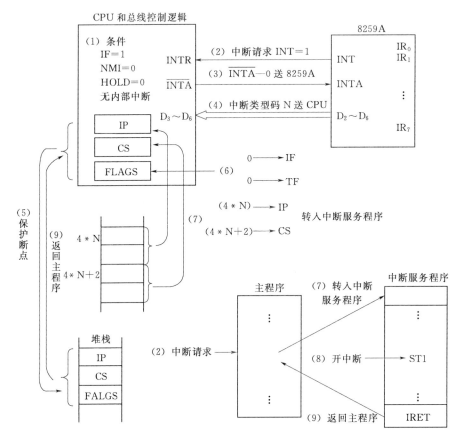

图 6.3　可屏蔽中断的响应和处理过程

说明：

（1）CPU 要响应可屏蔽中断请求，必须满足：中断允许标志位置 1（IF＝1），没有内部中断，没有不可屏蔽中断请求（NMI＝0），没有总线请求（HOLD＝0）。

（2）外设通过中断控制器 8259A 向 CPU 发出中断请求。

（3）CPU 执行完当前指令后，向 8259A 发出中断响应信号（INTA＝0），表明 CPU 即将响应该可屏蔽中断请求。

（4）CPU 再发第 2 个 INTA 负脉冲，8259A 在第 2 个 INTA 负脉冲期间，通过数据总线将中断类型码送 CPU。

（5）断点保护，将标志寄存器、CS、IP 内容依次压入堆栈。

（6）清除 IF 及 TF 标志位（即置 IF＝0，TF＝0），在中断响应期间，默认禁止再响应可屏蔽中断或单步中断。

（7）根据中断类型号 n，从中断矢量表中获得相应中断服务程序的入口地址（段内偏移地址和段基址），并将其分别置入 IP 及 CS 中。其后 CPU 转入中断服务程序执行。

（8）中断服务程序一般包括保护现场、中断服务、恢复现场等部分。为了能够处理更高级中断，还可在中断服务程序中用 STI 指令开中断。

（9）中断服务程序执行完毕，最后执行一条中断返回指令 IRET，将中断前压入堆栈保存的标志寄存器内容及断点地址恢复到 FLAGS、CS、IP 中，CPU 即从断点处恢复执行原程序。

6.1.6　中断服务子程序的结构模式

CPU 在响应中断时，要执行该中断源对应的中断服务程序，那么 CPU 如何知道这段程序在哪儿呢？答案是 CPU 通过查找中断矢量表来得知。中断服务程序的地址叫做中断矢量，将全部中断矢量集中在一张表中，即中断矢量表。中断矢量表的位置固定在内存的最低 1K 字节中，即 00000H～003FFH 处。这张表中存放着所有中断服务程序的入口地址，而且根据中断类型号从小到大依次排列，每一个中断服务程序的入口地址在表中占 4 字节：前两个字节为偏移量，后两个字节为段基址。因系统中共有 256 个中断源，而每个中断服务程序入口地址又占 4 字节，故中断矢量表共占 256×4＝1K 个字节，如图 6.4 所示。那么，在系统中，实际上由谁来提供中断服务程序，并填写中断矢量表中的内容呢？

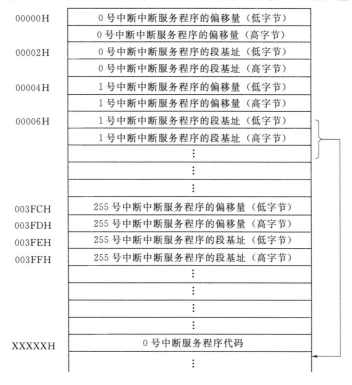

图 6.4　中断矢量表结构

主要是 ROM BIOS 和 DOS。它们填写了中断矢量表的大部分项目并提供了相应的中断服务程序。此外，主板上的各种硬件插卡（如果它们向系统提供中断服务）及在 DOS 下运行的以中断方式工作的内存驻留程序（如鼠标驱动程序、后台打印程序等）也会填写部分中断矢量表项目并提供相应的中断服务程序。最后，还有部分中断矢量表项无人填写，也无人提供对应的中断服务程序，这部分中断是保留给用户用的。

6.2 可编程中断控制器 8259A

由于 8086 CPU 可屏蔽中断请求引脚只有一条，而外部硬件中断源有多个，为了使多个外部中断源能共享这一条中断请求引脚，必须解决如下几个问题：

（1）解决多个外部中断请求信号与 INTR 引脚的连接问题。

（2）CPU 如何识别是哪一个中断源发送的中断请求问题。

（3）由于一次只能有一个外设发送中断请求，当多个中断源同时申请中断时，如何确定请求发送顺序问题。中断控制器 8259A 就是为这个目的而设计的，它一端与多个外设的中断请求信号相连接，一端与 CPU 的 INTR 引脚相连接，所有外设的可屏蔽中断请求都受其管理，通过编程可设置各中断源的优先级、中断矢量码等信息。

8259A 能与 8080/8085、8086/8088 等多种微处理器芯片组成中断控制系统。它有 8 个外部中断请求输入引脚，可直接管理 8 级中断。若系统中中断源多于 8 个，8259A 还可以实行两级级联工作，最多可用 9 片 8259A 级联管理 64 级中断。

6.2.1 8259A 芯片内部结构

8259A 的功能比较多，控制字也比较复杂，这给初学者学习带来了一定的难度，为彻底掌握 8259A 的一些编程概念，有必要先对 8259A 的内部结构及其工作原理进行了解。8259A 内部结构如图 6.5 所示，由 8 个部分组成。

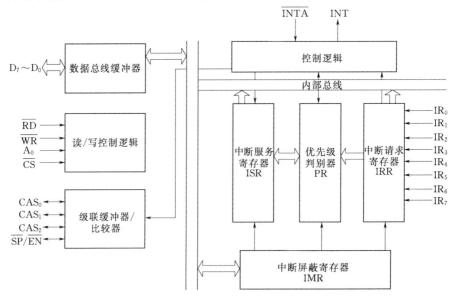

图 6.5 8259A 内部结构

（1）数据总线缓冲器。这是一个 8 位双向三态缓冲器，是 8259A 与系统数据总线的接口。8259A 通过数据总线缓冲器接收微处理器发来的各种命令控制字、有关寄存器状态的读取，8259A 也通过数据总线缓冲器向微处理器送出中断类型码等。

（2）读/写控制逻辑。该部件接收来自 CPU 的读/写命令，配合片选信号 CS、读信号 RD、写信号 i 和地址线 A。共同实现控制，完成规定的操作。

（3）级联缓冲器/比较器。8259A 既可工作于单片方式，也可工作于多片级联方式。这个部件在级联方式下用于标识主从设备，在缓冲方式下控制收发器的数据传送方向。

（4）中断请求寄存器 IRR。该寄存器是一个 8 位寄存器，用来锁存外部设备送来的 $IR_0 \sim IR_7$ 中断请求信号。每位对应着 8259A 的 8 个外部中断请求输入端 $IR_0 \sim IR_7$ 中的一位，当 $IR_0 \sim IR_7$ 中某引脚上有中断请求信号时，IRR 对应位置 "1"，当该中断请求被响应时，该位复位。

（5）中断屏蔽寄存器 IMR。该寄存器是一个 8 位寄存器，用于设置中断请求的屏蔽信号。每位对应着 8259A 的 8 个外部中断请求输入端 $IR_7 \sim IR_0$ 中的一位。如果用软件将 IMR 的某位置 "1"，则其对应引脚上的中断请求将被 8259A 屏蔽，即使对应 IR_i 引脚上有中断请求信号输入也不会在 8259A 上产生中断请求输出；反之，若屏蔽位置 "0"，则不屏蔽，即产生中断请求。各个屏蔽位是相互独立的，某位被置 1 不会影响其他未被屏蔽引脚的中断请求工作。

（6）中断服务状态寄存器 ISR。该寄存器是一个 8 位寄存器，用于记录当前正在被服务的所有中断级，包括尚未服务完而中途被更高优先级打断的中断级。每位对应着 8259A 的 8 个外部中断请求输入端 $IR_7 \sim IR_0$ 中的一位。若某个引脚上的中断请求被响应，则 ISR 中对应位被置 1，以示这一中断源正在被服务。这一位何时被置 0 取决于中断结束方式，见后述。例如，若 IRR 的 IR_2 获得中断请求允许，则 ISR 中的 D_2 位置位，表明 IR_2 正处于被服务之中。ISR 的置位也允许嵌套，即如果已有 ISR 的某位置位，但 IRR 中又送来优先级更高的中断请求，经判优后，相应的 ISR 位仍可置位，形成多重中断。

（7）优先权分析器 PR。优先权分析器用于识别和管理各中断请求信号的优先级别。当在 IR 输入端有几个中断请求信号同时出现时，通过 IRR 送到 PR（只有 IRR 中置 1 且 IMR 中对应位置 "0" 的位才能进入 PR）。PR 检查中断服务寄存器 ISR 的状态，判别有无优先级更高的中断正在被服务，若无，则将中断请求寄存器 IRR 中优先级最高的中断请求送入中断服务寄存器 ISR，并通过控制逻辑向 CPU 发出中断请求信号 INT，并且将 ISR 中的相应位置 "1"，用来表明该中断正在被服务；若中断请求的中断优先级等于或低于正在服务中的中断优先级，则 PR 不提出中断请求，同样不将 ISR 的相应位置位。

（8）控制逻辑。控制逻辑是 8259A 全部功能的控制核心。它包括一组初始化命令字寄存器 $ICW_1 \sim ICW_4$ 和一组操作命令字寄存器 $OCW_1 \sim OCW_4$，以及有关的控制电路。初始化命令字在系统初始化时设定，工作过程中一般保持不变。操作命令字在工作过程中根据需要设定。控制逻辑电路按照编程设定的工作方式管理 8259A 的全部工作。

6.2.2　8259A 中断管理方式

下面以 8259A 单片方式为例，结合 CPU 的动作，说明中断的基本过程，以便更好地理解 8259A 的功能。

（1）当 $IR_7 \sim IR_0$ 中有一个或几个中断源变成高电平时，使相应的 IRR 位置位。

（2）8259A 对 IRR 和 IMR 提供的情况进行分析处理，当请求的中断源未被 IMR 屏蔽时，如果这个中断请求是唯一的，或请求的中断比正在处理的中断优先级高，就从 INT 端输出一个高电平，向 CPU 发出中断请求。

（3）CPU 在每个指令的最后一个时钟周期检查 INT 输入端的状态。当 IF 为"1"且无其他高优先级的中断（如 NMI）时，就响应这个中断，CPU 进入两个中断响应（IN-TA）周期。

（4）在 CPU 第 1 个 INTA 周期中，8259A 接收第 1 个 INTA 信号时，将 ISR 中当前请求中断中优先级最高的相应位置位，而对应的 IRR 位则复位为"0"。

（5）在 CPU 第 2 个 INTA 周期中，8259A 收到第 2 个 INTA 信号时，送出中断类型号。

8259A 具有设置灵活、功能丰富的特点，这主要体现在其众多的工作方式上，下面逐一介绍这些方式。

1. 中断优先级的设置方式

8259A 对中断进行管理的核心是中断优先级的管理，8259A 对中断优先级的设置方式有 4 种。

（1）全嵌套方式。全嵌套方式是最常用的和最基本的一种工作方式。8259A 是初始化后默认的工作方式。在此方式下，外设中断请求的优先级是固定的。IR_0 最高，IR_7 最低，其他依次类推。

当有一个中断请求 IR_i 被响应时，中断服务寄存器 ISR 中的相应位置"1"，这个"1"将一直保持到 8259A 收到 CPU 发来中断结束命令 EOI 之前，以便作为优先级判别器 PR 的判优依据。

在全嵌套工作方式下，当一个中断被响应后，就会自动屏蔽同级及低级中断请求，但能开放高级中断请求。在极端情况下，依次出现从 $IR_7 \sim IR_0$ 上的中断请求时，最多可实现 8 级嵌套，即 ISR 中内容为 FFH。

（2）特殊全嵌套方式。在这种方式下，当一个中断被响应后，只屏蔽掉低级的中断请求，而允许同级及高级的中断请求。该方式一般用于多片 8259A 级联的系统中，主片采用此方式，而从片采用一般全嵌套方式。

在级联情况下，当从片收到一个比正在被服务的中断源的优先级更高的中断请求时，虽然从片会向主片发出中断请求，但对于主片来说，是属于同一级的中断请求，若按全嵌套方式的原则，则不会接收该中断请求，这样就破坏了允许高级中断打断低级中断的原则。若主片工作在特殊全嵌套方式，则可解决此问题。

在特殊全嵌套方式下，主片 ISR 中的某个置"1"位，可能对应着从片中的几次中断服务，这样，当从片中断源的中断服务程序结束时，不能简单地向主片发 EOI 命令让其清除这个置"1"位，而应先向该从片发一条特殊 EOI 命令，然后读取从片 ISR 的内容，检查其是否全为 0，若全为 0，表示已无低级的中断服务，则可向主片发一条非特殊的 EOI 命令。否则，不向主片发结束命令。

（3）优先级自动循环方式。在这种方式下，某个中断源被服务后，其优先级自动降为最低，它后面的中断源按顺序递升一级。如 IR_3 刚被服务完，则各中断源的优先级次序为：IR_4、IR_5、IR_6、IR_7、IR_0、IR_1、IR_2、IR_3。

这种方式中，刚开始时，优先级仍是固定的，即 IR_0 最高，IR_7 最低。这种方式适合于各个中断源的重要性等同的情况。

（4）优先级特殊循环方式。同优先级自动循环方式，但一开始时的优先级可以设定。如一开始设定 IR_3 最低，则 IR_4 的优先级最高，其他依次类推。

2. 中断结束方式

当一个中断请求被响应后，8259A 便在其内部的中断服务寄存器 ISR 中将对应位置"1"，表示正在对此外设服务。中断优先级判别器 PR 要利用这一位置得知当前中断的优先级，作为判优的依据。当前中断服务程序结束时，要将 ISR 中的这一位置"0"，表示中断已结束，否则会造成后续中断判别的混乱。将 ISR 中对应位置"0"的方法，就叫做中断结束方式，在 8259A 中共有 3 种。

（1）自动结束方式（AEOI 方式）。当一个中断请求被响应后，在收到第 1 个 INTA 信号后，8259A 将 ISR 中的对应位置"1"，在收到第 2 个 INTA 信号后，8259A 将 ISR 中的对应位置"0"。此刻，中断服务程序并没有结束（其实才刚开始运行），而在 8259A 中就认为其已结束。此时若有更低级的中断请求信号，8259A 仍可向 CPU 发送中断请求，从而会造成低级中断打断高级中断的情况。这种方式一般用于单片 8259A 而且不会产生嵌套的情况。

（2）普通结束方式（普通 EOI 方式）。这种方式是在中断服务程序结束前（即 CPU 执行 IRET 指令），用 OUT 指令向 8259A 发一个中断结束命令字，8259A 收到此结束命令后，就会把 ISR 中优先级别最高的置"1"位清 0，表示当前正在处理的中断已结束。

这种中断结束方式比较适合于全嵌套工作方式。

（3）特殊中断结束方式（特殊 EOI 方式）。在优先权循环的情况下，无法根据 ISR 的内容来确定哪一级中断是最后响应和处理的，即不能从 ISR 中"1"的位置确定当前的最高优先级。这样，若 8259A 只收到一个普通 EOI 命令，则只能知道一个中断服务程序已结束，但无法知道该将 ISR 中哪一位置"0"。

所谓特殊 EOI 方式，就是中断服务程序向 8259A 发送一特殊 EOI 命令，该命令中指明将 ISR 中的哪一位置"0"。

普通 EOI 方式和特殊 EOI 方式都属于非自动结束方式。

在级联方式下，一般应采用非自动结束方式。当一个中断服务程序结束时，应发二次结束命令，一次是针对主片的，另一次是针对从片的。

3. 8259A 与系统总线的连接方式

8259A 与系统总线的连接方式有两种：数据缓冲方式和非缓冲方式。

（1）数据缓冲方式。当系统中 8259A 片数较多时，考虑到系统总线带负载能力有限，应在 8259A 的数据总线与系统数据总线间加入双向总线驱动器（如 8286），即数据缓冲方式。在此方式下，8259A 的 $\overline{SP}/\overline{EN}$ 引脚为输出引脚（$\overline{EN}$ 反起作用），用来控制收发器的收发方向。当为低电平时，控制数据收发器将数据从 8259A 传向 CPU；当为高电平时，反之。

（2）非缓冲方式。当系统中 8259A 的数量较少时，可将 8259A 直接与系统总线相连，此为非缓冲方式。在此方式下，8259A 的 $\overline{SP/EN}$ 引脚为输入引脚（SP 起作用），决定 8259A 是主片还是从片，为 1 表示 8259A 为主片，为 0 表示为从片。

6.2.3　8259A 中断响应过程

8259A 的中断响应过程示意图如图 6.6 所示。

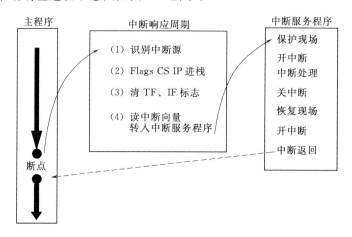

图 6.6　中断响应过程示意图

（1）关中断（CLI 指令）保护断点。这一步为隐操作。

（2）保护现场在中断服务程序中可能要用到某些寄存器，而这些寄存器在主程序被中断打断时存放着有用的信息，为了不破坏主程序在断点处的信息，应将这些要用到的寄存器的内容压栈，这个过程称为现场保护。

（3）开中断（STI 指令）由于 CPU 响应中断时会自动关闭中断，因此为了响应更高级别的中断请求，往往要根据中断系统的实际情况，在中断服务程序的适当位置要开中断。

（4）具体中断处理这时中断服务程序的主体。

（5）关中断为了安全起见，在保护现场和恢复现场时都应关中断。

（6）恢复现场用一系列的出栈指令使保护现场时被保护的那些寄存器的内容还原。

（7）开中断、中断返回（IRET 指令）。

6.2.4　8259A 编程

8259A 的各种功能都要通过编程设置来实现，8259A 提供了 4 个初始化命令字 $ICW_1 \sim ICW_4$ 和 3 个操作命令字 $OCW_1 \sim OCW_3$ 供程序员访问。初始化命令字的特点是：应在一开始初始化 8259A 时使用，只能使用一次，一旦发出就不能改变，且 4 个命令字有固定的写入顺序，一般将其放在主程序的开头。操作命令字用来设置可在程序中动态改变的功能，可多次使用，也没有固定的使用顺序。

8259A 的所有初始化命令字和操作命令字均为一字节，有的需要写入奇地址，有的需要写入偶地址，详见各个字的说明。

PC/XT 中，8259A 所占的端口地址为 20H、21H。

1. 初始化命令字

初始化命令字必须按 $ICW_1 \sim ICW_4$ 的顺序依次写入，但若其中某个（ICW_3 或 ICW_4）不需要，则不用写入，而直接写入下一个命令字。

（1）初始化命令字 ICW_1。

A_0		D_7	D_6	D_5	D_4	D_3	D_2	D_1	D_0
0		×	×	×	1	LTIM	ADI	SNGL	IC_4

ICW_1 必须写入 8259A 的偶地址端口，即 $A_0=0$。

各位的控制功能如下：

D_0：IC_4，用以决定初始化过程中是否需要设置 ICW_4。如 $IC_4=0$，则不要写入 ICW_4；若 $IC_4=1$ 时，则需要写入 ICW_4。对于 8086/8088 系统来说，ICW_4 必须有，所以该位必须为 "1"。

D_1：SNGL，用来设定 8259A 是单片使用还是多片级联使用。如系统中只有一片 8259A，则使 SNGL=1，且在初始化过程中，不用设置命令字 ICW_3。反之，若采用级联方式，则使 SNGL=0，且在命令字 ICW_1、ICW_2 之后必须设置 ICW_3 命令字。

D_2：ADI，在 8080/8085 CPU 方式下工作时，设定中断矢量的地址间隔大小。在 8086/8088 系统中这一位无效。

D_3：LTIM，用来设定中断请求输入信号 IR _ 的触发方式。若 LTIM=0，设定为边沿触发方式，即在 IR _ 输入端检测到由低到高的正跳变时，且正电平保持到第一个 INTA 到来之后，8259A 就认为有中断请求。若 LTIM=1，设定为电平触发方式，只要在 IR _ 输入端上检测到一个高电平，且在第一个 INTA 脉冲到来之后维持高，就认为有中断请求，并使 IRR 相应位置位。电平触发方式下，外设应在 IRR 复位前或 CPU 再允许下一次中断进入之前，撤销这个高电平，否则有可能出现一次高电平引起两次中断的现象。

D_4 标志位，$D_4=1$ 表示当前写入的是 ICW_1 初始化命令字。

$D_5 \sim D_7$：$D_5 \sim D_7$ 是 8080/8085 系统中断向量地址的 $A_5 \sim A_7$ 位。在 8086/8088 系统中，这 3 位不用。

无论何时，当微处理器向 8259A 送入一条 $A_0=0$、$D_4=1$ 的命令时，该命令被译码为 ICW_1，它启动 8259A 的初始化过程，相当于 RESET 信号的作用，自动完成下列操作：清除中断屏蔽寄存器 IMR，设置以 IR_0 为最高优先级、依次递减，以 IR_7 为最低优先级的全嵌套方式，固定中断优先权排序。

【例 6.1】 在 8086 系统中，设置 8259A 为单片使用，上升沿触发，则程序段为：
MOV AL，13H；ICW_1 的内容 OUT 20H，AL；写入偶地址端口

（2）初始化命令字 ICW_2。

A_0		D_7	D_6	D_5	D_4	D_3	D_2	D_1	D_0
1		T_7	T_6	T_5	T_4	T_3	0	0	0

ICW_2 必须写入奇地址端口。

该命令字用以设置 8259A 在第 2 个中断响应周期时提供给 CPU 的中断类型码。在

8086/8088 系统中，中断类型码为 8 位，其前 5 位由 ICW_2 的高 5 位 $T_3 \sim T_7$ 决定，后 3 位由 8259A 自动确定，对于 $IR_0 \sim IR_7$ 上的中断请求，最低 3 位依次为 000～111。

【例 6.2】 PC 机中要将 $IR_0 \sim IR_7$ 上的中断请求类型码设置为 $A_0 \sim A_7 H$。

分析：将 ICW2 高 5 位设置为 10100 即可，对应程序段为：

MOV AL，0A0H；ICW_2 的内容 OUT 21H，AL；写入奇地址端口

（3）初始化命令字 ICW_3。ICW_3 必须写入奇地址端口。本命令字用于级联方式下的主/从片设置。只有 ICW_1 的 SNGL＝0，即系统中 8259A 使用级连方式工作时，才需要使用 ICW_3。对于主片或从片，ICW_3 的格式和含义是不相同的，所以，主片/从片的命令字 ICW_3 要分别写入。

对于主片，ICW_3 的格式和各位含义如下。

A_0		D_7	D_6	D_5	D_4	D_3	D_2	D_1	D_0
1		IR_7	IR_6	IR_5	IR_4	IR_3	IR_2	IR_1	IR_0

在级联方式下，从片的中断请求输出（INT 引脚）作为主片的一个外设对待，接在主片的一个中断请求输入端 IR_i 上。那么，主片 8259A 如何知道哪一个中断请求输入端是一从片 8259A 而不是外设呢？通过设置主片的 ICW_3 完成此功能。ICW_3 的 $D_0 \sim D_7$ 与 8 个中断请求输入引脚 $IR_0 \sim IR_7$ ——对应，ICW_3 的某位为 1，则对应的中断请求输入引脚是从片 8259A；某位为 0，则对应的中断请求输入引脚是外设。

【例 6.3】 主片的 IR_0 与 IR_1 上接有从片，则主片的初始化程序段为：

MOV AL，03H；ICW_3 的内容

OUT 21H，AL；写入奇地址端口

对于从片，ICW_3 的格式和各位含义如下。

A_0		D_7	D_6	D_5	D_4	D_3	D_2	D_1	D_0
1		0	0	0	0	0	ID_2	ID_1	ID_0

$ID_0 \sim ID_2$ 3 位从片标志位可有 8 种编码，表示从片的中断请求输出被连到主控制器的哪一个中断请求输入端 IR_i 上。

（4）初始化命令字 ICW_4。

A_0		D_7	D_6	D_5	D_4	D_3	D_2	D_1	D_0
1		0	0	0	SFNM	BUF	M/F	AEOI	uPM

ICW_4 必须写入奇地址。

只有当 ICW_1 中的 IC_4＝1 时，才要设置 ICW_4，其各位含义为：

D_0：uPM，CPU 类型选择，用来指出 8259A 是在 16 位机系统中使用，还是在 8 位机系统中使用。若 uPM＝1，则 8259A 用于 8086/8088 系统；若 uPM＝0，则 8259A 用于 8080/8085 系统。

D_1：AEOI，用于选择 8259A 的中断结束方式。当 AEOI＝1 时，设置中断结束方式为自动结束方式；当 AEOI＝0 时，8259A 工作在非自动结束方式。

D_2：M/S，用来规定 8259A 在缓冲方式下，本片是主片还是从片，即该位只有在缓冲方式（BUF＝1）时才有效。当 BUF＝1，且 M/S＝1 时，此 8259 为主片；当 BUF＝1，

但 M/S＝0 时，此 8259 为从片。而 8259A 在非缓冲方式下（BUF＝0）工作时，M/S 位不起作用，此时的主、从方式由 SP/而端的输入电平决定。

D_3：BUF，用来设置 8259A 是否在缓冲方式下工作。若 BUF＝1，则 8259A 在缓冲方式下工作；若 BUF＝0，则 8259A 在非缓冲方式下工作。

D_4：SFNM，用来设定 8259A 的中断嵌套方式。若 SFNM＝1，8259A 设置为特殊全嵌套方式；若 SFNM＝0，8259A 设置为一般全嵌套方式。

2. 操作命令字

8259A 初始化后，就进入了工作状态，此后便可使用操作命令字改变其工作方式。操作命令字可以在主程序中使用，也可以在中断服务程序中使用。

（1）操作命令字 OCW_1。

A_0		D_7	D_6	D_5	D_4	D_3	D_2	D_1	D_0
1		M_7	M_6	M_5	M_4	M_3	M_2	M_1	M_0

OCW_1 必须写入 8259A 的奇地址端口。

OCW_1 是中断屏蔽操作字，其内容直接置入中断屏蔽寄存器 IMR 中。$M_0 \sim M_7$ 分别对应 $IR_0 \sim IR_7$ 上的中断请求，如某位置"1"，相应的 IR _ 输入被屏蔽，但不影响其他中断请求输入引脚；若某位置"0"，则相应中断请求允许。

【例 6.4】 要使中断源 IR_5 屏蔽，其余允许，则程序段为：

MOV AL，20H；OCW_1 的内容

OUT 21H，AL；写入奇地址端口

（2）操作命令字 OCW_2。

A_0		D_7	D_6	D_5	D_4	D_3	D_2	D_1	D_0
0		R	SL	EOI	0	0	L_2	L_1	L_0

OCW_2 必须写入偶地址。

OCW_2 是中断结束方式和优先级循环方式操作命令字，命令字的 D_4D_3＝00 作为 OCW_2 的标志位，其余各位含义如下：

D_7：R 位，作为优先级循环控制位。R＝1 为循环优先级，R＝0 为固定优先级。

D_6：SL 位，指明 $L_2 \sim L_0$ 是否有效。SL＝1 时，$L_2 \sim L_0$ 有效；SL＝0 时，$L_2 \sim L_0$ 无效。

D_5：EOI（中断结束命令）位，EOI＝1，表示这是一个中断结束命令，8259A 收到此操作字后须将 ISR 中的相应位置"0"；EOI＝0，表示这是一个优先级的设置命令，而不是中断结束命令。

这 3 位组合形成的操作功能见表 6.1。

表 6.1   OCW₂ 功 能 小 结

RaR	SL	EOI	操 作 命 令
0	0	1	正常 EOI 中断结束命令，用于 8259A 采用普通 EOI 方式时的中断服务程序中，通知 8259A 将 ISR 中优先级最高的置 1 位置 0
0	1	1	特殊 EOI 中断结束命令，用于 8259A 采用特殊 EOI 方式时的中断服务程序中，命令中的 $L_2 \sim L_0$ 指出了要将 ISR 中的哪一位置 0

RaR	SL	EOI	操 作 命 令
1	0	1	正常 EOI 时循环命令，用于 8259A 采用普通 EOI 方式时的中断服务程序中，通知 8259A 将 ISR 中优先级最高的置 1 位置 "0"，且将其优先级置为最低，其下一级为最高，其余依次循环
1	0	0	自动 EOI 时循环置位命令，在 8259A 工作于自动 EOI 方式时用于设置优先级循环，使刚服务完的中断优先级置为最低，其下级置为最高，其余依次循环
0	0	0	自动 EOI 时循环复位命令，在 8259A 工作于自动 EOI 方式时用于取消优先级循环方式，恢复固定先级
1	1	1	特殊 EOI 时循环命令，用于 8259A 采用特殊 EOI 方式时的中断服务程序中，命令中的 $L_2 \sim L_0$ 指出了要将 ISR 中的哪一位置 0，且将其优先级置为最低，其下一级为最高，其余依次循环
1	1	0	优先级设定命令：设置 8259A 工作于优先级循环方式，将 $L_2 \sim L_0$ 指定的优先级置为最低，其下一级为最高，其余依次循环
0	1	0	无意义

【例 6.5】 已知 8259A 中 ISR 的 D_3 位已置位，试将其清 0。

分析：通过特殊 EOI 中断结束命令来实现，OCW_2 的格式应为：01100011B，即 63H。

程序如下：

MOV AL，63H ；OCW_1 的内容

OUT 2 0H，AL ；写入偶地址端口

（3）操作命令字 OCW_3。

A_0		D_7	D_6	D_5	D_4	D_3	D_2	D_1	D_0
0		×	ESMM	SMM	0	1	P	RR	RIS

OCW_3 必须写入 8259A 的偶地址端口。

OCW_3 的功能有 3 个：①用来设置和撤销特殊屏蔽方式；②读取 8259A 的内部寄存器 ISR 或 IRR 的内容；③设置中断查询方式。命令字的 $D_4 D_3 = 01$ 作为标志位，其余各位组合完成如下功能：

1）读寄存器命令。

D_1：RR 读寄存器命令位。RR＝1 时，允许读 IRR 或 ISR；RR＝0 时，禁止读这两个寄存器。

D_0：RIS 读 IRR 或 ISR 的选择位。显然，这一位只有当 RR＝1 时才有意义，当 RIS＝1 时，下次读正在服务寄存器 ISR；当 RIS＝0 时，下次读中断请求寄存器 IRR。

读这两个寄存器内容的步骤是相同的，即先写入 OCW_3 确定要读哪个寄存器，然后再对 OCW_3 读一次（即对同一端口地址），就得到指定寄存器内容了。

【例 6.6】 读取 ISR 的内容。

MOV AL，0BH；发 OCW_3，指定要读 ISR

OUT 20H，AL；写入偶地址

NOP；延时

IN AL，20H；读ISR

中断屏蔽寄存器IMR内容的读出比较简单，直接从OCW$_1$地址（即奇地址）读出即可。

2）查询。

D$_2$：P位，8259A的中断查询设置位。当IF＝1时，CPU不接受可屏蔽中断请求，但若此时CPU还是想知道有哪个中断源处于中断申请状态，可通过对8259A进行查询获得。当P＝1时，8259A被设置为中断查询方式工作；当P＝0时，表示8259A未被设置为中断查询方式。查询时CPU先向8259A偶地址写入一个查询字OCW$_3$＝0CH，随后再用IN指令读偶地址，读出数据的格式如下。

D$_7$	D$_6$	D$_5$	D$_4$	D$_3$	D$_2$	D$_1$	D$_0$
IR	×	×	×	×	W$_2$	W$_1$	W$_0$

IR位表示有无中断请求，IR＝1表示有请求，此时W$_0$～W$_2$就是当前中断请求的最高优先级的编码；i＝0表示无中断请求。

3）中断屏蔽。

D$_6$D$_5$：ESMM、SMM，特殊屏蔽允许位，这两位组合含义如下：

ESMM，SMM＝11：将8259A设置为特殊屏蔽方式，该方式下只屏蔽本级中断请求，开放高级或低级的中断请求。

ESMM，SMM＝10：撤销特殊屏蔽方式，恢复原来的优先级控制。

ESMM，SMM＝0X：无效。

以上详细介绍了8259A的所有控制字，下面再说一下8259A对控制字的识别问题。7个控制字中，写入偶地址的有3个：ICW$_1$、OCW$_2$、OCW$_3$；写入奇地址的有4个：ICW$_2$、ICW$_3$、ICW$_4$、OCW$_1$。写入偶地址的3个控制字均有标志位，8259A可据此识别。写入奇地址的4个控制字中，ICW$_2$、ICW$_3$、ICW$_4$必须紧随ICW$_1$依次写入，故不必设单独的识别标志。这样，初始化结束后奇地址处只有OCW$_1$一个控制字写入，故它也不必再设标志位。

6.2.5 8259A应用举例

6.2.4节介绍了8259A的两类编程命令：初始化命令字ICW$_1$～ICW$_4$和操作命令字OCW$_1$～OCW$_3$。本节介绍8259A的初始化顺序及几个实例，以进一步熟悉这几个控制字的用法。

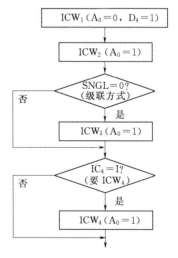

图6.7 8259A的初始化顺序

1. 8259A的初始化顺序

8259A初始化命令字的使用有严格的顺序，如图6.7所示。

【例6.7】 某8086/8088系统中有一片8259A，中断请求信号为电平触发，中断类型码为50H～57H，中断优先级采用一般全嵌套方式，中断结束方式为普通EOI方式，与系统连接方式为非缓冲方式，8259A的端口地址为F000H和F001H，试写出初始化程序。

MOV DX，0F000H	设置 8259A 的偶地址
MOV AL，1BH	设置 ICW_1
OUT DX，AL	
MOV DX，0F001H	设置 8259A 的奇地址
MOV AL，50H	设置 ICW_2，中断类型号基值
OUT DX，AL	
MOV AL，01H	设置 ICW_4
OUT DX，AL	

2. 8259A 的使用方法

8259A 在 8086 微机中的应用 PC/XT 系统中，8259A 的使用方法为单片使用，中断请求信号边沿触发，固定优先级，中断类型号范围为 08H～0FH，非自动 EOI 方式，端口地址为 20H 和 21H，硬件连接及 8 级中断源的情况如图 6.8 所示。

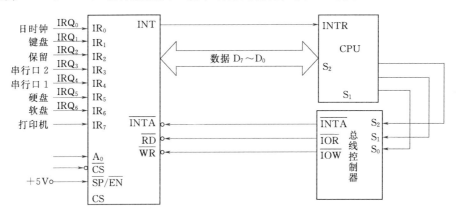

图 6.8　PC/XT 中 8259A 硬件连接图

试写出初始化程序。初始化程序为：

```
MOV AL，13H      ；写 ICW₁：边沿触发、单片、需要 ICW₄
OUT 20H，AL
MOV AL，08H      ；写 ICW₂：中断类型号高 5 位
OUT 21H，AL
MOV AL，01H      ；写 ICW₄：一般嵌套，8086/8088 CPU
OUT 21H，AL      ；非自动结束
```

习　　题

1. 中断类型码若为 58H，它在中断矢量表中的矢量地址为 ＿＿＿＿＿＿＿＿ H，从该地址开始连续 4 个单元存放的是 ＿＿＿＿＿＿＿＿ 。

2. 一个中断类型号为 01CH 的中断处理程序存放在 0100H：3800H 开始的内存中，

中断向量存储在地址为＿＿＿＿＿至＿＿＿＿＿的＿＿＿＿＿个字节中。

3. 8088 的外部中断分为＿＿＿＿＿和＿＿＿＿＿两大类。

4. 若用两片断 8259A 芯片构成主从级联形式，则这两片 8259A 芯片最多可直接管理＿＿＿＿＿级外部中断源。

5. 若 8259A 的两个端口地址为 20H 和 21H，则在初始化时，应在写入 ICW$_1$ ＿之后，以＿＿＿＿＿地址写入 ICW$_2$ 和 ICW$_4$。

6. 8259A 有两类命令字，分别是＿＿＿＿＿＿＿＿和＿＿＿＿＿＿＿。

7. 8086 系统中，中断服务子程序的入口地址通过＿＿＿＿＿获取，它们之间的关系为＿＿＿＿＿，如果 1CH 的中断处理子程序从 5110：2030H 开始，则中断向量被存放在＿＿＿＿＿单元，各单元的内容为＿＿＿＿＿。

8. 8259A 可采用级联方式工作，在微机系统中最多可接＿＿＿＿＿（具体数字）个从属的 8259A。

9. 8088 CPU 的非屏蔽中断的类型码为＿＿＿＿＿。

10. 中断优先级控制主要解决两种问题：＿＿＿＿＿＿＿＿、＿＿＿＿＿＿＿＿。

11. 中断向量可以提供＿＿＿＿＿＿＿＿。

12. 硬件中断可分为＿＿＿＿＿＿＿＿、＿＿＿＿＿＿＿＿两种。

13. 8259A 的中断屏蔽寄存器 IMR 和 8086/8088 的中断允许标志 IF 有什么差别？在中断响应过程中，它们怎样配合起来工作？

14. 外设向 CPU 申请可屏蔽中断，但 CPU 不响应该中断，其原因有哪些？

15. 8259A 的初始化命令字和操作命令字有什么差别？它们分别对应于编程结构中哪些内部寄存器？

16. 在 8086/8088 的中断系统中，响应可屏蔽中断过程，是如何进入中断服务程务程序的？

17. 8086 中，可屏蔽中断与非屏蔽中断的主要区别是什么？

18. 8086 中断系统响应中断时如何找到中断入口地址？

第7章 可编程接口芯片

7.1 可编程定时器/计数器 8253

微机应用系统常常需要为处理机和外部设备提供实时时钟，以实现延时控制和定时，或对外部输入脉冲进行计数，实现这种功能的器件称为定时器/计数器。这种器件可用硬件电路实现计数/定时，但若改变计数或定时的要求，必须改变电路的参数，灵活性差。用软件实现计数和定时的方法通用性和灵活性好，但要占用 CPU 的时间。采用可编程定时器/计数器，其定时与计数功能由程序灵活地设定，设定后与 CPU 并行工作，不占用 CPU 的时间。Intel 公司生产的 Intel8253 就是在微机系统中应用最广的定时器/计数器芯片，它是一种可编程芯片，工作方式、定时时间、输出信号形式等均可编程设置，使用十分方便。

7.1.1 功能与结构

1. 8253 功能

8253 的基本功能是对外部输入脉冲进行计数，若外部输入脉冲是连续而均匀的，则利用脉冲个数乘以脉冲周期可以计算出时间，从而实现了定时功能。8253 芯片内具有 3 个独立的 16 位减法计数器（或称为计数通道），每个计数器性能如下：

（1）最高计数频率 2.6MHz。

（2）可编程设定为按二进制计数或 BCD 码计数。

有 6 种工作方式，可编程确定工作在哪一种方式。

2. 8253 结构

8253 的内部结构如图 7.1 所示，主要由以下几部分组成。

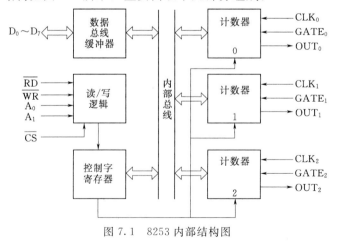

图 7.1 8253 内部结构图

（1）数据总线缓冲器。该缓冲器为 8 位双向三态，是 CPU 与 8253 内部之间的数据传输通道。

（2）读/写逻辑电路。接收 CPU 送来的读写、片选及地址信号，对 8253 内部各部件进行控制。

（3）控制字寄存器。每个计数通道有一个控制字寄存器，用来接收 CPU 写入的控制字。控制字是 8 位的，只能写不能读。3 个计数通道的控制字寄存器共用一个控制端口，由写入的控制字的最高 2 位指明该控制字属于哪一个计数通道。

（4）计数器 0～2。8253 包含 3 个相互独立的、内部结构完全相同的 16 位减法计数器。每个计数器均包含一个 8 位的控制字寄存器，一个 16 位的计数初值寄存器 CR，它用来存放计数初值，可通过程序设定，以及计数执行单元 CE，它是一个 16 位的减 1 计数器，初值是计数初值寄存器的内容，它只对 CLK 脉冲计数，一旦计数器被启动后，每出现一个 CLK 脉冲，计数执行单元中的计数值减 1，当减为 0 时，通过 OUT 输出指示信号，当 CLK 是周期性的时钟信号时，计数器为定时功能，当 CLK 为非周期性事件计数信号时，呈现计数功能。一个 16 位的输出锁存器通常跟随计数执行单元内容的变化而变化，当接收到 CPU 发来的锁存命令时，就锁存当前的计数值而不跟随计数执行单元变化，直到 CPU 从中读取锁存值后，才恢复到跟随计数执行单元变化的状态，从而避免了 CPU 直接读取计数执行单元时干扰计数工作的可能。

7.1.2 控制字

8253 的编程控制比较简单，只有一个 1 字节的控制字。该控制字用来设置各个计数通道的工作方式，以及计数值的锁存与读取（每个计数通道的计数值在计数过程中可随时读取，但控制字不能读取）。

8253 工作方式控制字的格式及含义如图 7.2 所示。

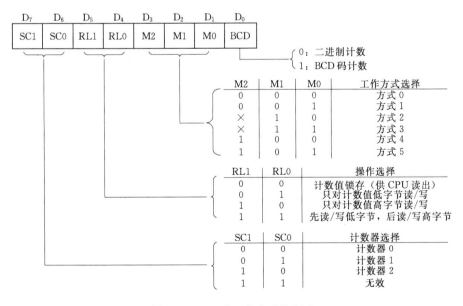

图 7.2 8253 的工作方式控制字

7.1.3 工作方式与工作时序

1. 方式0：计数结束产生中断（Interrupt on Terminal Count）

采用方式0时，当写入控制字CW后，OUT信号变为低电平。当将计数初值写入计数初值寄存器CR后，利用下一个CLK脉冲的下降沿将CR的内容装入计数执行单元CE中，再从下一个CLK脉冲的下降沿开始，CE执行减1计数过程。在计数期间，输出OUT一直保持低电平，直到CE中的数值减到0时，OUT变为高电平，以向CPU发出

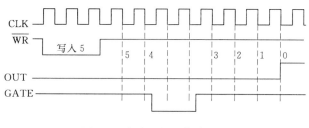

图7.3 方式0的工作波形图

中断申请，其工作波形如图7.3所示。当写入控制字后，计数器的输出OUT变成低电平，若门控信号GATE为高电平，计数器开始减1计数并且维持OUT为低电平，当计数器减到0时，输出端OUT变成高电平，并且一直保持到重新装入初值或复位时为止。

门控信号GATE可以暂停计数，当GATE＝0时，计数停止；GATE恢复为高电平后，继续计数。所以，如果在计数过程中，有一段时间GATE变为低电平，那么，输出端OUT的低电平持续时间会因此而延长相应的长度。

在计数过程中可以改变计数值，若是8位数，在写入新的计数值后立即按新值重新开始计数，若是16位数，写入第1个字节后计数停止，写入第2个字节后立即按新值重新计数（计数初值位数由控制字决定，见后述）。

2. 方式1：可编程单稳态（Hardware Retriggerable one-shot）

方式1可以输出一个宽度可控的负脉冲。当CPU写入控制字后，OUT即变为高电平，计数器并不开始计数，而是等到门控信号GATE上升沿到来后，并且在下一个时钟的下降沿开始减1计数，并使输出OUT变为低，直到计数到0，输出OUT再变为高。图7.4为方式1的工作波形图。

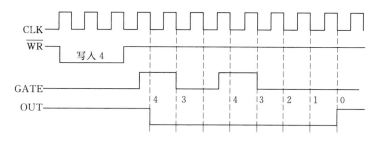

图7.4 方式1的工作波形图

如果在输出保持低电平期间，写入一个新的计数值，不会影响原计数过程，只有当门控GATE上出现一个新的上升沿后，才使用新的计数值重新计数。如果一次计数尚未结束GATE上又出现新的触发脉冲，则从新的触发脉冲之后的CLK下降沿重新计数。

3. 方式2：分频器（Rate Generator）

使用方式2能对输入信号CLK进行 n（n 为计数值）分频。当CPU送出控制字后输

出 OUT 将变高。若门控信号 GATE 为高电平，当写入计数初值到 CR 后，在下一个 CLK 脉冲的下降沿，将 CR 装入 CE 并启动计数器工作，计数器对输入时钟 CLK 进行计数，直至计数器减至 1 时，输出 OUT 变为低，经过一个时钟周期后输出 OUT 又变为高，计数器自动从初值开始重新计数。图 7.5 为方式 2 的工作波形图。

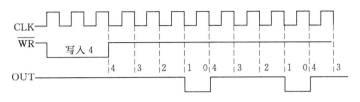

图 7.5 方式 2 的工作波形图

计数过程受门控信号 GATE 的控制，GATE 为低电平时暂停计数，由低电平恢复为高电平后，在第一个时钟下降沿从初值开始重新计数。在计数过程中改变初值，对正在进行的计数过程没有影响，但计到 1，OUT 变低一个 CLK 周期后，CR 内容能自动地、重复地装入到 CE 中，只要 CLK 是周期性的脉冲序列，在 OUT 上就能连续地输出周期性的分频信号。

4. 方式 3：方波发生器（Square Ware Mode）

采用方式 3 时，OUT 端输出连续方波，若计数值 N 为偶数，则输出对称方波，前 $N/2$ 个脉冲期间为高电平，后 $N/2$ 个脉冲期间为低电平；若 N 为奇数，则前 $(N+1)/2$ 个脉冲期间为高电平，后 $(N-1)/2$ 个脉冲期间为低电平。除输出波形不同外，方式 3 的其他情况均同方式 2。图 7.6 为方式 3 的工作波形图。

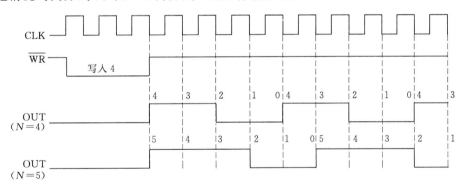

图 7.6 方式 3 的工作波形图

5. 方式 4：软件触发选通脉冲（Software Triggered Strobe）

当方式 4 写入控制字后，OUT 输出即变为高电平，若门控信号 GATE 为高电平，当写入计数初值到 CR 后，在下一个 CLK 脉冲的下降沿将 CR 装入 CE 并启动计数器工作，执行减 1 计数过程，当计数到 0 时输出一个时钟周期的负脉冲，计数器停止计数，这种计数方式是一次性的。只有输入新的计数值重新开始新的计数。计数期间，如果写入新的计数值，立即按新值重新计数（具体情况同方式 0）。当门控 GATE 为低电平时，计数停止；GATE 为高电平时，从初值开始重新计数。图 7.7 为方式 4 的工作波形图。

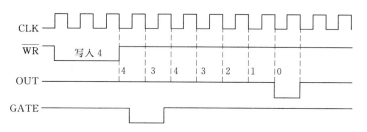

图 7.7　方式 4 的工作波形图

此方式中，计数过程的启动是由输出指令对 CR 设置计数初值时被"触发"的，并且只有再次将初值写入 CR 操作时才会启动另一个计数过程。

6. 方式 5：硬件触发选通脉冲（Hardware Triggered Strobe）

该方式在写入方式控制字后，输出 OUT 保持高电平，然后写入计数初值到 CR 后，OUT 仍然维持高电平，但并不开始计数，只有当门控信号 GATE 出现由低电平变高电平的上升沿后，下一个 CLK 脉冲的下降沿将 CR 装入 CE，并启动计数器开始对 CLK 脉冲计数（相当于由硬件触发计数过程），当计数到 0 时 OUT 上输出一个 CLK 周期的负脉冲，然后计数器停止。计数过程在未结束之前，GATE 上重新出现上升沿时，将使计数器从初值开始重新计数。图 7.8 为方式 5 的工作波形图。方式 5 是由 GATE 的上升沿触发计数器开始计数操作。

输出脉冲宽度在正常计数情况下，如果写入的计数初值为 N，输出端 OUT 维持 N 个时钟周期的高电平，1 个时钟周期的低电平。

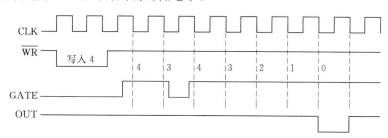

图 7.8　方式 5 的工作波形图

8253 的 6 种工作方式的特点见表 7.1。

表 7.1　　　　　　　　　　　　　8253 的工作方式的特点

工作方式	开始方式	波形特征	是否自动循环	GATE 作用	中间改变计数值的有效性
0	立即（在 GATE＝1 时）	计数期间为低电平，结束后为高电平	否	低电平期间暂停计数	立即
1	GATE 上升沿	计数期间为低电平，其余为高电平	自动重置初值，但需 GATE 上升沿才能重新开始	上升沿重新计数	GATE 上升沿
2	立即（在 GATE＝1 时）	在最后一个计数期间为低电平，其余为高电平	是	恢复高电平重新计数	下一计数周期开始

续表

工作方式	开始方式	波形特征	是否自动循环	GATE 作用	中间改变计数值的有效性
3	立即（在 GATE=1 时）	占空比 1:1（或近似）的方波	是	恢复高电平重新计数	下一计数周期开始
4	立即（在 GATE=1 时）	计数结束后输出一个 CLK 周期的低电平，其余为高电平	否	恢复高电平重新计数	立即
5	GATE 上升沿	同方式 4	自动重置初值，但需 GATE 上升沿才能重新开始	上升沿重新计数	GATE 上升沿

说明（适用于所有工作方式）：

（1）当控制字写入计数器后，所有控制逻辑电路立即处于复位状态，计数器输出端 OUT 进入规定的初始状态（高电平或低电平）。

（2）计数初值写入计数初值寄存器后，要经过一个时钟周期，计数器才开始计数。

（3）在时钟脉冲的上升沿对门控信号 GATE 进行采样。

（4）计数器真正开始计数是在时钟脉冲的下降沿。

7.1.4 初始化编程及应用

1. 初始化编程

8253 使用前，必须首先对其进行初始化，初始化包括写入控制字和计数初值。顺序如图 7.9 所示。

关于计数初值，需要说明以下几点：

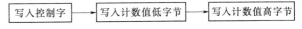

图 7.9　8253 初始化顺序

（1）使用任一计数通道，首先要向该通道写入方式控制字，以确定该通道的工作方式，写入的控制字存入通道对应的控制寄存器中。当控制字 $D_0=0$ 时，即二进制计数，初值可在 0000H～FFFFH 之间选择，初值为 0 表示最大值 65536（2^{16}）；当控制字 $D_0=1$ 时，装入初值应为 BCD 码格式，其值可在 0000～9999 之间选择，初值为 0 表示最大值 10000（10^4），在写入指令中还必须写成十六进制数，例如计数初值为 79，采用 BCD 计数，则指令中的 79 必须写成 79H。

（2）控制字 D_5D_4 位决定控制字的位数（8 位或 16 位），若为"01"，则只需写入计数值的低 8 位，高 8 位自动置 0；若为"10"，则只需写入计数值的高 8 位，低 8 位自动置 0；若为"11"，则计数值为 16 位，分两次写入，必须先写低 8 位，后写高 8 位。

（3）计数初值要写入各计数器对应的端口地址，计数器 0 对应 $A_1A_0=00$ 的端口地址，计数器 1 对应 $A_1A_0=01$ 的端口地址，计数器 2 对应 $A_1A_0=10$ 的端口地址。

某系统中 8253 的端口地址为 2F80H～2F83H，要求通道 1 工作在方式 3，以 BCD 方式计数，计数初值为 1000，试写出初始化程序。

本例中，在写入计数值时，可只写高 8 位，也可写 16 位，以写 16 位为例，则控制字格式为：

01110111B=77H

MOV AL，77H

MOV DX，2F83H

OUT DX，AL

MOV DX，2F81H

MOV AL，0

OUT DX，AL

MOV AL，10H

OUT DX，AL

某系统中 8253 的端口地址为 40H～43H，要利用其通道 2 对 CLK$_2$ 上的外部输入脉冲进行计数，计满 100 个后向 CPU 发中断请求，试写出相应初始化程序。

本例中采用二进制计数，则初值 100 为 64H，写入时只写低 8 位即可。由于要向 CPU 发中断申请，设置通道 2 工作在方式 0，这样计数结束时的正跳变信号可作为中断请求信号。控制字的格式应为：

10010000B＝90H

MOV AL，90H

OUT 43H，AL

MOV AL，64H

OUT 42H，AL

2. 在 PC/XT 中的应用

PC/XT 中，使用了一片 8253，其地址范围为 40H～43H，3 个 CLK 的输入均为 1.19MHz，GATE$_0$ 和 GATE$_1$ 接＋5V 电源，GATE$_2$ 由 8255 的 PB$_0$ 控制。3 个计数通道的作用及 BIOS 中初始化程序分别如下。

（1）计数器 0：编程为方式 3，每 55ms 向中断控制器的 IRQ$_0$ 引脚发送一次中断请求信号，用于 CPU 计时和磁盘驱动器的定时。初始化程序如下：

MOV AL，00110110B；通道 0 方式控制字

OUT 43H，AL

MOV AL，0

OUT 40H，AL；计数初值为 65536

OUT 40H，AL

（2）计数器 1：工作于方式 2，OUT$_1$ 输出接至 DMA 请求触发器的 CP 端，每隔 15.12s 请求一次 DMA 操作，进行动态 RAM 的刷新。初始化程序如下：

MOV AL，01010100B

OUT 43H，AL

MOV AL，12H

OUT 41H，AL

（3）计数器 2：用于产生方波驱动扬声器发声。BIOS 中有一个发声子程序 BEEP，它对计数通道 2 的初始化代码为：

MOV AL，10110110B

OUT 43H，AL

MOV AX，0533H

OUT 42H，AL

MOV AL，AH

OUT 42H，AL

7.2　可编程并行接口芯片 8255A

CPU 与外设间的数据传送都是通过接口来实现的。CPU 与接口的数据传输总是并行的，即一次传输 8 位或者 16 位，而接口与外设间的数据传输则可分为两种情况：串行传送与并行传送。串行传送是数据在一根传输线上一位一位地传输，而并行传输是数据在多根传输线上一次以 8 位或 16 位为单位进行传输。与串行传输相比，并行传输需要较多的传输线，成本较高，但传输速度快，尤其适用于高速近距离的场合。能实现并行传输的接口称为并行接口，并行接口分为不可编程并行接口与可编程并行接口。不可编程并行接口通常由三态缓冲器及数据锁存器等搭建而成，这种接口的控制比较简单，但要改变其功能必须改变硬件电路。可编程接口的最大特点是其功能可通过编程设置和改变，因而具有极大的灵活性。

7.2.1　内部结构与引脚功能

1. 内部结构

8255A 的内部结构如图 7.10 所示，它由以下几部分组成：

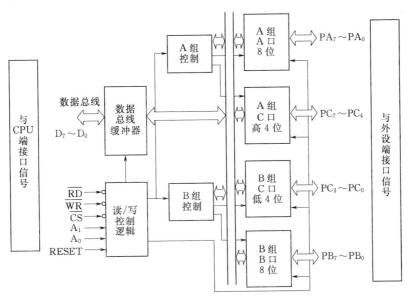

图 7.10　8255A 的内部结构

（1）数据总线缓冲器。该缓冲器为 8 位、双向、三态的缓冲器，直接与系统数据总线相连，是 CPU 与 8255A 间传送数据的必经之路。各种命令字的写入及状态字的读取，都是通过该数据总线缓冲器传送的。

（2）读/写控制逻辑。CPU 通过输入和输出指令，将地址信息和控制信息送至该部件，由该部件形成对端口的读/写控制，并通过 A 组控制和 B 组控制电路实现对数据、状态和控制信息的传输。

（3）A 组和 B 组控制。A 口及 C 口的高 4 位构成 A 组，B 口及 C 口的低四位构成 B 组。A 组控制和 B 组控制接收 CPU 写入的控制字，并据此决定 A 组端口及 B 组端口的工作方式。

（4）数据端口 A、B、C。8255A 有 3 个 8 位数据端口，分别具有如下特点：

1）A 口具有一个 8 位数据输入锁存器和一个 8 位数据输出锁存器/缓冲器。端口 A 无论用作输入口还是输出口，其数据均能被锁存。

2）B 口具有输出锁存器/缓冲器和输入缓冲器。作为输入口时，它不具备锁存能力，因此外设输入的数据必须维持到被微处理器读取为止。

3）C 口具有输出锁存器/缓冲器和输入缓冲器。C 口除用作输入和输出口外，在方式 1 及方式 2 下，其部分引脚要作为 A 口及 B 口的联络信号用，具体情况在工作方式中介绍。

2. 引脚功能

8255A 芯片采用 NMOS 工艺制造，是一个 40 引脚双列直插式（DIP）封装组件，其引脚排列如图 7.11 所示。

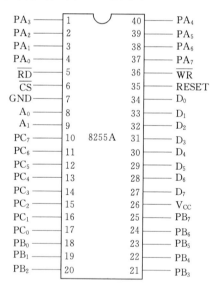

图 7.11 8255A 引脚

（1）与微处理器连接的信号线。

$D_7 \sim D_0$：数据线，三态双向 8 位，与系统的数据总线相连。

CS：片选信号，低电平有效。为低电平时，8255A 才能接受 CPU 的读/写。

WR：写信号，低电平有效。为低电平时，CPU 可以向 8255A 写入数据或控制字。

RD：读信号，低电平有效。为低电平时，允许 CPU 从 8255A 读取各端口的数据和状态。

A_1、A_0：端口地址选择信号。用于选择 8255A 的 3 个数据端口和一个控制端口。$A_1 A_0 = 00$ 选择 A 口，$A_1 A_0 = 01$ 选择 B 口，$A_1 A_0 = 10$ 选择 C 口，$A_1 A_0 = 11$ 选择控制口。

RESET：复位信号，高电平有效。为高电平时，8255A 所有的寄存器清 0，所有的输入/输出引脚均呈高阻态，3 个数据端口置为方式 0 下的输入端口。

（2）8255A 与外部设备连接的信号线。

$PA_0 \sim PA_7$：A 口与外部设备连接的 8 位数据线，由 A 口的工作方式决定这些引脚用作输入/输出或双向。

$PB_0 \sim PB_7$：B 口与外部设备连接的 8 位数据线，由 B 口的工作方式决定这些引脚用作输入/输出。

PC$_0$~PC$_7$：C口8位输入/输出数据线，这些引脚的用途由A组、B组的工作方式决定。

7.2.2 控制字

控制字用来设置8255A的工作方式，8255A有两个控制字，方式选择控制字和C口置位/复位控制字。这两个控制字写入同一端口地址（A$_1$A$_0$＝11），为区分，控制字的D$_7$位作为标志位，D$_7$＝1表示是工作方式控制字；D$_7$＝0表示是置位/复位控制字。

1. 工作方式控制字

8255A有3种工作方式：方式0基本输入/输出方式、方式1选通输入/输出方式（应答方式）和方式2双向传送方式。8255A各数据端口的工作方式由方式选择控制字进行设置。对8255进行初始化编程时，通过向控制寄存器写入方式选择控制字，可以让3个数据端口以需要的方式工作。工作方式控制字的格式如图7.12所示。

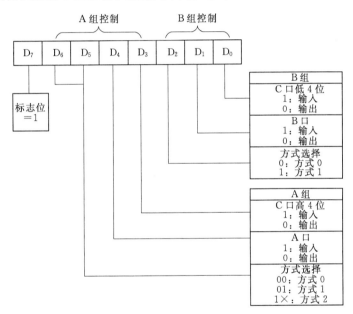

图 7.12 8255A工作方式控制字

设8255A的端口地址为60H~63H，要求A组工作在方式0，A口输出，C口高4位输入；B组工作在方式1，B口输出，C口低4位输入，则对应的工作控制方式字为：
10001101B 或 8DH。

初始化程序如下：

MOV AL，8DH；设置方式字

OUT 63H，AL；送到8255A控制字寄存器中

2. C口置位/复位控制字

置位/复位控制字的作用是使C口的某一引脚输出特定的电平状态（高电平或低电平），控制字的格式如图7.13所示。

说明：

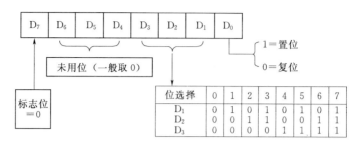

图 7.13 C 口按位置位/复位控制字

（1）仅 C 口可按位置位/复位，且只对 C 口的输出状态进行控制（对输入无作用）。

（2）一次只能设置 C 口 1 位的状态。

（3）这个控制字应写入控制口，而不是 C 口。

要使 PC_7 置 1，PC_3 置 0，设 8255A 的地址为 320H～323H，则程序为：

MOV AL，0FH；PC_7 置 1 的控制字

MOV DX，323H

OUT DX，AL

MOV AL，06H；PC_3 置 0 的控制字

OUT DX，AL

7.2.3 工作方式

8255A 芯片有 3 种工作方式：方式 0、方式 1 和方式 2，下面介绍这 3 种方式的特点。

1. 方式 0：基本输入/输出

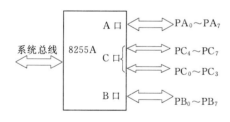

图 7.14 8255A 工作方式 0

在方式 0 下，A、B、C 3 个端口均作为输入/输出端口，这种输入/输出只是简单的输入/输出，无联络信号，如图 7.14 所示。

8255A 工作于方式 0 时，它具有以下功能：

（1）具有两个 8 位端口，即 A 口、B 口，两个 4 位端口，即 C 口的高 4 位、低 4 位。每个端口都可设定为输入或输出，共有 16 种组合，由方式控制字确定，但每个端口不能同时既输入又输出。

（2）输出具有锁存能力，输入只有缓冲能力，而无锁存功能。

注意：在方式 0 下，C 口的高、低 4 位可分别设定为输入或输出，但 CPU 的 IN 或 OUT 指令必须至少以一个字节为单位进行读写，为此必须采取适当的屏蔽措施，见表 7.2。

表 7.2　　　　　　　　　　　　　C 口读/写时的屏蔽措施

CPU 操作	高 4 位（A 组）	低 4 位（B 组）	数 据 处 理
IN	输入	输出	屏蔽掉低 4 位
IN	输出	输入	屏蔽掉高 4 位

CPU 操作	高 4 位（A 组）	低 4 位（B 组）	数 据 处 理
IN	输入	输入	读入的 8 位均有效
OUT	输入	输出	送出的数据只设在低 4 位上
OUT	输出	输入	送出的数据只设在高 4 位上
OUT	输出	输出	送出的数据 8 位均有效

2. 方式 1：带选通的输入/输出

方式一的特点是：仅 A 口、B 口可工作在这种方式下，A 口或 B 口可以为输入，也可以为输出，但不能既输入又输出。不论输入还是输出，都要占用 C 口的某些引脚作为联络信号用，并且这种占用关系是固定的。C 口未被占用的位仍可用于输入或输出（控制字的 D3 位决定）。

方式 1 下的数据输入/输出均具有锁存能力。

（1）方式 1 的输入。A 口和 B 口都设置为方式 1 输入时的情况，如图 7.15 所示。

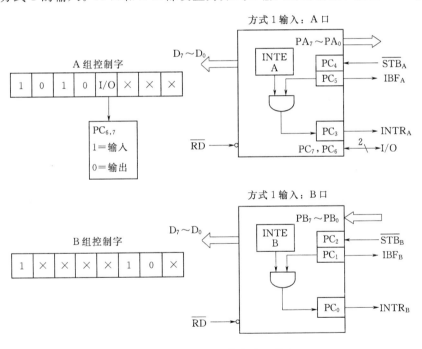

图 7.15 8255A 工作方式 1 输入

当 A 口设定为方式 1 输入时，A 口所用三条联络信号线是 C 口的 PC_3、PC_4、PC_5，B 口则用了 C 口的 PC_0、PC_1、PC_2 作为联络信号。各联络线的定义如下：

STB：外设送来的输入选通信号，低电平有效。当有效时，表示外设的数据已准备好，同时将外设送来的数据锁存到 8255A 端口的输入数据缓冲器中。

IBF：8255A 送外设的输入缓冲器满信号，高电平有效。有效时，说明外设数据已送到输入缓冲器中，但尚未被 CPU 取走。该信号一方面可供微处理器查询用，另一方面送给外设，阻止外设发送新的数据。IBF 由 STB 信号置位，由读信号的后沿将其复位。

INTR：8255A 送到 CPU 或系统总线的中断请求信号，高电平有效。当外设要向 CPU 传送数据或请求服务时，8255A 用 INTR 端的高电平向 CPU 提出中断请求。INTR 变高的条件是：当输入缓冲器满信号变为高即 IBF＝1，并且中断请求被允许即 INTE＝1，才能使 INTR 变高，向 CPU 发出中断请求。

INTE：中断允许信号。A 口用 PC_4 的按位置位/复位控制，B 口用 PC_2 的按位置位/复位控制。只有当 PC_4 或 PC_2 置 1 时，才允许对应的端口送出中断请求。

下面以 A 口为例，对方式 1 的工作过程描述如下：

当外设准备好数据，并将数据送到数据线上后，送出一个 STB 选通信号。8255A 的 A 口数据锁存器在 STB 的下降沿将数据锁存。8255A 向外设送出高电平 IBF 信号，表示数据已锁存，暂时不要再送数据。如果 PC_4＝1，这时就会使 INTR 变成高电平输出，向 CPU 发出中断请求。CPU 响应中断，执行 IN 命令时，RD 的下降沿清除中断请求，而 RD 结束时的上升沿则使 IBF 复位到零。外设在检测到 IBF 为零后，便开始发送下一数据。

（2）方式 1：的输出。A 口和 B 口都设置为方式 1 输出时的情况如图 7.16 所示。

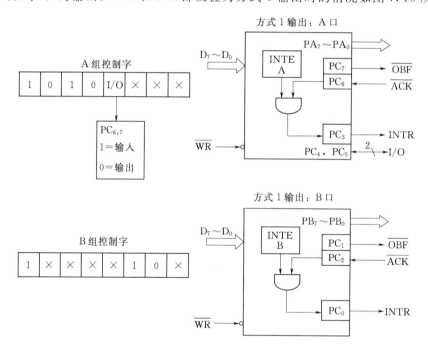

图 7.16　8255A 工作方式 1 输出

当 A 口与 B 口设为方式 1 输出时，也分别指定 C 口的 3 条线为联络信号，A 口所用 3 条联络信号线是 C 口的 PC_3、PC_6、PC_7，B 口则用了 PC_0、PC_1、PC_2。各联络线的定义如下：

OBF：该信号是 8255A 输出给外设的输出缓冲器满信号，低电平有效。当有效时，表示 CPU 已将数据写到 8255A 的输出端口，等待外设取走数据。

ACK：响应信号，低电平有效，由外设送来。当为低电平时，表示 8255A 的数据已被外设取走，是对 OBF 的回答信号。

INTR：中断请求信号，高电平有效。当外设取走数据后，8255A 用 INTR 端向 CPU 发中断请求，请求 CPU 输出后面的数据。INTR 引脚上只有当 ACK、OBF 和 INTE 都为高电平时，才能发出中断请求，该请求信号由 CPU 写操作时的 WR 上升沿复位。

INTE 中断允许触发器，A 口的 INTE 由对 PC_6 的置位/复位设置，B 口的 INTE 由对 PC_2 的置位/复位设置。

PC_4 和 PC_5 位可由控制字的 D3 位设置为输入或输出数据用。

方式 1：输出的信号交接过程说明。CPU 通过执行 OUT 指令，向 8255A 端口输出数据，此时将产生 WR 有效信号。写操作完成后，WR 的上升沿使 OBF 变低，表示输出缓冲器已满，通知外设取走数据，并且 WR 的上升沿使中断请求 INTR 变低，即使之无效。外设取走数据后，用一个有效的 ACK 信号回答 8255A，ACK 的下降沿使 OBF 变高（无效）。如果 INTE=1，则 ACK 负脉冲的下降沿再使 INTR 变高（有效），产生中断请求。CPU 可在中断服务程序中向 8255A 输出下一个数据。

3. 方式 2：带选通的双向输入/输出

方式 2 是一种双向选通输入/输出方式，只适用于 A 口。所谓双向输入/输出，就是 A 口既可输入，又可输出。在方式 0 或方式 1 下，虽然 A 口、B 口也可以输入或输出，但一次只能设置为输入或输出一种状态，而不能既输入又输出，这是方式 2 与前两种方式的主要区别。方式 2 下 C 口的 5 条线（$PC_3 \sim PC_7$）作为 A 口的联络线，B 口只能工作在方式 0 或方式 1 下。若 B 口工作在方式 1 下，C 口的 3 位（$PC_0 \sim PC_2$）作为其联络线；若 B 口工作在方式 0 下，$PC_0 \sim PC_2$ 可作为输入/输出线。方式 2 下的引脚定义如图 7.17 所示。

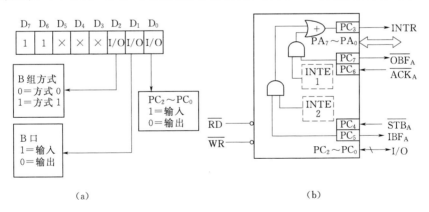

图 7.17 8255A 工作方式 2

(a) 方式 2 控制字；(b) 方式 2 引脚

在方式 2 下，各联络信号的含义如下：

INTR：中断请求信号，高电平有效。不管是输入还是输出，都由这个信号向 CPU 发中断申请。

OBF：输出缓冲器满，低电平有效。其作用等同于方式 1 输出时的 OBF。

ACK：来自外设的响应信号，低电平有效。其作用等同于方式 1 输出时的 ACK。

INTE1：A 口输出中断允许，由 PC6 置位/复位。当 INTE1 为 1 时，8255A 输出缓冲器空时通过 INTR 向微处理器发出输出中断请求信号；当 INTE1 为 0 时，屏蔽输出中断。

STB：来自外设的选通输入，低电平有效。其作用等同于方式 1 输入时的 STB。

IBF：输入缓冲器满，高电平有效。其作用等同于方式 1 输入时的 IBF。

INTE2：A 口输入中断允许，由 PC_4 置位/复位。当 INTE2 为 1 时，8255A 输入缓冲器满时通过 INTR 向微处理器发出输入中断请求信号；当 INTE2 为 0 时，屏蔽输入中断。

以上介绍了 8255A 的 3 种工作方式，它们分别应用于不同的场合。方式 0 可用于无条件输入或输出的场合，如读取开关量、控制 LED 显示等；方式 1 提供了联络信号，可用于查询或中断方式输入或输出的场合；方式 2 是一种双向工作方式，如果一个外设既是输入设备，又是输出设备，并且输入和输出是分时进行的，那么将此设备与 8255A 的 A 口相连，并使 A 口工作在方式 2 就非常方便，如磁盘就是一种这样的双向设备。微处理器既能对磁盘读，又能对磁盘写，并且读和写在时间上是不重合的。

7.2.4　8255A 应用

8255A 工作时首先要初始化，即要写入控制字来指定其工作方式。如果需要中断，还要用 C 口按位置位/复位控制字将中断标志 INTE 置 1 或置 0。初始化完成后，就可对 3 个数据端口进行读/写。

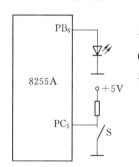

图 7.18　[例 7.3] 图

如图 7.18 所示，设 8255A 端口地址为 2F80～2F83H，编程设置 8255A，A 组、B 组均工作于方式 0，A 口输出，B 口输出，C 口高 4 位输入，低 4 位输出。然后，读入开关 S 的状态，若 S 打开，则使发光二极管熄灭；若 S 闭合，则使发光二极管点亮。

```
MOV AL，88H
MOV DX，2F83H
OUT DX，AL
MOV DX，2F82H
IN AL，DX
MOV DX，2F81H
AND AL，20H
JZ L1；条件成立时 PC₅＝0，S 闭合
MOV AL，0
OUT DX，AL
JMP END1
L1：
MOV AL，40H
OUT DX，AL
END1：
HLT
```

PC 机的扬声器驱动系统如图 7.19 所示。扬声器的发声控制系统由 8255A PB 口的

D_0、D_1 位与 8253 计数器的计数通道 2 共同控制。8255A 的端口地址为 60H~63H，8253 的端口地址为 40H~43H。

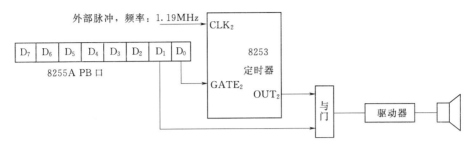

图 7.19 PC 机扬声器系统

扬声器发声有两种方式：

（1）直接对 8255A 的 PB 口的 D_1 位交替输出 0 和 1，使扬声器交替地通与断，推动扬声器发声。这种方式发声频率不好控制，只能用于简单发声。

（2）定时器控制发声：让 8255A PB 口的 D_1、D_0 位输出 1，对 8253 编程，使其在 OUT2 上输出指定频率的方波，以驱动扬声器发声。这种方式好控制发声频率，可满足较复杂的发声要求（但 PC 机中未提供控制音量的手段）。

由于扬声器总是随时可用的，故 CPU 可用直接 I/O 方式对其操作。

采用第一种方法时 PC 机的发声程序如下：

```
CODE SEGMENT
ASSUME CS：CODE
START：
MOV DX，1000H；开关次数
IN AL，61H；取端口 61H 的内容
PUSH AX；入栈保存，以便退出时恢复
AND AL，11111100B；将第 0、1 位置 0
SOUND：
XOR AL，2；D1 位取反
OUT 61H，AL；输出到端口 61H
MOV CX，2000H；设置延时空循环的次数
DELAY：
LOOP DELAY；空循环，延时一小会儿
DEC DX；共 1000H 次
JNZ SOUND
POP AX；从堆栈中弹出原 AX 内容
OUT 61H，AL；恢复原 61H 端口内容
MOV AH，4CH
INT 21H；返回 DOS
```

CODE ENDS

END START

【例 7.1】 8255A 在并行打印机接口中的应用。

打印机内有一个以 8 位专用微处理器为核心的打印机控制器，负责打印功能的处理，以及打印机本身的管理，并通过机内一个标准接口（Centronice 并行接口）与主机进行通信，接收主机送来的打印数据和控制命令，该接口位于打印机内，采用多芯电缆与主机内的打印机接口电路（打印机适配器）相连。多芯电缆上的信号有数据信号、CPU 的命令信号和打印机状态信号等，主要信号见表 7.3。

表 7.3 打印机的主要接口信号

信 号	含 义	方向	说　　明
$DATA_{8\sim1}$	数据 1～8	输入	主机送给打印的 8 位数据
$\overline{STROBE}$	选通脉冲	输入	负极性脉冲，主机发出，用于将 $DATA_1$～$DATA_8$ 上的数据置入打印机的缓冲器，脉宽大于 $0.5\mu s$
$\overline{SLCT\ IN}$	选择输入	输入	只有该信号为低电平时，打印机才能接受 $DATA_1$～$DATA_8$ 上的数据
$\overline{AUTO\ FD\ XT}$	自动走纸	输入	当该信号为低电平时，每当打印完后（即遇到回车符），打印机自动前进一步
$\overline{INIT}$	打印机初始化	输入	当该信号为低电平时，打印控制器复位，并清除打印缓冲器。在打印机处于接收数据和打印状态时，该信号为高电平
$\overline{ACK}$	应答	输出	负脉冲，宽度约为 $5\mu s$，作为打印机已接收到一个数据的回答信号，并准备好接收下一个数据
BUSY	忙	输出	若为高电平，表示打印机当前忙，不能接收数据。下列情况下该信号有效：数据输入期间、打印操作期间、脱机状态、出错状态
PE	无打印纸	输出	高电平表示打印机缺纸
SLCT	选择状态	输出	高电平表示脱机状态，低电平表示联机状态
$\overline{ERROR}$	打印机出错	输出	当该信号为低电平时表示打印机出错或脱机或缺纸

打印机接口的时序关系如图 7.20 所示。从图中可以看出，当主机需要打印一个数据时，打印机接收主机传送数据的过程如下。

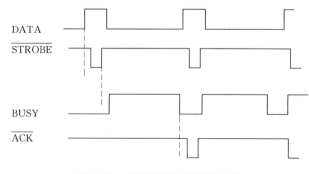

图 7.20 打印机接口的时序关系

（1）首先查询 BUSY 信号。若 BUSY＝1（忙），则等待；当 BUSY＝0（不忙）时，才能送出数据。

（2）将数据送到数据线上，但此时数据并未自动进入打印机。

（3）再送出一个数据选通信号 STROBE 给打印机，此后数据线上的数据将进入打印机的内部缓冲器。

（4）打印机发出"忙"信号，即置 BUSY＝1，表明打印机正在处理输入的数据。等到输入的数据处理完毕（打印完 1 个字符或执行完 1 个功能操作），打印机撤销"忙"信号，即置 BUSY＝0。

（5）打印机送出一个回答信号 ACK 给主机，表示上一个字符已经处理完毕。

以上是采用查询方式传送数据的过程。若采用中断方式传送数据时，可利用 ACK 信号来产生中断请求，在中断服务程序中送出下一个打印数据。如此重复工作，就可以正确无误地把全部字符打印出来。

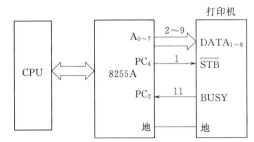

图 7.21 打印机接口电路原理图

打印机接口电路原理如图 7.21 所示。

该电路的设计思想是：8255A 的 A 口、C 口工作于方式 0，A 口用来输出 8 位打印数据，C 口的 PC_4 引脚用来产生 STROBE 信号，PC_2 引脚用来接收 BUSY 信号。

设 8255A 的端口地址 80H～83H，能打印一个字符的程序如下：

```
MOV AL，81H；8255A 工作方式控制字
OUT 83H，AL
MOV AL，09H
OUT 83H，AL；置 PC₄ 为高，即使 STROBE＝1
Busy：IN AL，82H；读 C 口
AND AL，04H；查 PC₂＝0?
JNZ Busy；忙则等待，不忙则向 A 口发送数据
MOV AL，'A'；被打印字符为"A"
OUT 80H，AL；送出打印数据
MOV AL，08H；置 PC₄ 为低，以便产生负脉冲
OUT 83H，AL
NOP
NOP
MOV AL，09H；再使 PC₄ 变为高，形成负脉冲
OUT 83H，AL
```

7.3　可编程串行通信接口 8251A

7.3.1　8251A 的基本功能

8251A 是可编程的串行通信接口，它可以管理信号变化范围很大的串行数据通信。概括起来，它有下列基本性能：

（1）通过编程，可以工作在同步方式，也可以工作在异步方式。同步方式下，波特率

为 0～64Kbps，异步方式下，波特率为 0～19.2Kbps。

（2）在同步方式下，可以用 5、6、7 或 8 位来代表字符，并且内部能自动检测同步字符，从而实现同步。除此之外，8251A 也允许同步方式下增加奇/偶校验位进行校验。

（3）在异步方式下，也可以用 5、6、7 或 8 位来代表字符，用 1 位作为奇偶校验。此外，8251A 在异步方式下能自动为每个数据增加 1 个启动位，并能根据编程为每个数据增加 1 个、1.5 个或 2 个停止位。

7.3.2　8251A 的基本工作原理

1. 8251A 的编程结构

图 7.22 是 8251A 的编程结构和外部连接图。

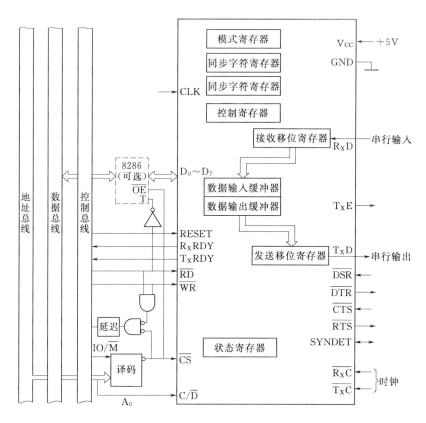

图 7.22　8251A 的编程结构和外部连接

从图中可以看到，8251A 有 1 个数据输入缓冲寄存器和一个数据输出缓冲寄存器，1 个发送移位寄存器和 1 个接收移位寄存器，1 个控制寄存器和 1 个状态寄存器，1 个模式寄存器和 2 个异步字符寄存器。下面对组成 8251A 的各部件的功能作简要说明。

数据输入缓冲寄存器和数据输出缓冲寄存器使用同一个端口地址，但实际上作为两个端口，一个为输入端口，一个为输出端口。

接收移位寄存器将到达 $R_X D$ 端的串行数据接收之后进行移位，变为 8 位并行数据，传送到数据输入缓冲寄存器，然后通过数据总线传送到 CPU，这是数据通过 8251A 输入到计算机的过程。

在计算机通过 8251A 输出数据的过程中，CPU 通过数据总线将数据送到 8251A 的数据输出缓冲寄存器，再传送到发送移位寄存器。移位寄存器用移位的办法将并行数据变为串行数据，然后，从 $T_X D$ 端送往外部设备。

控制寄存器用来控制 8251A 的工作，它的内容是由程序设置的。

状态寄存器则在 8251A 的工作工程中为执行程序提供一定的状态信息。

模式寄存器的内容决定了 8251A 到底工作在同步模式还是工作在异步模式，还决定了所接收和发送的字符的格式，模式寄存器的内容也是由执行程序设置的。

8251A 的 2 个同步字符寄存器用来容纳同步方式中所用的同步字符。

2. 8251A 的功能结构

图 7.23 是 8251A 的内部工作原理图。从图中可以看到，8251A 由 7 个模块组成，即为接收缓冲器、接收控制电路、发送缓冲器、发送控制电路、数据总线缓冲器、读写控制逻辑电路和调制解调控制电路。

接收缓冲器对外的引脚为 $R_X D$。它的功能就是从 $R_X D$ 引脚上接收串行数据，并按照相应的格式将串行数据转换成并行数据。可见，从功能上看，它对应于编程结构图中的接收移位寄存器。

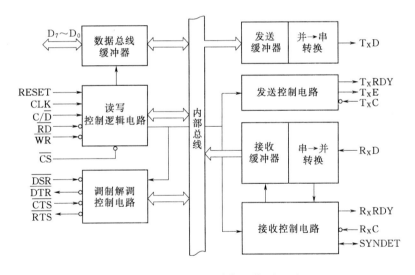

图 7.23 8251A 的内部工作原理图

接收控制电路是配合接收缓冲器工作的，它管理有关接收的所有功能：

（1）在异步方式下，芯片复位后，先检测输入信号的有效"1"，一旦检测到，就接着寻找有效的低电平来确定启动位。

（2）消除假启动干扰。

（3）对接收到的信息进行奇/偶校验，并根据校验结果建立相应的状态位。

（4）检测停止位，并按照检测结果建立状态位。

发送缓冲器把来自 CPU 的并行数据加上相应的控制信息，然后转换成串行数据从 $T_X D$ 引脚发出去。从功能上看，它对应于编程结构图中的发送移位寄存器。

发送控制电路和发送缓冲器配合工作，它控制和管理所有与串行发送有关的功能：

（1）在异步方式下，为数据加上起始位、校验位和停止位。

（2）在同步方式下，插入同步字符，在数据中插入校验位。

数据总线缓冲器用来把 8251A 和系统数据总线相连，在 CPU 执行输入/输出指令期间，由数据总线缓冲器发送和接收数据，此外，控制字、命令字和状态信息也通过数据总线缓冲器传输。所以，从功能上看，数据总线缓冲器是编程结构中数据输入缓冲器、数据输出缓冲器、控制寄存器和命令寄存器的综合。

读写控制逻辑电路用来配合数据总线缓冲器工作：

（1）接收写信号 $\overline{\text{WR}}$，并将来自数据总线的数据和控制字写入 8251A。

（2）接收读信号 $\overline{\text{RD}}$，并将数据或状态字从 8251A 送往数据总线。

（3）接收控制/数据信号 C/$\overline{\text{D}}$，将此信号和读写信号合起来通知 8251A，当前读写的是数据还是控制字、状态字。

（4）接收时钟信号 CLK，完成 8251A 的内部定时。

（5）接收复位信号 RESET，使 8251A 处于空闲状态。

调制解调控制电路用来简化 8251A 和调制解调器的连接。在进行远程通信时，有时要用调制解调器将串行接口送出数字信号为模拟信号，再发送出去，接收端则要用解调器将模拟信号变为数字信号，再由串行接口送往计算机主机。在全双工通信情况下，每个收发站都要连接调制解调器。有了调制解调控制电路，就提供了一组通用的控制信号，使得8251A 可直接和调制解调器连接。

3. 8251A 的发送和接收

（1）异步接收方式。当 8251A 工作在异步方式并准备接收一个字符时，就在 $R_X D$ 线上检测低电平，因为没有字符信息时，$R_X D$ 为高电平。8251A 将 $R_X D$ 线上检测到的低电平作为起始位，并且启动接收控制电路中的一个内部计数器进行计数，计数脉冲就是8251A 的接收器时钟脉冲。当计数进行到相应于半个数位传输时间（比如时钟脉冲为波特率的 16 倍时，则计到第 8 个脉冲，即相当于半个数位传输时间）时，又对 $R_X D$ 线进行检测，如果此时仍为低电平，则确认收到一个有效的起始位。于是，8251A 开始进行常规采样并进行字符装配，具体地说，就是每隔一个数位传输时间（在前面假设下，相当于16 个脉冲间隔时间），对 $R_X D$ 进行一次采样。数据进入输入移位寄存器被移位，并进行奇偶校验和去掉停止位，就变成了并行数据，再通过内部数据总线送到数据输入寄存器，同时发送 $R_X RDY$ 信号送 CPU，表示已经收到一个可用的数据。对于少于 8 位的数据，8251A 则将它们的高位填上 0。

在异步接收时，有时会遇到这样的情况，即 8251A 在检测起始位时，过半个数位传输时间后，没有再次测得低电平，而是测得高电平。这种情况下，8251A 就会把刚才检测到的信号看成干扰脉冲，于是重新开始检测 $R_X D$ 线上是否又出现低电平。

（2）异步发送方式。在异步发送方式下，当程序置允许发送位 $T_X EN$（Transmitter Enable）为 1，并且由外设发来的对 CPU 请求发送信号的响应信号 $\overline{\text{CTS}}$（Clear to Send）有效后，便开始发送过程。在发送时，发送器为每个字符加上 1 个起始位，并且按照编程要求加上奇偶校验位以及 1 个、1.5 个或者 2 个停止位。数据及起始位、校验位、停止位

总是在发送时钟 T_XC 的下降沿时从 8251A 发出，数据传输的波特率为发送时钟频率的 1、1/16 或者 1/64，具体决定于编程时给出的波特率因子。

图 7.24 是异步方式下的数据传输格式。

（3）同步接收方式。在同步接收方式下，8251A 首先搜索同步字符。具体地说，8251A 监测 R_XD 线，每当 R_XD 线上出现一个数据位时，就把它接收下来并把它送入移位寄存器移位，然后把移位寄存器的内容与同步字符寄存器的内容进行比较，如果两者不相等，则接收下一位数据，并且重复上述比较过程。当两个寄存器额内容比较相等时，8251A 的 SYNDET 引脚就升为高电平，以告示同步字符已经找到，同步已经实现。

有的时候，采用双同步字符方式。这种情况下，就要在测得输入移位寄存器的内容与第一个同步字符寄存器的内容相同后，再继续检测此后的输入移位寄存器的内容是否与第二个同步字符寄存器的内容相同。如果不同，则重新比较输入移位寄存器和第一个同步字符寄存器的内容，相同，则认为同步已经实现。

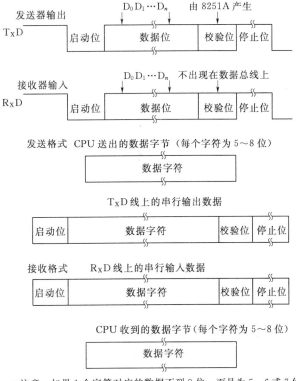

图 7.24 8251A 工作在异步方式下的数据传输格式

在外同步情况下，和上面过程有所不同，因为这时是通过在同步输入端 SYNDET 加一个高电位来实现同步的。SYNDET 端一出现高电平，8251A 就会立刻脱离对同步字符的搜索，只要此高电位能维持一个接收时钟周期，8251A 便认为已经完成外同步。

实现同步之后，接收器和发送器之间就开始进行数据的同步传输。这时，接收器利用时钟信号对 R_XD 线进行采样，并把收到的数据位送到串-并转换器的移位寄存器中。每当收到的数据位达到规定的一个字符的位数时，就将移位寄存器的内容送到接收缓冲器，并在 R_XRDY 引脚上发出一个信号，表示收到了一个字符。

（4）同步发送方式。在同步发送方式下，也要通过程序置 T_XEN 位为 1，且 $\overline{CTS}$ 有效后，才能开始发送过程。发送过程开始以后，发送器先根据编程要求发送 1 个或者 2 个同步字符，然后发送数据块，在发送数据块时，发送器会根据编程要求对数据块中的每个数据加上奇/偶校验位，当然，如在 8251A 编程时不要求加奇/偶校验位，那么，在发送时就不添任何附加位。

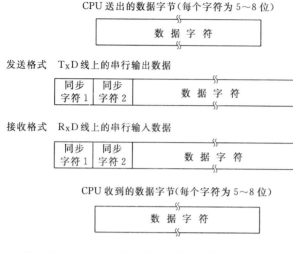

图 7.25　8251A 工作于同步方式时的数据传输格式

在同步发送时，会遇到这样的情况，即 8251A 正在发送数据，而 CPU 却来不及提供新的数据给 8251A，这时，8251A 的发送器会自动插入同步字符，于是，就满足了在同步发送时不允许数据之间存在间隙的要求。

图 7.25 是 8251A 工作于同步方式时的数据传输格式。

7.3.3　8251A 的对外信号

作为 CPU 和外部设备（或调制解调器）之间的接口，8251A 的对外信号分为两组，一组是 8251A 和 CPU 之间的信号，一组是 8251A 和外部设备（或调制解调器）之间的信号。图 7.26 是 8251A 与 CPU 及外设之间的连接关系示意图。

1. 8251A 和 CPU 之间的连接信号

8251A 和 CPU 之间的连接信号可以分为 4 类，具体如下。

（1）片选信号。$\overline{\text{CS}}$：片选信号 $\overline{\text{CS}}$ 是 CPU 的部分地址信号通过译码后得到的。$\overline{\text{CS}}$ 为低电平时，8251A 被选中。反之，$\overline{\text{CS}}$ 为高电平时，8251A 未被选中，这种情况下，8251A 的数据线处于高阻状态，读信号 $\overline{\text{RD}}$ 和写信号 $\overline{\text{WR}}$ 对芯片不起作用。

（2）数据信号。$D_0 \sim D_7$，8251A 有 8 根数据线 $D_0 \sim D_7$，通过它们，8251A 与系统的数据总线相连。实际

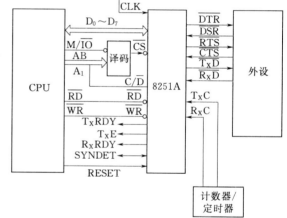

图 7.26　8251A 与 CPU 及外部设备之间的连接关系图

上，数据线上不只传输一般的数据，而且也传输 CPU 对 8251A 的编程命令和 8251A 送往 CPU 的状态信息。

（3）读写控制信号。

1）$\overline{\text{RD}}$ 读信号 $\overline{\text{RD}}$ 为低电平时，用来通知 8251A，CPU 当前正在从 8251A 读取数据或状态信息。

2）$\overline{\text{WR}}$ 写信号 $\overline{\text{WR}}$ 为低电平时，用来通知 8251A，CPU 当前正在从 8251A 写入数据或控制信息。

3）$C/\overline{D}$ 控制/数据信号 $C/\overline{D}$ 也是 CPU 送往 8251A 的信号，用来区分当前读写的是数据还是控制信息或状态信息。具体地说，CPU 在读操作时，如 $C/\overline{D}$ 为低电平，则读取的

是数据，如 C/$\overline{D}$ 为高电平，则读取的是 8251A 当前的状态信息；CPU 在写操作时，如 C/$\overline{D}$ 为低电平，则写入的是数据，如 C/$\overline{D}$ 为高电平，则写入的是 CPU 对 8251A 的控制命令。

归纳起来，C/$\overline{D}$、$\overline{RD}$、$\overline{WR}$ 这 3 个信号和读写操作之间的关系见表 7.4。

表 7.4   C/$\overline{D}$、$\overline{RD}$、$\overline{WR}$ 的编码和对应的操作

C/$\overline{D}$	$\overline{RD}$	$\overline{WR}$	具 体 的 操 作
0	0	1	CPU 从 8251A 输入数据
0	1	0	CPU 往 8251A 输出数据
1	0	1	CPU 读取 8251A 的状态
1	1	0	CPU 往 8251A 写入控制命令

这里需要说明一点，8251A 只有两个连续的端口地址，我们在后面将说明，数据输入端口和数据输出端口合用一个偶地址，而状态端口和控制端口合用同一个奇地址。在 8086/8088 系统中，利用地址线 A_1 来区分奇地址和偶地址端口。于是，A_1 为低电平时，正好选中了偶地址端口，再与 $\overline{RD}$ 或 $\overline{WR}$ 配合，便实现了状态信息的读取和控制信息的写入。这样，地址线 A_1 的电平变化正好符合了 8251A 对 C/$\overline{D}$ 端的信号要求，因此，在 8086/8088 系统中，将地址线 A_1 和 8251A 的 C/$\overline{D}$ 端相连。

收发联络信号如下：

T_XRDY：发送器准备好信号 T_XRDY 用来告诉 CPU，8251A 已准备好发送一个字符。具体地讲，当 $\overline{CTS}$ 为低电平，并且 T_XEN 位为 1，而发送缓冲器为空时，使 T_XRDY 为高电平，于是 CPU 便得知，当前 8251A 已作好发送准备，因而 CPU 可往 8251A 传输一个数据。实际使用时，如果 8251A 和 CPU 之间采用中断方式联系，则 T_XRDY 可作为中断请求信号；如果 8251A 和 CPU 之间采用查询方式联系，则 T_XRDY 可成为一个联络信号，CPU 通过读操作便能检测 T_XRDY，从而了解 8251A 的当前状态，进一步决定是否可往 8251A 输送一个字符。不管是用中断方式还是查询方式，当 8251A 从 CPU 得到一个字符后，T_XRDY 便成为低电平。

T_XE：发送器空信号 T_XE 为高电平时有效，用来表示此时 8251A 发送器中并行到串行转换器空，它实际上指示一个发送动作的完成。当 8251A 从 CPU 得到一个字符时，T_XE 便成为低电平。这里需要指出一点，即在同步方式时，不允许字符之间有空隙，但是 CPU 有时却来不及往 8251A 输出字符，此时 T_XE 变为高电平，发送器在输出线上插入同步字符，从而填补了传输间隙。

R_XRDY：接收器准备好信号 R_XRDY 用来表示当前 8251A 已经从外部设备或调制解调器接收到一个字符，正等待 CPU 取走。因此，在中断方式时，R_XRDY 可用来作为中断请求信号；在查询方式时，R_XRDY 可用来作为联络信号。当 CPU 从 8251A 读取一个字符后，R_XRDY 便变为低电平，等到下一次接收到一个新的字符后，又升为高电平，既有效电平。

SYNDET：同步检测信号 SYNDET 只用于同步方式，SYNDET 引脚即可工作在输入状态，也可工作在输出状态，这决定于 8251A 工作在内同步情况还是工作在外同步情况，而这两种情况又决定于 8251A 的初始化编程。当 8251A 工作在内同步情况时，SYN-

DET 作为输出端，如果 8251A 检测到了所要求的同步字符，则 SYNDET 信号会在第二个同步字符的最后一位被检测到后，在这一位的中间变为高电平，从而表明已经达到同步。当 8251A 工作在外同步情况时，SYNDET 作为输入端，从这个输入端进入的一个正跳变，会使 8251A 在 $\overline{R_XC}$ 的下一个下降沿时开始装配字符，这种情况下，SYNDET 的高电平状态最少要维持一个 $\overline{R_XC}$ 周期，以便遇上 $\overline{R_XC}$ 的下一个下降沿。

在复位时，SYNDET 变为低电平。在内同步情况下，SYNDET 作为输出端，会在 CPU 执行一次该操作后，变为低电平；在外同步情况下，SYNDET 作为输入端，它的电平状态决定于外部信号。

2. 8251A 与外部设备之间的连续信号

8251A 与外部设备之间的连接信号分为两类：

(1) 收发联络信号。

1) $\overline{DTR}$ 数据终端准备好信号 $\overline{DTR}$ 是由 8251A 送往外设的，CPU 通过命令可以使 $\overline{DTR}$ 变为低电平即有效电平，从而通知外部设备，CPU 当前已经准备就绪。

2) $\overline{DSR}$ 数据设备准备好信号 $\overline{DSR}$ 是外设送往 8251A 的，低电平时有效，它用来表示当前外设已经准备好。当 $\overline{DSR}$ 端出现低电平时，会在 8251A 的状态寄存器第 7 位上反映出来，所以，CPU 通过对状态寄存器的读取操作，便可以实现对 $\overline{DSR}$ 信号的检测。

$\overline{RTS}$ 请求发送信号 $\overline{RTS}$ 是 8251A 送往外设的，低电平时有效，CPU 可以通过编程命令使 $\overline{RTS}$ 变为有效电平，以表示 CPU 已经准备好发送。

$\overline{CTS}$ 清除请求发送信号 $\overline{CTS}$ 是对 $\overline{RTS}$ 的响应信号，它是由外设送往 8251A 的，当 $\overline{CTS}$ 为低电平时，8251A 才能执行发送操作。

(2) 数据信号。

T_XD：发送器数据信号端 T_XD 用来输出数据，CPU 送往 8251A 的并行数据被转换为串行数据后，通过 T_XD 送往外设。

R_XD：接收器数据信号端 R_XD 用来接收外设送来的串行数据，数据进入 8251A 后被转换为并行方式。

8251A 除了有与 CPU 及外设的连接信号外，还有电源端、地端和 3 个时钟端。其中，时钟 CLK 用来产生 8251A 器件的内部时序，要求 CLK 的频率在同步方式下大于接收数据或发送数据的波特率的 30 倍，在异步方式下，则要大于数据波特率的 4.5 倍；发送器时钟 T_XC 控制发送字符的速度，在同步方式下，T_XC 的频率等于字符传输的波特率，在异步方式下，T_XC 的频率可以为字符传输波特率的 1 倍、16 倍或者 64 倍，具体倍数决定于 8251A 编程时指定的波特率因子；接收器时钟 R_XC 控制接收字符的速度，和 T_XC 一样，在同步方式下，R_XC 的频率等于字符传输的波特率，在异步方式下，则可为波特率的 1 倍、16 倍或者 64 倍。在实际使用时，R_XC 和 T_XC 往往连在一起，由同一个外部时钟来提供，CLK 则由另一个频率较高的外部时钟提供。

7.3.4　8251A 的编程

1. 8251A 的初始化

8251A 初始化约定主要有 3 个。

(1) 芯片复位以后，第一次用奇地址端口写入的值作为模式字写入模式寄存器。

（2）如果模式字中规定了 8251A 工作在同步模式，那么 CPU 接着往奇地址端口输出的 1 个或 2 个字节就是同步字符，就被写入同步字符寄存器。如果是 2 个字符就会按先后分别写入第 1 个、第 2 个同步字符寄存器。

（3）这之后，只要不是复位命令。不管是同步模式还是异步模式，由 CPU 往奇地址端口写入的值将作为控制字送到控制寄存器，而往偶地址写入的值将作为控制字送到数据输出缓冲寄存器。

图 7.27 是 8251A 的初始化流程图。

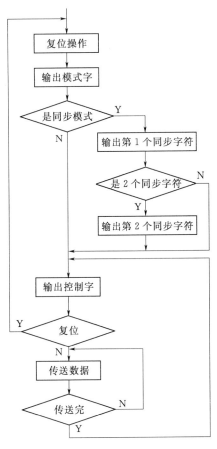

图 7.27　8251A 的初始化流程图

当硬件上的复位或者通过软件编程对 8251A 复位后。就通过奇地址端口对 8251A 进行初始化。按照约定，CPU 往奇地址端口写入的第一个数被作为模式字送入模式寄存器。模式字决定了 8251A 将工作在同步模式还是异步模式，如果工作在同步模式，模式字中还指出了同步字符的数目，同步字符可能是一个或者两个。8251A 获得模式字后，就会判断程序员要设定的 8251A 的工作模式。

按照约定，如果是同步模式，那么在模式字后就要给出模式字中规定的相应的同步字符。8251A 将收到的同步字符送到同步字符寄存器。如果有两个同步字符则会按先后分别写入第一个、第二个同步字符寄存器。接下来 8251A 便准备接收控制命令。

如果是异步方式，则设置模式字后。便接着设置控制字。

不管是同步模式还是异步模式，控制字的主要含义是相同的。控制字对 8251A 发出各种控制命令，包括复位命令。所以在初始化流程中可看到。当 CPU 往 8251A 发控制字后，8251A 就会首先判断控制字中是否给出了复位命令，如果是则返回重新接受模式字；如果没有给出复位命令，则 8259A 便开始执行数据传输。

2. 模式寄存器的格式

对 8251A 进行初始化时，模式字是按照模式寄存器的格式来设置的，模式寄存器的格式如图 7.28 所示。图中说明了 8251A 工作在同步和异步两种模式下。模式寄存器各位的含义。当模式寄存器的最低可两位为 0 时，8251A 便工作在同步模式，此时最高位决定了同步字符的数目，当模式寄存器的最低可两位不全为 0 时，8251A 便工作在异步模式。

在同步模式下，接收和发送的波特率（实际上移位寄存器的移位率）分别和 $\overline{T_XC}$ 引脚、$\overline{R_XC}$ 引脚上的输入时钟的频率相等，但在异步模式中，要用模式寄存器的两个最低位来确定波特率因子，此时，$\overline{T_XC}$、$\overline{R_XC}$ 的频率、波特率因子、波特率之间的关系如下。

时钟频率＝波特率因子×波特率

比如，模式寄存器的最低 2 位为 10，而要求发送数据的波特率为 300，接收数据的波特率为 1200，那么，供给 $\overline{T_xC}$ 的时钟频率应为 4800Hz，而供给 $\overline{R_xC}$ 的时钟频率应为 19.2kHz。

不管是同步模式还是异步模式，模式寄存器的第 2 位、第 3 位用来指出每个字符所对应的数据位的数目，第 4 位用来指出是否用校验位，第 5 位则用来指出校验类型是奇校验还是偶校验。

在异步模式中，用 2 个最高有效位指出停止位的数目；但在同步模型中，第 6 位用来决定的引脚 SYNDET 是作为输入还是输出，第 7 位用来指出同步字符的数目。

在讲述 8251A 的对外连接信号时，提到，SYNDET 是同步检测信号。8251A 既可以工作在内同步模式，也可以工作在外同步模式。当工作在内工作模式下，SYNDET 作为输出，当输出高电平时，表

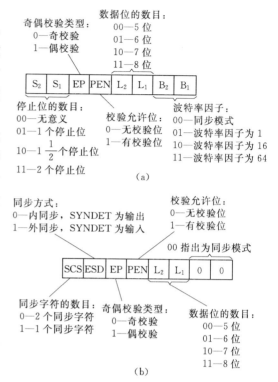

图 7.28　模式寄存器的格式
(a) 异步模式；(b) 同步模式

示当前 8251A 已经达到同步；当工作在外同步模式时，SYNDET 作为输入，在这种情况下，由外部其他机构来检测同步字符，外部检测到同步字符后，从 SYNDET 端往 8251A 输入一个正跳变信号，用来通知 8251A 当前已经检索到同步字符，即以达到同步，于是 8251A 便在下一个 $\overline{R_xC}$ 脉冲的下降沿开始收集字符信息。

实际上，在异步模式中，SYNDET 端也是有定义的，不过，只要作为输出使用，此输出信号叫做空白检测信号，每当 8251A 收到一个由全 0 数位组成的字符时，SYNDET 便输出高电平。

3. 控制寄存器的格式

对 8251A 进行初始化时，控制字是按照控制寄存器的格式写入的。控制寄存器的格式如图 7.29 所示。

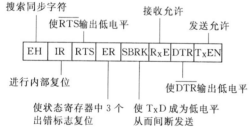

图 7.29　8251A 控制寄存器的格式

控制寄存器的第 0 位为输出允许信号，只有将这 1 位设置为 1，才能使数据从 8251A 接口往外设传输。第 2 位为输入允许信号，在 CPU 从 8251A 接口接收数据前，先要使此为 1，第 1 位 $\overline{DTR}$ 是和引脚 DTR 有直接联系的，DTR 引脚通常和调制解调器的 CD 引脚相连，当 CPU 将控制寄存器

的$\overline{DTR}$位设置为 1 时，便使 DTR 引脚变为低电平，从而通知调制解调器，CPU 已经准备就绪。第 3 位为 1 使引脚 TXD 变为低电平，于是输出一个空白字符。第 4 位置 1 将清除状态寄存器中的所有出错指示位。第 5 位用来设置发送请求，如果将$\overline{RTS}$引脚通过外部电路和 MODEM 的 CA 引脚相连，那么，第 5 位用来置 1 会使$\overline{RTS}$引脚输出低电平，而使$\overline{RTS}$引脚输出低电平，而使 CA 引脚得到一个高电平，从而使 Modem 获得一个发送请求。第 6 位使 8251A 复位从而重新进入初始化流程。第 7 位只用在内同步模式，当为 1 时，8251A 便会对同步字符进行检索。

4. 状态寄存器的格式

当需要检测 8251A 的工作状态时，经常要用到状态字。状态字是存放在状态寄存器中的，状态寄存器的格式如图 7.30 所示。

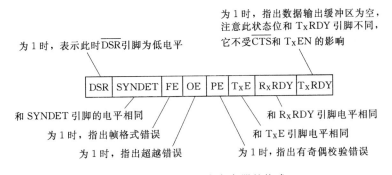

图 7.30 8251A 状态寄存器的格式

状态寄存器的第 1、2、6 位分别与 8251A 引脚 $R_X RDY$、$T_X E$、SYNDET 上的信号有关，第 0 位 $T_X RDY$ 为 1 用来指出当前数据输出缓冲器为空。这里要注意的一点是状态位 $T_X RDY$ 和引脚 $T_X RDY$ 上的信号不同，状态位 $T_X RDY$ 不受输入信号$\overline{CTS}$和控制位 $T_X EN$ 的影响，而引脚 $T_X RDY$ 必须在数据缓冲器空、$\overline{CTS}$为低电平且 $T_X EN$ 为高电平时，才为 1，即 $T_X RDY$ 为 1 的条件为：数据缓冲区空・$\overline{CTS}$・$T_X EN=1$。

状态位 $R_X RDY$ 为 1 指出接口中已经接收到一个字符，当前正准备输入到 CPU。不管是 $T_X RDY$ 还是 $R_X RDY$ 状态位，都可以在程序中用来实现对 8251A 数据发送过程和接收过程的测试。当然，也可以对引脚 $T_X RDY$ 和 $R_X RDY$ 上的信号加以利用，实际使用中，这两个信号常常作为外设对 CPU 的中断请求信号。

当 CPU 往 8251A 输出一个字符以后，状态位 $T_X RDY$ 会自动清 0，与此类似当 CPU 从 8251A 输入一个字符时，状态位 $R_X RDY$ 会自动清 0。

状态寄存器的第 3～5 位分别作为奇偶校验出错指示、超越出错指示和帧格式出错指示，当数据传输过程中产生其中某种类型的错误时，相应的出错指示位被置 1。

如果 8251A 的$\overline{DSR}$引脚和调制解调器的 CC 引脚相连，那么状态寄存器的第 7 位 DSR 就和调制解调器的状态有关，当调制解调器被接通并且工作在数据模式时，状态位 DSR 位 1。

7.3.5 8251A 编程举例

图 7.31 是 8251A 和调制解调器按同步模式或异步模式进行连接的典型例子。

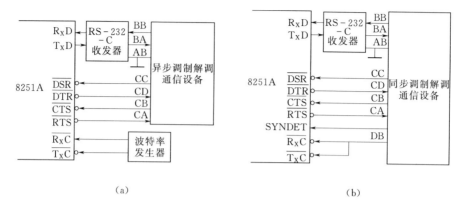

图 7.31　8251A 和调制解调器的连接

（a）异步方式；（b）同步模式

不管是同步模式还是异步模式，为了使 8251A 能满足调制解调器在电平方面要求的 RS-232-C 标准，两者之间要加上电平转换器，将 8251A 输出的 TTL 电平的 T_xD 变换为 RS-232-C 标准要求的相应信号 BA，还要把调制解调器送来的 RS-232-C 电平的 BB 信号变为 TTL 电平的 R_xD 信号。

在异步模式时，8251A 的发送时钟信号 $\overline{T_xC}$ 和接收时钟信号 $\overline{R_xC}$ 由专业的波特率发生器供给；而在同步模式时，这两个信号由调制解调器和有关的通信设备控制。

在同步模式下，还需要对同步字符进行检测。如果采用内同步模式，则由 8251A 自身检测同步字符。当检索到同步字符后，8251A 会从 SYNDET 引脚输出一个信号通知调制解调器当前已经检索到同步字符，从而达到同步。如果采用外同步模式，则由调制解调器和有关设备完成对同步字符的检测，测得同步字符后，调制解调器会通过 SYNDET 引脚往 8251A 送一个信号，从而通知 8251A 当前已经实现同步。

1. 异步模式下的初始化程序举例

下面是按照初始化流程对 8251A 作异步模式设置的程序段。当前已经讲过，模式字和控制字都必须写入奇地址端口，这里假设为 42H。设置模式字时，设定了字符用 7 位二进制表示，带 1 个偶校验位、2 个停止位；异步模式下必须给出波特率因子，这里设波特率因子为 16。控制字设为 67H，它清除出错标志，即让出错指示处于初始状态，并使请求发送信号处于有效电平；此外，这个控制字使数据终端准备好信号 $\overline{DTR}$ 处于有效电平，以通知调制解调器，CPU 已准备就绪；使发送允许信号 T_xEN 为高电平，从而让发送器处于启动状态；控制字 37H 还使接收允许位 R_xE 为 1，从而让接收器也处于启动状态。

具体程序段如下：

```
MOV   AL，0FAH
OUT   42H，AL
MOV   AL，37H
OUT   42H，AL
```

2. 同步模式下的初始化程序举例

下面是初始化流程对 8251A 作同步模式设置的程序段。奇地址端口地址仍为 42H，按照初始化流程，程序往此端口中设置的数据以此作为模式字、同步字符和控制字。

模式字为 38H，它规定了同步字符的数目为 2 个，采用内同步模式；还规定了奇偶校验的方式为偶校验，规定了用 7 位作为数据位。

两个同步字符可以相同，也可以不同，这里规定为 16H，它们必须紧跟在模式字后面写入奇地址端口中。

控制字设置为 97H，它使 8251A 对同步字符进行检索；同时使状态寄存器中的 3 个出错标志复位；此外使 8251A 的发送器启动，接收器也启动；控制字还通知 8251A，CPU 已准备好进行数据传输。

具体程序段如下：

```
MOV   AL，38H
OUT   42H，AL
MOV   AL，16H
OUT   42H，AL
OUT   42H，AL
MOV   AL，97H
OUT   42H，AL
```

3. 利用状态字进行编程举例

下面的程序段先对 8251A 进行初始化，然后对状态字进行测试，以便输入字符。本程序段可用来输入 80 个字符。

这里规定 8251A 的控制和状态端口地址为 42H，数据输入和输出端口地址为 40H（输出端口未用）。字符输入后，放在 BUFFER 标号所指的内存缓冲区中。

程序的内循环中，对状态寄存器的状态位 $R_X RDY$ 不断测试，看 8251A 是否已经从外设接收到一个字符。如果已经接收到，则将它读入并送到内存缓冲区。程序还对状态寄存器的出错指示位进行检测，如果发现传输过程中有奇偶校验错误、超越错误或帧格式错误，则停止输入，并调用出错处理子程序。这里，出错处理子程序没有具体给出，它的功能主要有两方面：一是打印出错信息，二是清除状态寄存器中的出错指示位，出错指示位的清除可以通过设置控制字来实现。

这里作两点简要的说明：字符接收过程本身会自动使 $R_X RDY$ 置 1。如果没有收到字符，由于 $R_X RDY$ 位为 0，就会使内循环不断继续，当收到下一个字符时，$R_X RDY$ 位置为 1，于是退出内循环。当 CPU 从 8251A 接口读取字符后，$R_X RDY$ 位又自动复位，即成为 0。

当输入字符少于 8 位时，那么，数据位从右边对齐，8251A 会在余下的高位上自动填 0，另外，校验位不会传送到 CPU。

具体的程序段如下：

```
MOV   AL，0FAH
OUT   42H，AL
MOV   AL，35H
OUT   42H，AL
```

```
MOV   DI，0
MOV   CX，80
BEGIN：  IN   AL，42H
TEST   AL，02H
JZ   BEGIN
IN   AL，40H
MOV   DX，OFFSET BUFFER
MOV   （DX+DI），AL
INC   DI
IN   AL，42H
TEST   AL，38H
JNZ   ERROR
LOOP   BEGIN
ERROR：CALL   ERR＿OUT
EXIT：   ⋮
```

习　　题

1. 8253 有哪几种工作方式？各有何特点？

2. 说明 8253 在写入计数初值时，二进制计数和十进制计数有无区别？若有，有何区别？

3. 设 8253 的地址为 F0H～F3H，CLK_1 为 500kHz，欲让计数器 1 产生 50Hz 的方波输出，试对它进行初始化编程。

4. 用 8253 的通道 0 对外部事件进行计数，每计满 200 个脉冲时，产生一次中断请求信号，设 8253 的端口地址为 20H～23H，试分析用何种工作方式较好，并写出初始化程序。

5. 某 PC 机系统中，8253 的端口地址为 40H～43H。当某一外部事件发生时（给出一高电平信号），2s 后向主机申请中断。若用 8253 实现此延时，试设计硬件连接图，并对 8253 进行初始化。（注：当一个计数通道不能满足计数要求时可考虑二个计数通道级联。）

6. 8255A 有哪几种工作方式？每种工作方式有何特点？

7. 8255A 中，端口 C 有哪些独特的用法？

8. 假定 8255A 的地址为 60H～63H，A 口工作在方式 2，B 口工作在方式 1 输入，请写出初始化程序。

9. 利用 8255A 模拟交通灯的控制：在十字路口的纵横 2 个方向上均有红、黄、绿 3 色交通灯（用 3 种颜色的发光二极管模拟），要求 2 个方向上的交通灯能按正常规律亮灭，画出硬件连线图并写出相应的控制程序。设 8255A 的端口地址为 60H～63H。

10. 试用 8255A 设计一个并行接口，实现主机与打印机的连接，并给出以中断方式实现与打印机通信的程序。设 8255A 的端口地址为 60H～63H。

11. 8251A 的状态字哪几位和引脚信号有关？状态位 $T_X RDY$ 和引脚标号 $T_X RDY$ 有什么区别？它们在系统设计中有什么用处？

12. 8251A 内部有哪些功能模块？其中读/写控制逻辑电路的主要功能是什么？

13. 试问：从 8251A 的编程结构中，可以看到 8251A 有几个寄存器和外部电路有关？一共要几个端口地址？为什么？

14. 一片 8251 占用 80H，82H 两个端口地址，试说明该 8251 的 C/D 引脚如何与系统地址线连接，其控制端口地址为什么？数据端口为多少？并编程序初始化该 8251，使其工作于同步方式，且波特率因子为 16，允许发送和接收，8 个数据位，2 位停止位，不允许校验。

15. 用程序段对 8251A 进行同步方式设置。地址端口地址为 66H，规定用内同步方式，同步字符为 2 个，用奇校验，7 个数据位。

第8章 模/数 (A/D) 和数/模 (D/A) 转换

目前，随着数字技术和自动化技术的飞速发展，计算机已广泛地应用于自动控制和测量等领域。在实际控制系统和工业生产过程中，需要进行加工和处理的信号可以分为模拟信号和数字信号两种类型。通常，传感器所检测的信号如温度、压力、流量、速度、湿度等物理量都是随着时间连续变化的模拟信号，而现在广泛使用的微型计算机内部都是采用二进制表示的数字量进行信号的输入、存储、传输、加工与输出。为了能用计算机对模拟信号进行采集、加工和处理，就需要把采集到的模拟信号转换成数字信号送入到计算机中，同样经过计算机处理后的数字信号，要对外部设备实现控制必须将数字信号转换成模拟信号。

计算机控制系统的实现过程如图 8.1 所示，其中，模拟式测量仪表（如传感器）是测量生产或实验过程中的相关参数，即采样；模拟式执行部件是对生产或实验过程的控制，可以采用开关量控制，也可以采用模拟量控制。

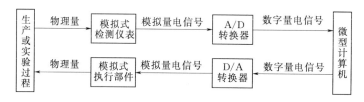

图 8.1 计算机控制系统的实现过程图

在计算机系统中，能够完成模拟信号转换成数字信号的过程称作模/数转换，简称 A/D 转换。完成 A/D 转换的装置叫 A/D 转换器（简称 ADC）；同理，能够完成数字信号转换成模拟信号的过程称作数/模转换，简称 D/A 转换。完成 D/A 转换的装置叫 D/A 转换器（简称 DAC）。

8.1 A/D 转换器及其接口

在实际应用中，经常要把传感器从现场检测到的各种物理量，如温度、压力、流量、速度、角度等，转换成电信号，经过放大、滤波后，送到 A/D 转换器，由 A/D 转换器实现模拟量电压到数字量电压的转换，然后送到计算机中。

8.1.1 A/D 转换器的基本概念

模拟量电压的大小随着时间不断地变化，为了通过转换得到确定的值，对连续变化的模拟量要按一定的规律和周期取出其中的某一瞬时值进行转换，这个值称为采样值。抽样定理指出：采样频率一般要高于或至少等于输入信号最高频率的 2 倍，实际应用中采样频率一般是信号最高频率的 3~5 倍。对于变化较快的输入模拟信号，A/D 转换前可设置采样保持电路，使得在转换期间保持固定的模拟信号值。

相邻两次采样的间隔时间称为采样周期。为了使输出量能充分反映输入量的变化情况，采样周期要根据输入量变化的快慢来决定，而一次 A/D 转换所需的时间显然必须小于采样周期。

将模拟量表示为相应的数字量称作量化。与数字量的最小有效位 1LSB 相对应的模拟电压称为一个量化单位，如果模拟电压小于此值就不能转换为相应的数字量。量化得到的数值通常用二进制表示，有正负极性（双极性）的模拟量一般采用偏移码表示，数值为负数时符号位用 1 表示，为正数时符号位用 0 表示。例如，8 位二进制偏移码 00000000 代表 0 电压，01111111 代表正电压满量程，11111111 代表负电压满量程。

8.1.2 模数（A/D）转换器的工作原理

实现 A/D 转换的方法很多，由于应用的特点和要求不同，需要采用不同工作原理的 A/D 转换器。A/D 转换器主要有计数式、并行式、双积分式、逐次逼近式等。这里主要介绍最常用的逐次逼近 A/D 转换器的工作原理。

图 8.2 给出了 4 位的逐次逼近式 A/D 转换器的逻辑图。其组成模块主要有数据发生器、数码寄存器、电阻开关网络和比较器。工作时，启动信号 START 使数据发生器开始工作，数据发生器在时钟脉冲的作用下，首先将数码寄存器的最高位置 "1"（即 $D_3=1$，$D_2=0$，$D_1=0$，$D_0=0$），数码寄存器的输出经过电阻开关网络，转换成相应大小的反馈比较电压 V_R。V_R 与模拟量输入电压 V_{IN} 经过比较器比较，若 $V_{IN}>V_R$，说明数码还不够大，该位的 "1" 应该保留（即 $D_3=1$）；反之，若 $V_{IN}<V_R$，说明数码过大，该位的 "1" 应该去掉（即 $D_3=0$）。按照这样方式，再使数码寄存器的次高位置 "1"（即 $D_2=1$），并经电阻开关网络转换成相应大小的 V_R，再次与 V_{IN} 经过比较器比较，同样，若 $V_{IN}>V_R$，该位的 "1" 应该保留（即 $D_2=1$）；反之，若 $V_{IN}<V_R$，该位的 "1" 应该去掉（即 $D_2=0$）。如此这样，由最高位开始，逐位的比较下去，一直到最低位为止。数码寄存器中最终保留的数据就是转换结果。显然，转换结果的大小与输入的模拟量成正比，当输入模拟量取值为 $0\sim V_{REF}$ 时，转换结果在 0000～1111B 范围内相应的取值，从而实现了 A/D 转换。

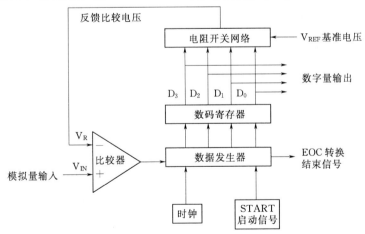

图 8.2 逐次逼近式 A/D 转换器的逻辑图

转换结束时，A/D 转换器给出转换结束信号 EOC。

逐次逼近式 A/D 转换器的主要特点是：转换速度较快，转换时间固定，不随输入信号的大小而变化，分辨率可达 18 位，特别适用于高精度和高频信号的 A/D 转换。逐次逼近型 A/D 转换器是目前应用较多的 A/D 转换器芯片。

8.1.3 典型 A/D 转换器介绍

市场上 A/D 转换器芯片种类很多，典型的 A/D 转换器芯片主要有 ADC0809、ADC1210、AD574、AD674、AD678 等，下面重点讨论 ADC0809。

ADC0809 是 8 位、8 通道逐次逼近式 A/D 转换器，片内有 8 路模拟开关，可以同时连接 8 路模拟量，单极性，量程为 0～5V。片内有三态输出锁存器，可以直接与微机总线相连接。该芯片有较高的性能价格比，适用于对精度和采样速度要求不高的场合或一般的工业控制领域。由于其价格低廉，便于与微机连接，因而应用十分广泛。

ADC0809 主要的技术指标是：8 位分辨率，增益温度系数为 0.02%，功耗为 20mW，单电源 +5V 供电，转换时间为 $100\mu s$，能对 8 路模拟电压信号进行转换，输出电平与 TTL 电平兼容。

1. ADC0809 的内部结构

ADC0809 的内部逻辑结构如图 8.3 所示，主要由 8 路模拟选通开关、8 位 A/D 转换器、8 位三态输出锁存器和地址锁存器等组成。其中，地址选择信号（ADDC～ADDA）与 8 路模拟通道（IN_0～IN_7）之间的对应关系见表 8.1。

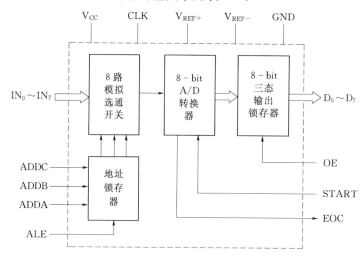

图 8.3　ADC0809 的内部逻辑结构图

表 8.1　　　　　　　　模 拟 通 道 地 址 选 择

地址选择信号状态			所选择的通道	地址选择信号状态			所选择的通道
ADDC	ADDB	ADDA		ADDC	ADDB	ADDA	
0	0	0	IN0	1	0	0	IN4
0	0	1	IN1	1	0	1	IN5
0	1	0	IN2	1	1	0	IN6
0	1	1	IN3	1	1	1	IN7

ADC0809 的转换过程如下。

（1）在 ALE 信号的作用下，地址引脚 ADDC～ADDA 上的信号被地址锁存器锁存并选择相应的模拟信号，随后被选择的模拟信号进入 A/D 转换器。

（2）在启动脉冲 START 的作用下，A/D 转换器进行转换。

（3）转换完成后，EOC 由低电平变为高电平，该信号可以作为状态信号由 CPU 查询，也可以作为中断请求信号通知 CPU 本次 A/D 转换已经完成。

（4）CPU 通过执行读 ADC0809 数据端口指令，使 OE 有效，打开三态输出锁存器，使转换结果通过系统数据总线进入 CPU。

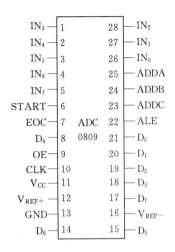

图 8.4　ADC0809 引脚图

2. ADC0809 的引脚功能

ADC0809 引脚图如图 8.4 所示，各引脚功能见表 8.2。

表 8.2　　　　　　　　　　　　　　**ADC0809 引脚功能**

引脚名称	功　能　特　点
$IN_0 \sim IN_7$	8 路模拟输入，可连接 8 路模拟量的输入
ADDC～ADDA	通道地址选择，用于选择 8 路模拟量输入中的一路输入
$D_0 \sim D_7$	8 路数据输出端
ALE	通道地址锁存信号，用来锁存 ADDC～ADDA 端的地址输入数据
OE	输出允许信号，三态输出锁存器将 A/D 转换结果输出
START	A/D 转换启动信号
EOC	转换结束状态信号
CLK	时钟输入端
V_{CC}	芯片的电源电压，+5V
V_{REF+} 和 V_{REF-}	参考电压，要求电压相当稳定。其中 V_{REF+} 典型值 +5V，V_{REF-} 典型值 0V
GND	地线

3. 典型 A/D 转换器的接口及应用

通常使用的 A/D 转换芯片一般都具有数据输出、启动转换、转换结束、时钟和参考电平等引脚。ADC 芯片与主机的连接主要就是处理这些引脚的连接问题。

（1）数据输出线的连接。模拟信号经 A/D 转换后向主机送出数字量，所以 ADC 芯片就相当于给主机提供数据的输入设备。能够向主机提供数据的外设很多，它们的数据线都要连接到主机的数据总线上，为了防止总线冲突，任何时刻都只能有一个设备发送信息。因此，这些能够发送数据的外设，其数据输出端都必须通过三态输出锁存器连接到数据总线上。

此外，随着位数的不同，ADC 与微处理机数据总线的连接方式也不同。对于 8 位 ADC，其数字输出端可以与 8 位微处理机数据总线相连，然后用一条输入指令一次读出结果。但对于 8 位以上的 ADC 与 8 位微处理机连接就不那么简单了，此时必须增加读取控制逻辑，把 8 位以上的数据分两次或多次读取。

（2）A/D 转换的启动信号。开始 A/D 转换时必须加一个启动信号，芯片不同，所要求的启动信号也不同，一般有脉冲启动信号和电平控制信号。脉冲信号启动转换时，只要在启动引脚加一个脉冲即可，如 ADC0809、AD574 等芯片；电平信号启动转换是在启动引脚上加一个所要求的电平，且在转换过程中必须保持这一电平不变。

此外，采用软件也可以实现编程启动，通常是在要求启动 A/D 转换的时刻，用一个输出指令产生启动信号。还可以利用定时器产生信号，方便地实现定时启动，该方法适合于固定延迟时间的巡回检测等应用场合。

（3）转换结束信号的处理方式。当 A/D 转换结束，ADC 输出一个转换结束信号，通知主机 A/D 转换已经结束，可以读取结果。主机检查判断 A/D 转换是否结束的方法主要有中断方式、查询方式、延时方式和 DMA 方式。

中断方式是把转换结束信号作为中断请求信号接到主机的中断请求线上。当转换结束时向 CPU 申请中断，CPU 响应中断后在中断服务程序中读取数据。该方式下 ADC 与 CPU 同时工作，适用于实时性较强或参数较多的数据采集系统。

查询方式是把转换结束信号作为状态信号经三态缓冲器送到主机系统数据总线的某一位上。主机在启动转换后开始查询是否转换结束，一旦查到结束信号便读取数据。该方式的程序设计比较简单，实时性也较强，是比较常用的一种方法。

延时方式是不使用转换结束信号的，主机启动 A/D 转换后，延时一段略大于 A/D 转换的时间即可读数据。可以采用软件延时程序，此时无需硬件连线，但要占用主机大量时间，也可以用硬件完成延时。该方式多用于主机处理任务较少的系统中。

DMA 方式是把结束信号作为 DMA 请求信号，转换结束即启动 DMA 传送，通过 DMA 控制器直接将数据送入内存缓冲区。该方式适合于要求高速采集大量数据的场合。

（4）时钟的提供。时钟是决定 A/D 转换速度的基准，整个转换过程都是在时钟作用下完成的。时钟信号可以由外部提供，用单独的振荡电路产生，或用主机时钟分频得到；也可以由芯片内部提供，一般采用启动信号来启动内部时钟电路。

（5）参考电压的接法。当模拟信号为单极性时，参考电压 V_{REF-} 接地，V_{REF+} 接正极电源；当模拟信号为双极性时，V_{REF+} 和 V_{REF-} 分别接电源的正、负极性端。当然也可以把双极性信号转换为单极性信号再接入 ADC。根据 A/D 转换芯片的数字输出端是否带有三态锁存缓冲器，与主机的连接可以分为两种方式：①直接相连，主要用于输出带有三态锁存缓冲器的 ADC 芯片，如 ADC0809、AD574 等；②用三态锁存器，如 74LS373/374，或通用并行接口芯片，如 Intel 8255A，适用于不带三态锁存缓冲器的 ADC 芯片。

由于 ADC0809 的数据输出端为 8 位三态输出锁存器，所以数据线可直接与微机的数据线相接，但因为无片选信号线，所以需要相关的逻辑电路与之相匹配。下面讨论 ADC0809 与 CPU 连接的两种方式。

（1）ADC0809 与 CPU 直接连接。如图 8.5 所示，占用 3 个 I/O 端口；端口 1 用来向 ADC0809 输出模拟通道号并锁存；端口 2 用于启动转换；端口 3 读取转换后的数据结果。

采用软件延时,则转换程序段如下:

MOV AL,07H

OUT 1FH,AL

CALL DELAY100

IN AL,1FH

HLT

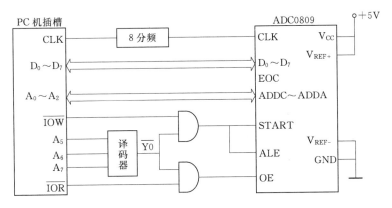

图 8.5 ADC0809 与 CPU 直接连接

(2) ADC0809 通过 8255A 与 CPU 连接。硬件电路的连接如图 8.6 所示,该系统可对 8 路模拟量分时进行数据采集。转换结果采用查询方式传送,除了一个传送转换结果的输入端口外,还需要传送 8 个模拟量的选择信号和 A/D 转换的状态信息。将 8255A 的 A 口输入方式设定为方式 0,B 口的 $PB_5 \sim PB_7$ 输出用来选择 8 路模拟量的地址选通信号,PC_1 输出 ADC0809 的控制信号,PB_0 作为启动信号。由于 ADC0809 需要脉冲启动,所以通过软件编程让 PB_0 输出一个正脉冲,EOC 信号接 PC_1。

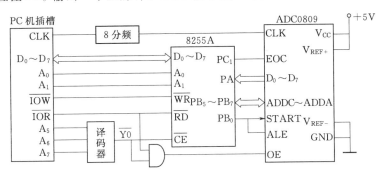

图 8.6 ADC0809 通过 8255A 与 CPU 连接

设定 8255A 的 A 口、B 口、C 口及控制口地址分别为 1CH、1DH、1EH 和 1FH,A/D 转换结果的存储区的首地址设为 40H,采样顺序从 IN_0 到 IN_7。译码器输出 Y0 选通 8255A,8255A 可设定 A 口为输入,B 口为输出,均为方式 0。以查询方式读取 A/D 转换后的结果,该程序段设计如下:

MOV DX,1FH;8255 初始化

```
MOV AL，99H
OUT DX，AL
MOV SI，40H；保存数据存储地址
MOV CX，08H
MOV BH，00H
LOOP1：MOV BH，08H
MOV AL，01H
MOV DX，1DH；启动 0809
OUT DX，AL
MOV AL，00H
OUT DX，AL
LOOP2：IN AL，DX
TEST AL，1EH；查寻 EOC 信号
JZ LOOP2
MOV DX，1CH；读取数据
MOV AL，DX
MOV [SI]，AL
INC SI；存储单元加 1
INC BH；循环寄存器加 1
LOOP LOOP1；8 路转换没有结束则继续循环
HLT
```

8.2　D/A 转换器及其接口

在微机控制系统中，D/A 转换器是计算机与被控制设备之间传输信息时必不可少的桥梁，担负着把数字量转换成模拟量的任务。D/A 转换器按照可处理数据的位数不同，可分为 8 位、10 位和 12 位等转换器。

8.2.1　D/A 转换的主要性能参数

D/A 转换器的主要性能指标有分辨率、转换精度、建立时间、温度系数、非线性误差等，它们都是衡量 D/A 转换器质量指标的重要参数。

1. 分辨率

分辨率是指 D/A 转换器对数字输入量变化的敏感程度的度量，它是 D/A 转换器所能分辨的最小的输入量，通常用数字量的位数来表示，如 8 位、12 位等。

假设输入信号的满量程电压为 VFS，那么分辨率为 N 位的 D/A 转换器，它可以分辨出最小电压量是 VFS/(2N－1)。例如，对于 8 位的 D/A 转换器，其分辨率为 1/(28－1)＝1/255。若其满量程电压 VFS 为＋5V，则 8 位的 D/A 转换器可分辨的最小电压为 5/(28－1)＝1.96mV，这表明低于此值对应的数字量，转换器将不能进行分辨，这个值又称为最低有效位 LSB。由此可见，位数越多，分辨率越高。

2. 转换精度

转换精度反映了 D/A 转换器的精确程度。它与 D/A 转换器芯片结构、外部电路配置、电源等因素有关。若误差过大，则 D/A 转换就会出现错误。转换精度又分为绝对转换精度和相对转换精度。绝对转换精度是以理想状态为参照，即 D/A 转换器的实际输出值与理论的理想值之间的差值，一般应低于 1/2 LSB。相对转换精度是对实际输出电压接近理想状态程度的描述，是指在满量程已校准的情况下，绝对转换精度相对于满刻度（FS）的百分比，或者用最低有效位的几分之几的形式来如一个 8 位 D/A 转换器，相对转换精度可以用 1/2 LSB 表示，也可以表示成 0.195％。对于一个相对转换精度为 1/2 LSB 的 D/A 转换器，其最大相对误差为 FS/(2N＋1)。

3. 建立时间

D/A 转换器的建立时间，也称转换时间，是对 D/A 转换器转换速度快慢的敏感性能描述指标，即当输入数据发生变化后，输出模拟量达到稳定数值，也即进入规定的精度范围内所需要的时间。在实际应用时，D/A 转换器的转换时间必须不大于数字量的输入信号发生变化的周期。电流型的 D/A 转换较快，电压型的 D/A 转换器响应时间较慢。

4. 温度系数

温度系数是 D/A 转换器受环境温度影响的特征。通常情况下，D/A 转换器的各项性能指标一般在环境温度为 25℃下测定，当环境温度发生变化时，会对 D/A 转换精度产生影响。

5. 非线性误差

非线性误差也称为线性度，它是指实际转换特性曲线与理想转换特性曲线之间的最大偏差。

一般要求非线性误差的绝对值不大于 1/2 LSB。非线性误差越小，说明线性度越好，D/A 转换器输出的模拟量与理想值的偏差就越小。

8.2.2 D/A 转换器的工作原理

典型的 D/A 转换器芯片通常由模拟开关、电阻网络以及缓冲电路组成，如图 8.7 所示。电阻网络是 D/A 转换器的核心部件，主要分为加权电阻网络和"T"形电阻网络两种结构形式。

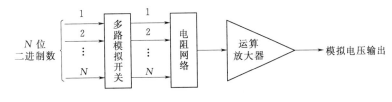

图 8.7 D/A 转换器图

D/A 转换的基本原理是利用电阻网络，将 N 位二进制数逐位转换成模拟量并求和，从而实现将数字量转化为模拟量。

1. 加权电阻网络 D/A 转换器的工作原理

加权电阻网络 D/A 转换器的原理如图 8.8 所示，对于理想运算放大器而言，其中对于其他支路断开时任意一支开关控制电路在输出端对应的电压为：$V_0＝-V_{REF}×R_F×D_i/R_i$。

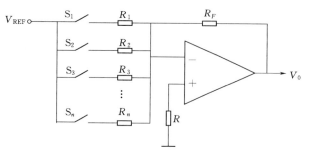

图 8.8　加权电阻网络 D/A 转换器的原理图

式中，D_i 是数字量对应的控制位，$D_i = 0$ 时，S_i 打开，$D_i = 1$ 时，S_i 闭合。若输入端有 N 个支路，根据叠加原理，输出电压应该是各分支之和。

假定在制造 D/A 转换器时，使 $R_F = R$，$R_1 = 2R$，$R_2 = 4R$，$R_3 = 8R$，…，$R_n = 2nR$，即每一个电阻的加权为 $2i$，则输出电压可以表示为：$V_0 = -V_{REF} \times (2-1D_1 + 2-2D_2 + 2-3D_3 + \cdots + 2-nD_n)$。以 8 位转换器为例，当 D=0 时，开关都断开，$V_0 = 0$；当 D=11111111B 时，开关都闭合，$V_0 = -(255/256) \times V_{REF}$。

从上面分析可以知道，D/A 转换器的转换精度与基准电压 V_{REF} 和加权电阻的精度以及数字量的位数 n 有关。显然，位数越多，加权电阻的精度越高，转换精度就越高，但同时所需要的加权电阻种类就越多，由于在集成电路中制造大量的高精度、高阻值的电阻比较困难，所以，通常使用"T"形电阻网络来代替加权电阻网络。

2. "T"形电阻网络 D/A 转换器的工作原理

"T"形电阻网络 D/A 转换器的原理如图 8.9 所示，它只有两种电阻 R 和 $2R$，用集成工艺生产较容易，精度也容易保证，因此应用较广泛。图中的 S_i 同样由输入的数字量对应的控制位 D_i 控制，但是 $D_i = 0$ 时，S_i 接地；只有 $D_i = 1$ 时，S_i 接通运放输入端。其工作原理与加权电阻网络一样，输出电压为：$V_0 = -V_{REF} \times B/2^n$。式中 B 表示待转换的十进制数字量。

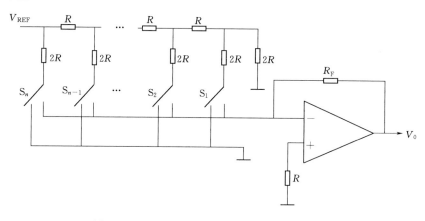

图 8.9　"T"形电阻网络 D/A 转换器的原理图

D/A 转换器的输出形式有电压和电流两大类。电压输出型的 D/A 转换器的输出电压满量程接近于 V_{REF}，相当于一个电压源，内阻较小，可带动较大的负载；而电流型的 D/A 转换器相当于一个电流源，内阻较大，与之匹配的负载电阻不能太大。

8.2.3　D/A 转换芯片

目前，使用的 D/A 转换器，多数是集成电路芯片。集成 D/A 转换芯片的类型很多，有不同的分类方法。若按位数分，可以分为 8 位、10 位、12 位、16 位等；若按输出方式分，有电流型和电压型两类；若按转换方式分，可分为串行和并行两种；若按工艺分，可分为 TTL 型和 MOS 型等。

典型的 D/A 转换器有 8 位通用型的 DAC0832，12 位的 DAC1208，电压输出型的 AD558 等。下面重点讨论 DAC0832。

DAC0832 是 8 位分辨率的 D/A 转换集成芯片，其明显特点是与微机连接简单、转换控制方便、价格低廉等，在微机系统中得到了广泛的应用。

由于 D/A 转换芯片的输入是数字量，输出为模拟量，模拟信号很容易受到电源和数字信号的干扰而引起波动，为提高输出的稳定性和减少误差，模拟信号部分必须采用高精度基准电源 V_{REF} 和独立的地线，一般把数字地和模拟地分开。模拟地是模拟信号及基准电源的参考地，其余信号如工作电源地、数据、地址、控制等数字逻辑地的参考地都是数字地。D/A 转换器的输出一般都要接运算放大器，微小信号只有经放大后才能驱动执行机构的部件。

DAC0832 主要技术指标是：分辨率为 8 位，功耗为 20mW，单电源供电，电源范围为 +5～+15V，建立时间为 $1\mu s$，电流型输出。

1. DAC0832 的内部结构

DAC0832 的内部结构如图 8.10 所示，它由 8 位输入寄存器、8 位 DAC 寄存器、8 位 DAC 转换器及转换控制电路构成，DAC 转换器采用"T"型电阻网络。

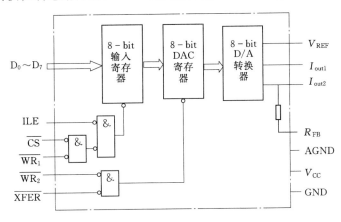

图 8.10 DAC0832 结构图

2. DAC0832 的引脚功能

DAC0832 的外部封装为 20 脚双列直插式，如图 8.11 所示。各引脚功能见表 8.3。

表 8.3   **DAC0832 的引脚功能**

引脚名称	功　能　特　点
$D_0 \sim D_7$	8 位数据输入端
$\overline{CS}$	片选信号线，低电平有效
ILE	数据锁存允许信号，高电平有效
$\overline{WR_1}$	输入寄存器的写入控制，低电平有效

续表

引脚名称	功 能 特 点
$\overline{WR_2}$	DAC 寄存器写入控制，低电平有效
$\overline{XFER}$	传送控制信号，低电平有效
I_{out1}	模拟电流输出端口 1，当 DAC 寄存器全为 1 时，此电流最大，当 DAC 寄存器全为 0 时，此电流最小
I_{out2}	模拟电流输出端口 2，在数值上，$I_{out1} + I_{out2} =$ 常数
R_{FB}	内部反馈电阻引出端，接运算放大器的输出端
V_{REF}	基准电压输入端，可在 $-10 \sim +10V$ 之间
V_{CC}	芯片的电源电压，可在 $+5V$ 或 $15V$ 选择
GND	数字信号地
AGND	模拟信号地

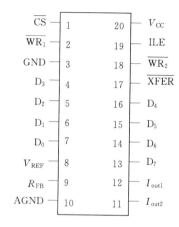

图 8.11 DAC0832 引脚图

3. DAC0832 的工作方式

DAC0832 内部有两个寄存器，即输入寄存器和 DAC 寄存器，能实现 3 种工作方式：单缓冲方式、双缓冲方式和直通方式。

（1）单缓冲方式。单缓冲工作方式是使输入寄存器或 DAC 寄存器中的任意一个工作在直通状态，另一个由 CPU 控制。通常 $\overline{WR_2}$ 和 XFER 连接数字地，使 DAC 寄存器的输出能够跟随输入，即第二级寄存器工作在直通状态，输入寄存器的控制端 ILE 接 $+5V$，CS 接端口地址译码器输出，$\overline{WR_1}$ 连接系统总线的 IOW 信号，电路连接如图 8.12 所示。

由于不需检查 D/A 转换器的状态，因此使用无条件输出方式完成 CPU 向 D/A 转换器进行数据传送。当 CPU 向端口地址发出写命令时，要进行 D/A 转换的数据通过数据总线呈现在 DAC0832 的 $D_7 \sim D_0$ 上，系统 IO 地址经译码电路产生片选信号，系统总线的 IOW 信号为低电平后，数据写入到输入寄存器中，因为 DAC 寄存器为直通状态，所以写入到输入寄存器的数据立刻进行 D/A 变换。

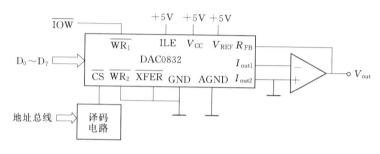

图 8.12 DAC0832 单缓冲方式的电路连接

设需要转换的数据为 DATA，DAC0832 端口地址为 PORT，工作在单缓冲方式下，完成 D/A 转换的程序段如下：

MOV AL，DATA；转换数据送 AL

MOV DX，PORT；端口地址送 DX

OUT DX，AL；将数字量送到 D/A 转换器进行转换

（2）双缓冲方式。双缓冲工作方式是指输入寄存器和 DAC 寄存器分别受到控制，该方式电路连接如图 8.13 所示。

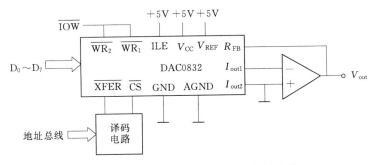

图 8.13 DAC0832 双缓冲方式的电路连接

在双缓冲方式下，CPU 要对 DAC0832 进行两步写操作，即首先将数据写入输入寄存器，然后将输入寄存器的内容写入 DAC 寄存器。设需要转换的数据为 DATA，输入寄存器的端口地址为 Y_1，在双缓冲方式下，完成 D/A 转换的程序段如下：

MOV AL，DATA；将转换数据送 AL

MOV DX，Y1；输入寄存器端口地址 Y1 送 DX

OUT DX，AL；数据送入寄存器

MOV DX，Y2；DAC 寄存器端口地址 Y2 送 DX

OUT DX，AL；启动 D/A 转换

（3）直通方式。直通工作方式是指两个寄存器的有关控制信号都预先置为有效，两个寄存器都开通。只要数字量送到数据输入端，就立即进入 D/A 转换器进行转换。此时，$\overline{CS}$、$\overline{WR_1}$、$\overline{WR_2}$、XFER 引脚都直接连接数字地，ILE 信号接高电平，这种方式一般应用较少。

4. DAC0832 的输出

DAC0832 是电流形式输出，当需要电压形式输出时，必须外接运算放大器。根据输出电压的极性不同，DAC0832 又可分为单极性输出和双极性输出两种输出方式。

（1）单极性输出。DAC0832 的单极性输出电路如图 8.14 所示。V_{REF} 可以接 ±5V 或 ±10V 参考电压，当接 +5V 时，输出电压范围是 −5～0V；当接 −5V 时，输出电压范围是 0～+5V；当接 +10V 时，输出电压范围是 0～−10V；当接 −10V 时，输出电压范围是 0～+10V。若输入数字为 0～

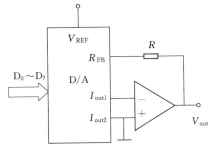

图 8.14 DAC0832 的单极性输出

255，则输出为：$V_{\text{out}} = -V_{\text{REF}} \times B/256$。式中 B 为输入的十进制数，因为转换结果 I_{out1} 接运算放大器的反相端，所以，式中有一个负号。若 $V_{\text{REF}} = +5\text{V}$，输入数字为：$0 \sim 255$ 时，$V_{\text{out}} = -(0 \sim 4.98)\text{V}$。

（2）双极性输出。即在单极性电压输出的基础上，在输出端再加一级运算放大器，就构成了双极性电压输出，DAC0832 的双极性输出电路如图 8.15 所示。

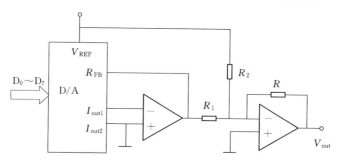

图 8.15　DAC0832 的双极性输出

习　题

1. 使用 DAC0832 进行数/模转换时，有哪两种方法可对数据进行锁存？

2. 当用带两级数据缓冲器的 D/A 转换时，为什么有时要用 3 条输出指令才完成 16 位或 12 位数据转换？

3. 什么叫采样保持电路的采样状态和保持状态？

4. 利用 DAC0832 芯片，实现输出三角波。DAC 端口的地址为 328H，DAC0832 芯片采用一级缓冲方式。请写出主要程序段。

图 8.16　习题 5 图

5. 在一个计算机系统中连接有一个 8 位 D/A 转换器，D/A 转换器的数据端口地址为 180H，请编程从此 D/A 转换器的模拟量输出端输出一个如图 8.16 所示的锯齿波（频率不限制）。

6. 若 ADC 输入模拟电压信号的最高频率为 100kHz，采样频率的下限是多少？完成一次 A/D 转换时间的上限是多少？

7. 如果一个 8 位 D/A 转换器的满量程（对应于数字量 255）为 10V，分别确定模拟量为 2.0V 和 8.0V 所对应的数字量是多少？

8. 某 12 位 D/A 转换器，输出电压为 0～2.5V。当输入的数字量为 400H 时，对应的输出电压是多少？

9. 假设有一个工作在单缓冲方式下的 DAC0832，其输出接运算放大器后能够输出电压信号，端口地址为 0A8CH。

（1）写出产生矩形波信号的程序段。

（2）写出产生三角波信号的程序段。

参 考 文 献

［1］ 李继灿，谭浩强. 微机原理与接口技术［M］. 北京：清华大学出版社，2011.

［2］ 陈光军，傅越千. 微机原理与接口技术［M］. 北京：北京大学出版社，2007.

［3］ 姚燕南，薛钧义. 微型计算机原理与接口技术［M］. 北京：高等教育出版社，2004.

［4］ 蒋本珊，周明德. 微机原理与接口技术［M］. 2 版. 北京：人民邮电出版社，2007.

［5］ 孙德文. 微型计算机技术［M］. 北京：高等教育出版社，2005.

［6］ 杨文显. 现代微型计算机与接口教程［M］. 北京：清华大学出版社，2003.

［7］ 周杰英. 微机原理、汇编语言与接口技术［M］. 北京：人民邮电出版社，2011.

［8］ 赵佩华. 微型计算机原理与组成［M］. 西安：西安电子科技大学出版社，1999.

［9］ 牟琦，聂建萍. 微机原理与接口技术［M］. 2 版. 北京：清华大学出版社，2013.

［10］ 李鹏，雷鸣，白凯，等. 微机原理及应用［M］. 北京：电子工业出版社，2014.

［11］ 李继灿. 微机原理与接口技术［M］. 北京：清华大学出版社，2011.

［12］ 何小海，严华. 微机原理与接口技术［M］. 北京：科学出版社，2006.

［13］ 王惠中，王强，王贵锋. 微机原理及应用［M］. 武汉：武汉大学出版社，2011.

［14］ 周荷琴，冯焕清. 微型计算机原理与接口技术［M］. 5 版. 合肥：中国科学技术大学出版社，2013.

［15］ 冯博琴，吴宁. 微型计算机原理与接口技术［M］. 3 版. 北京：清华大学出版社，2011.

［16］ 侯彦利，郭威，赵永华，等. 微型计算机原理与接口技术［M］. 北京：清华大学出版社，2017.

［17］ 王向慧，连志春. 微型计算机原理与接口技术［M］. 北京：中国水利水电出版社，2007.

［18］ 王向慧，王俊，李新友，等. 微型计算机原理与接口技术［M］. 2 版. 北京：中国水利水电出版社，2015.

［19］ 张荣标. 微型计算机原理与接口技术［M］. 3 版. 北京：机械工业出版社，2016.

［20］ 戴梅萼，史嘉权. 微型计算机技术及应用［M］. 4 版. 北京：清华大学出版社，2008.

［21］ 李芷. 微机原理与接口技术［M］. 4 版. 北京：电子工业出版社，2015.

［22］ 顾晖，陈越，梁惺彦，等. 微机原理与接口技术——基于 8086 和 Proteus 仿真［M］. 2 版. 北京：电子工业出版社，2015.

［23］ 叶青，刘铮，张静，等. 微机原理与接口技术［M］. 北京：清华大学出版社，2011.

［24］ 梁建武，杨迎泽. 微机原理与接口技术［M］. 北京：中国铁道出版社，2016.

［25］ 洪永强，王一菊，颜黄苹. 微机原理与接口技术［M］. 2 版. 北京：科学出版社，2009.

［26］ 马宏锋. 微机原理与接口技术——基于 8086 和 Proteus 仿真［M］. 西安：西安电子科技大学出版社，2016.

［27］ 黄玉清，刘双虎，杨胜波. 微机原理与接口技术［M］. 北京：电子工业出版社，2011.

［28］ 马维华. 微机原理与接口技术［M］. 3 版. 北京：科学出版社，2016.